工程力学

郭金泉 郭益深 主 编
吁鹏飞 罗伟林 谢 华 锁要红 副主编

清华大学出版社
北京

内 容 简 介

本书根据国家教育教学指导委员会的大纲要求编写而成,紧扣教学基本要求,力求使工程所需基础知识简单明了;在内容选取上采取精简内容、突出重点等办法,以适应不同院校对工程力学课程的要求,能够满足高校应用型人才培养的要求。

全书分静力学与材料力学两篇。静力学篇包括静力学基本概念和受力分析、平面力系及空间力系;材料力学篇包括材料力学的基本概念、轴向拉压与剪切、扭转、弯曲内力、弯曲应力、弯曲变形、应力状态分析和强度理论、组合变形、压杆稳定、附录 A 及附录 B。全书概念严谨、简明扼要、语言流畅易懂。与同类其他教材相比,融入了力学课程思政元素。

本书可作为高等学校工科专业少学时基础力学课程的教材及教学参考书,也可供高职高专学校师生及有关工程技术人员参考。

版权所有,侵权必究。举报:010-62782989,beiqinquan@tup.tsinghua.edu.cn。

图书在版编目(CIP)数据

工程力学/郭金泉,郭益深主编. —北京:清华大学出版社,2022.3(2025.2 重印)
ISBN 978-7-302-59541-0

Ⅰ. ①工… Ⅱ. ①郭… ②郭… Ⅲ. ①工程力学 Ⅳ. ①TB12

中国版本图书馆 CIP 数据核字(2021)第 229605 号

责任编辑:佟丽霞　赵从棉
封面设计:常雪影
责任校对:王淑云
责任印制:宋　林

出版发行:清华大学出版社
网　　址:https://www.tup.com.cn, https://www.wqxuetang.com
地　　址:北京清华大学学研大厦 A 座　　邮　编:100084
社 总 机:010-83470000　　邮　购:010-62786544
投稿与读者服务:010-62776969,c-service@tup.tsinghua.edu.cn
质量反馈:010-62772015,zhiliang@tup.tsinghua.edu.cn
印 装 者:三河市人民印务有限公司
经　　销:全国新华书店
开　　本:185mm×260mm　　印　张:19.75　　字　数:477 千字
版　　次:2022 年 3 月第 1 版　　印　次:2025 年 2 月第 5 次印刷
定　　价:59.00 元

产品编号:091860-01

FOREWORD 前言

  为了更好地适应高等学校教育教学改革,按照国家教育教学指导委员会的大纲要求,编者参考普通本科院校和高职高专院校工科专业人才培养方案,综合各专业对力学基础和工程认证的要求,结合目前力学课程学时逐渐减少的情况,汲取了传统教材《理论力学》《材料力学》的精华,总结多年教学经验编写了本教材。编者力求本着"打好基础、精选内容、重视实践、培养能力"的原则,贯彻既易于教师教授,又易于学生自学的宗旨。

  全书共计2篇(12章和2个附录):第1篇静力学,包括静力学基本概念和受力分析、平面力系、空间力系;第2篇材料力学,包括材料力学的基本概念、轴向拉压与剪切、扭转、弯曲内力、弯曲应力、弯曲变形、应力状态分析和强度理论、组合变形及压杆稳定。

  参加本书编写的有:谢华(第1章)、锁要红(第2、9章、附录A、附录B)、吁鹏飞(第3、12章)、郭益深(第5、6章)、罗伟林(第4、7、8章)和郭金泉(绪论、第10、11章)。郭金泉、郭益深担任主编,吁鹏飞、罗伟林、谢华、锁要红担任副主编。

  本书多名编者从事力学课程教学工作多年,但首次编写此类教材,加之水平所限及时间紧迫,书中不当之处在所难免,恳请使用本书的师生和读者给予批评指正。

编 者

2021年8月

目录

绪论 ……………………………………………………………………………………………… 1

第 1 篇　静　力　学

第 1 章　静力学基本概念和受力分析 …………………………………………… 7
1.1　两个基本概念 …………………………………………………………………… 7
　　1.1.1　力 ………………………………………………………………………… 7
　　1.1.2　刚体 ……………………………………………………………………… 8
1.2　静力学公理 ……………………………………………………………………… 8
1.3　约束与约束反力 ………………………………………………………………… 11
　　1.3.1　柔性约束 ………………………………………………………………… 12
　　1.3.2　光滑面约束 ……………………………………………………………… 12
　　1.3.3　铰链约束 ………………………………………………………………… 12
　　1.3.4　轴承约束 ………………………………………………………………… 14
1.4　物体的受力分析 ………………………………………………………………… 14
习题 …………………………………………………………………………………… 21

第 2 章　平面力系 …………………………………………………………………… 23
2.1　平面汇交力系 …………………………………………………………………… 23
　　2.1.1　平面汇交力系合成的几何法 …………………………………………… 23
　　2.1.2　平面汇交力系合成的解析法 …………………………………………… 24
　　2.1.3　平面汇交力系的平衡 …………………………………………………… 28
2.2　平面力对点之矩和平面力偶系 ………………………………………………… 29
　　2.2.1　平面内力对点之矩（力矩） ……………………………………………… 29
　　2.2.2　合力矩定理 ……………………………………………………………… 29
　　2.2.3　力偶和力偶矩 …………………………………………………………… 30
　　2.2.4　平面力偶系的合成 ……………………………………………………… 31
　　2.2.5　平面力偶系的平衡条件 ………………………………………………… 33
2.3　平面任意力系 …………………………………………………………………… 33
　　2.3.1　力线平移定理 …………………………………………………………… 34
　　2.3.2　平面任意力系的简化 …………………………………………………… 34

  2.3.3 平面任意力系的平衡方程 ················· 38
 2.4 平面平行力系及平衡方程 ························· 41
 2.5 平面桁架的内力计算 ····························· 42
  2.5.1 节点法 ··································· 43
  2.5.2 截面法 ··································· 44
 2.6 物系的平衡 ····································· 44
  2.6.1 物系平衡的概念 ··························· 44
  2.6.2 静定与超静定的概念 ······················· 45
 2.7 摩擦及其平衡 ··································· 46
  2.7.1 滑动摩擦 ································· 47
  2.7.2 摩擦角和自锁现象 ························· 48
  2.7.3 滚动摩擦 ································· 50
  2.7.4 考虑摩擦时物体的平衡问题 ················· 51
 习题 ··· 54

第 3 章 空间力系 ····································· 61
 3.1 力对点之矩和力对轴之矩 ························· 61
  3.1.1 力对点之矩 ······························· 61
  3.1.2 力对轴之矩 ······························· 62
  3.1.3 力对点之矩与力对轴之矩之间的关系 ········· 62
 3.2 空间汇交力系 ··································· 63
  3.2.1 投影法 ··································· 63
  3.2.2 空间汇交力系的合力与平衡条件 ············· 64
 3.3 空间力偶 ······································· 65
  3.3.1 力偶矩矢 ································· 65
  3.3.2 空间力偶系的合成与平衡条件 ··············· 65
 3.4 空间任意力系 ··································· 66
  3.4.1 空间任意力系的简化——主矢和主矩 ········· 66
  3.4.2 空间任意力系的平衡 ······················· 68
  3.4.3 空间约束类型 ····························· 69
 3.5 物体的重心 ····································· 70
  3.5.1 重心坐标公式 ····························· 70
  3.5.2 物体重心的求法 ··························· 72
 习题 ··· 74

第 2 篇 材 料 力 学

第 4 章 材料力学的基本概念 ··························· 81
 4.1 材料力学的任务 ································· 81
 4.2 关于工程材料的假设 ····························· 82

  4.3 材料力学的基本力学概念 ·· 82
  4.4 材料力学的研究对象及基本变形 ·· 85
  习题 ··· 86

第 5 章 轴向拉压与剪切 ·· 89
  5.1 拉伸与压缩的概念及工程实例 ·· 89
  5.2 轴力与轴力图 ·· 90
    5.2.1 轴力 ··· 90
    5.2.2 轴力图 ·· 90
    5.2.3 快速计算轴力的方法 ·· 91
  5.3 轴向拉伸或压缩杆的应力 ··· 92
    5.3.1 轴向拉伸或压缩时直杆横截面上的应力 ····························· 92
    5.3.2 轴向拉伸或压缩时直杆斜截面上的应力 ····························· 94
  5.4 材料在拉伸与压缩时的力学性能 ·· 95
    5.4.1 拉伸时的力学性能 ·· 96
    5.4.2 压缩时的力学性能 ·· 100
  5.5 应力集中 ·· 101
    5.5.1 应力集中的概念 ·· 101
    5.5.2 应力集中系数 ·· 101
    5.5.3 应力集中的影响因素 ··· 102
  5.6 失效、安全因数和强度计算 ·· 102
    5.6.1 失效和极限应力 ·· 102
    5.6.2 安全因数和许用应力 ··· 102
    5.6.3 强度条件 ··· 103
  5.7 轴向拉伸或压缩时的变形 ·· 106
    5.7.1 轴向变形 ··· 106
    5.7.2 横向变形 ··· 107
  5.8 拉伸和压缩的超静定问题 ·· 110
    5.8.1 静定与超静定问题 ··· 110
    5.8.2 超静定问题的求解 ··· 110
  5.9 连接件的实用计算 ··· 112
    5.9.1 工程中的连接与失效 ··· 112
    5.9.2 剪切的实用计算 ·· 114
    5.9.3 挤压的实用计算 ·· 115
  习题 ·· 117

第 6 章 扭转 ··· 123
  6.1 扭转的概念与工程实例 ·· 123
  6.2 外力偶矩的求解与扭矩 ·· 124
    6.2.1 外力偶矩的计算 ·· 124

      6.2.2 扭矩与扭矩图 ··· 124
      6.2.3 快速计算扭矩的方法 ·· 127
  6.3 切应力互等定理与剪切胡克定律 ··· 128
      6.3.1 薄壁圆筒扭转时横截面上的应力 ······································ 128
      6.3.2 切应力互等定理 ·· 129
      6.3.3 剪切胡克定律 ·· 130
  6.4 圆轴扭转的应力与变形 ·· 130
      6.4.1 圆轴扭转横截面上切应力的推导 ······································ 130
      6.4.2 极惯性矩与抗扭截面系数 ·· 133
      6.4.3 圆轴扭转变形 ·· 134
  6.5 扭转圆轴的强度和刚度条件 ·· 135
      6.5.1 扭转圆轴的失效 ·· 135
      6.5.2 扭转圆轴的强度条件 ·· 136
      6.5.3 扭转圆轴的刚度条件 ·· 136
  6.6 其他截面轴扭转简介 ··· 139
      6.6.1 非圆截面轴的自由扭转 ··· 139
      6.6.2 非圆截面轴的约束扭转 ··· 140
      6.6.3 矩形截面轴横截面的切应力 ·· 140
  习题 ··· 141

第 7 章 弯曲内力 ·· 145
  7.1 弯曲的概念 ··· 145
  7.2 静定梁 ··· 145
  7.3 剪力和弯矩 ··· 147
  7.4 剪力图和弯矩图 ·· 148
      7.4.1 根据剪力方程和弯矩方程作剪力图和弯矩图 ··················· 149
      7.4.2 直接法作剪力图和弯矩图 ··· 151
  7.5 平面刚架和曲杆的内力及内力图 ·· 154
  习题 ··· 156

第 8 章 弯曲应力 ·· 161
  8.1 纯弯曲 ··· 161
  8.2 矩形截面梁纯弯曲试验现象及变形假设 ······································ 161
  8.3 纯弯曲时横截面上的正应力 ·· 162
      8.3.1 正应力的推导 ·· 162
      8.3.2 弯曲问题的几何量 ·· 165
  8.4 弯曲正应力强度条件及应用 ·· 166
  8.5 弯曲切应力 ··· 169
      8.5.1 矩形截面梁的切应力 ·· 169
      8.5.2 工字形截面梁的切应力 ··· 171

8.5.3 切应力强度条件	172
8.6 提高弯曲强度的措施	173
习题	176

第9章 弯曲变形

9.1 概述	179
9.2 梁挠曲线近似微分方程	179
9.2.1 挠度	179
9.2.2 转角	180
9.2.3 挠曲线近似微分方程	180
9.3 积分法计算弯曲变形	181
9.4 叠加法计算弯曲变形	186
9.4.1 载荷叠加作用下梁的弯曲变形	186
9.4.2 梁支承为弹性支承的情况	188
9.4.3 多种因素引起所求点变形的情况	189
9.5 梁的刚度校核和提高刚度的措施	190
9.5.1 梁的刚度校核	190
9.5.2 提高弯曲刚度的措施	191
9.6 超静定梁	192
习题	192

第10章 应力状态分析和强度理论

10.1 应力状态概述	195
10.1.1 研究应力状态的原因	195
10.1.2 应力状态的研究方法	196
10.1.3 应力状态的分类	197
10.2 平面应力状态分析	198
10.2.1 斜截面上的应力	198
10.2.2 极值正应力、主应力及其位置的确定	200
10.2.3 最大切应力及其位置的确定	202
10.2.4 三向应力状态的最大切应力	202
10.2.5 平面应力状态的几种特殊情况	203
10.3 广义胡克定律	208
10.3.1 主应力表示的广义胡克定律	209
10.3.2 广义胡克定律的一般形式	210
10.3.3 平面应力状态的广义胡克定律	210
10.4 强度理论	212
10.4.1 强度理论的概念	212
10.4.2 四种常用强度理论	213
10.4.3 四种常用强度理论的选择和应用	216

习题 ··· 219

第 11 章　组合变形 ··· 225
11.1　组合变形的概念及实例 ··· 225
11.2　拉伸(或压缩)与弯曲的组合变形 ··· 226
11.3　扭转与弯曲的组合变形 ··· 234
　　习题 ··· 241

第 12 章　压杆稳定 ··· 251
12.1　压杆稳定问题概述 ··· 251
12.2　细长压杆的临界载荷 ··· 252
12.2.1　两端铰支细长压杆的临界载荷 ··· 252
12.2.2　其他杆端约束条件下细长压杆的临界载荷 ··· 253
12.3　压杆的临界应力 ··· 255
12.3.1　欧拉公式的适用范围 ··· 255
12.3.2　直线经验公式及临界应力总图 ··· 256
12.4　压杆稳定性的校核 ··· 257
12.4.1　安全因数法 ··· 257
12.4.2　折减系数法 ··· 258
12.5　提高压杆稳定性的措施 ··· 260
　　习题 ··· 262

附录 ··· 267
　　附录 A　平面图形的几何性质 ··· 269
　　附录 B　型钢表 ··· 281

习题答案 ··· 296

参考文献 ··· 304

绪论

1. 力学及其分类

物体在空间的位置随时间改变的过程称为机械运动。力学是研究物体机械运动规律的科学，它与数学、物理一样揭示自然科学的普遍规律，是自然科学七大学科中最古老的学科之一，且是自然科学的重要组成部分。力学目前已渗透到现代科学的各个领域，因此又是技术科学，是沟通自然科学基础理论和工程技术实践的桥梁。

力学按研究对象的不同可划分为一般力学、固体力学、流体力学和其他交叉学科等分支。

一般力学的研究对象是质点、质点系、刚体和多刚体系统。一般力学研究力及其与运动的关系，属于一般力学范畴的有理论力学（包括静力学、运动学与动力学）、刚体动力学、多体动力学和振动理论等。

固体力学的研究对象是变形固体。固体力学研究在外力作用下，变形固体内部各质点所产生的位移、运动、应力、应变及其破坏等规律。属于固体力学范畴的有材料力学、结构力学、弹性力学、塑性力学、断裂力学等。

流体力学的研究对象是气体或流体，也采用连续介质假设。它主要研究流体在力的作用下的运动规律等。属于流体力学的有水力学、水动力学、空气动力学、多相流体力学、渗流等。

力学在各工程技术领域的应用也逐渐形成了一些交叉学科，其分支学科如土力学、岩石力学、爆炸力学、飞行力学、复合材料力学和生物力学等。按研究手段来分类，力学还有实验力学和计算力学两个方面的分支。

2. 工程力学的研究内容和任务

工程力学由**静力学和材料力学**组成，是研究物体机械运动和构件承载能力的一般规律的科学。

静力学属于理论力学范畴，是工程力学的基础部分，主要研究**刚体**（指受载后形状及大小不变的物体）的受力以及机械运动的特殊情况——物体的平衡状态问题。**平衡状态**是指物体相对于惯性参考系处于静止状态或者作匀速直线运动。若物体处于平衡状态，那么作用于物体上的一群力（称为**力系**）必须满足一定的条件，这些条件称为力系的平衡条件。研究物体的平衡问题，实际上就是研究作用于物体的力系的平衡条件，并应用这些条件解决工程实际问题。在研究物体的平衡条件或计算工程实际问题时，须将一些比较复杂的力系进行简化，即将一个复杂的力系简化为一个简单的力系，使其作用效应相同。这种简化力系的

方法称为力系的简化。另一方面,力系简化的结果也是建立平衡条件的依据。因此,在静力学中研究下面三个基本问题:

(1) 物体的**受力分析**;

(2) **力系的简化**;

(3) 物体在力系作用下的**平衡条件**。

人们用静力学平衡条件解决了作用于刚体上的全部外力的计算,研究了**力的外效应**,但在工程实际中常常遇到这样的情况:当构件受力过大时,会发生破坏而造成事故,或者构件在受力后产生过大的变形而影响机器或结构的正常工作。这是在外力作用下如何保证构件正常工作的问题,静力学无法解决,属于材料力学的研究范畴。

材料力学是研究在外力作用下杆件内部各质点所产生的位移、运动、应力、应变及其破坏等规律的科学,它研究力的**内效应**(即**变形效应**)。材料力学的研究任务是:为了保证机器或结构正常地工作,要求每个构件应具有足够的**强度**、**刚度和稳定性**。同时为解决构件在满足既安全又经济的条件下选择合适的材料和设计合理的构件尺寸提供相关的理论和方法。有关材料力学的基本概念将在本书第 4 章中展开讨论。

3. 工程力学的研究方法

工程力学和其他任何学科一样,就其研究方法而言,都离不开人们认识客观世界的过程。因此其研究方法为:从实践出发,通过观察,经过抽象、综合、归纳,建立公理,提出基本假设,运用数学推理得到定理和结论,然后通过实践来验证理论的正确性,再回到实践中指导实践。

工程力学解决问题的一般方法可归纳如下:

(1) 对研究系统进行抽象简化,抓住本质建立力学模型,其中包括几何形状、材料性能、载荷及约束等真实情况的简化。

(2) 将力学原理应用于理想模型,进行分析、推理,采用合理的数学工具得出结论。

(3) 验证结果,若得出的结论不能令人满意,则需要重新考虑关于系统特性的假设,建立不同的模型进行分析,以期取得进展。

上述方法中,建立力学模型是最关键的。一个好的力学模型,既能使问题求解简化,又能使结果基本符合实际情况,满足所要求的精度。例如,在对普通工程构件(如杆、梁、轴等)进行分析时,可以先将其理想化为刚体,研究其受力;然后进一步将其视为变形体,并假设其变形是**弹性**(卸载后变形能完全恢复)的,研究构件的弹性变形情况;如果再引入材料的**塑性**(卸载后变形不能恢复)性态,即可研究其弹-塑性行为。

4. 工程力学的学习意义及目标

工程力学是研究物体机械运动和构件承载能力的一般规律的科学,是一门理论性较强的基础课程,是与工程技术联系极为密切的技术基础学科,在工程技术中有着广泛的应用,是理工科学生的专业基础课。工程力学的定理、定律和结论广泛应用于各行各业的工程技术中,是解决工程实际问题的重要基础。它在专业课与基础课之间起桥梁作用。

通过本课程的学习,学生可比较系统地了解工程力学基本知识,初步掌握运用工程力学解决工程实际问题的能力,培养学生的工程实践能力和创新能力,为后续专业课程的学习奠定必要的基础。

学习本课程要达到的基本目标有：

（1）能把简单工程实际问题抽象化，确定力学模型，确定恰当的研究对象并对其进行受力分析，画出受力图。

（2）熟练运用力系的平衡方程求解研究对象的平衡问题。

（3）能够分析杆件拉（压）、扭转、弯曲等基本变形及其内力，并画出相应的内力图，掌握各种基本变形形式应力、变形的分析和计算方法。

（4）能正确地应用强度条件、刚度条件、稳定性条件对杆件进行校核验算和设计。

（5）初步掌握和了解材料的力学性能的测定及其他的材料力学实验方法。

第 1 篇　静　力　学

第 1 章　静力学基本概念和受力分析
第 2 章　平面力系
第 3 章　空间力系

第 1 章

静力学基本概念和受力分析

静力学研究处于平衡状态的物体所受的力。平衡状态是指物体相对于惯性参考系处于静止或者作匀速运动。在静力学中主要研究三方面问题：物体的受力分析，力系的简化和力系的平衡条件。静力学是工程力学的基础部分，在工程技术中有着广泛的应用。本章首先介绍静力学中的一些基本概念、静力学基本公理，然后介绍典型的约束形式及其约束反力，而后介绍物体受力分析和受力图。

1.1 两个基本概念

1.1.1 力[①]

力是物体相互间的机械作用，恩格斯在《自然辩证法》中指出："力的观念对我们来说是自然而然产生的，这是因为我们自己身上具有使运动转移的手段，……特别是臂上的肌肉，我们可用它来使别的物体发生机械的位置移动，即运动。"力的作用效果可以使物体运动也可以使物体变形，物体运动又可分为平移和转动，属于力的**外效应**，也称为**运动效应**，是理论力学的研究范畴；使物体发生变形常称力的**内效应**或称力的**变形效应**，属于材料力学的研究范畴。力的作用效果取决于力的三要素，即大小、方向、作用点。

力可以有不同的分类方法，如外力和内力、主动力和约束力，这里讲一下集中力和分布力。可视为作用在一个点的力就是集中力，如长桥上一辆车对桥的作用力可视为一集中力。在某些情况下，力的作用点不能视为集中在一点，而是分布在一定的范围内，则称为分布力，分布力又可分为均布力和非均布力。如图 1-1 所示，钢板在两个轧辊中间轧制，钢板与轧辊间的作用力可视为均布力，其分布范围在空间可能为一空间曲面，投影到纸面近似可看成为均布力，其中 q 称为载荷集度，表示单位长度的力，单位为 N/m 或 kN/m。如图 1-2 所示，水坝受到的水的压力随水的深度增大，应为一非均布力。

作用在物体上的一群力称为力系。如果物体在一个力系作用下保持平衡状态，则称该力系为平衡力系。将作用于刚体上的一个力系用另外一个力系代替，如果两个力系对刚体的作用效果相同，那么称这两个力系为等效力系。

[①] "力"这一字的起源，可以追溯到殷商时代的甲骨文中，甲骨文的力写作 ⼒，表示尖状起土农具。将泥土翻起需要人的体力。甲骨文的"男"字写作 ⽥⼒，意思是用力耕田。对于力的定义，《墨经》中指出"力，刑之所以奋也"，对力作出了具有物理意义的定义。

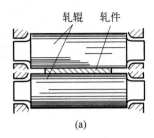
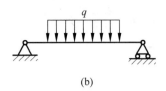

图 1-1

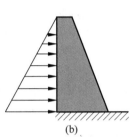

图 1-2

1.1.2 刚体

在静力学中另一个常用的概念就是**刚体**。所谓刚体是指在力的作用下形状和大小均不变的物体。相反,在力的作用下形状和大小发生变化的物体称为**变形体**。刚体是从实际中抽象出来的理想化的力学模型。实际上任何物体在力的作用下都会发生变形,但是一些微小变形对所研究的问题影响不大,人们常将其忽略不计,将其抽象简化为刚体,实际上并不存在这样的物体。如在研究飞机的运动时可将其视为刚体,在研究飞机机翼的震颤时必须将其视为变形体,即面对具体问题时应抓住主要矛盾,忽略次要矛盾,从而合理简化问题。理论力学的研究对象是质点、质点系以及刚体或刚体系组成的离散系统。质点也是理想化的模型,即不计大小的物体,对具体问题也应根据研究的需要抓住主要矛盾来进行简化。

1.2 静力学公理

静力学公理是人们在长期的生活和生产实践中总结概括出来的,这些公理简单明了,无须证明而为大家所公认。它们是静力学的基础。

公理1 力的平行四边形法则[①]

作用于物体上同一点的两个力可以合成为一个合力,合力的作用点仍在该点,合力的大

[①] 中国古代人就利用了力的平行四边形法则,如戽斗,取水之器,两人用力拉动斗两边的绳子,盛满水的斗就沿着他们的合力方向运动,从而升起。

小和方向则由以这两个力为边的平行四边形的对角线确定。力的平行四边形法则给出了最简单力系的简化原理,是复杂力系简化的基础和依据。力的平行四边形法则既是力的合成法则,也是力的分解法则。

如图 1-3 所示,因为力是矢量,所以这种合成力的方法称为矢量加法,合力称为这两力的矢量和,即

$$\boldsymbol{F}_\mathrm{R} = \boldsymbol{F}_1 + \boldsymbol{F}_2 \tag{1-1}$$

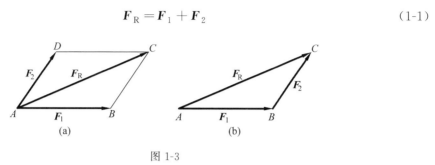

图 1-3

在用矢量加法求合力时,为了方便,可将两个力矢量首尾相接,然后从第一个力矢量的始端到第二个力矢量的末端连一矢量,即为合力矢量,如图 1-3(b)所示。这种求合力的方法称为**力的三角形法则**。应用三角形法则求解力的大小和方向时,可应用数学中的三角公式或在图上量测。

公理 2 二力平衡公理

刚体在两个力作用下处于平衡状态,则这两个力应大小相等、方向相反,且作用在同一直线上。此公理只适用于刚体而不适用于变形体。

在工程实际中,人们把在两个力作用下处于平衡状态的刚体称为**二力构件**;如果这样构件三个方向的尺度中有一个方向尺寸远大于其他两个方向尺寸,则称为**二力杆**。根据二力平衡公理,如果一个构件是二力构件,则其上作用的两个力应大小相等、方向相反,作用在两点连线上,形成二力平衡。如图 1-4 所示,四连杆机构中中间杆 BC 两端受两个力(忽略其自重),是二力杆,则可以判断这两点的力应沿着两点的连线,形成二力平衡。因此通过对二力构件的判断可以确定作用其上力的作用线。二力构件可以是任意形状的,如图 1-5(a)所示,图中折杆两点受力,则两点受的力沿着两点连线形成二力平衡,为二力构件,图 1-5(b)同理。

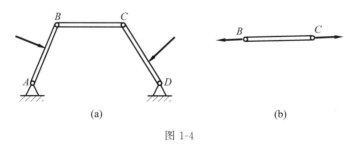

图 1-4

公理 3 加减平衡力系公理

在作用于刚体的任意力系上,加上或减去任一平衡力系,并不改变原力系对刚体的作用效应。此公理只适用于刚体,经常被用于力系的简化中。由此公理可得出如下推论:

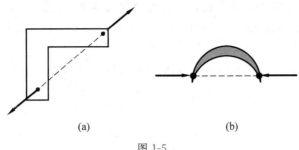

图 1-5

推论 1　力的可传性原理

力可以在刚体上沿其作用线移至任意一点而不改变它对刚体的作用效应。该推论只适用于刚体,而不适用于变形体。还应注意,该推论只适用于力在一个刚体上传递,而不能把作用在某个刚体上的力传递到另外的刚体上。

如图 1-6(a)所示,设力 F 作用于刚体上的 A 点,在力作用线上取一点 B,根据加减平衡力系公理,在 B 点上加上一平衡力系 F_1、F_2,使得 $F=-F_1=F_2$,则对刚体的作用效应不变,如图 1-6(b)所示。由于 F 与 F_1 也构成一平衡力系,再根据加减平衡力系公理减去一平衡力系 F、F_1,同样不改变对刚体的作用效应,如图 1-6(c)所示。这样就等于将力 F 沿其作用线移动到任意一点 B。

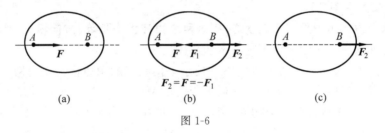

图 1-6

推论 2　三力平衡汇交定理

刚体受三力作用而平衡,若其中两力作用线汇交于一点,则第三个力的作用线必通过同一点,且三力的作用线共面。此原理的逆定理不成立;可用此定理确定某些未知力的作用线。

如图 1-7(a)所示,刚体在 A、B、C 三点分别受力 F_1、F_2、F,处于平衡,已知 A、B 两点作用力的作用线汇交于点 O,则根据三力平衡汇交定理,作用于 C 点的第三个力作用线应通过点 O,沿着 CO 连线。证明如图 1-7(b)所示,根据力的可传性,作用于 A、B 两点的力可移至 O 点,作用于同一点 O 处的两个力可根据平行四边形法则合成一个合力 R,则刚体在

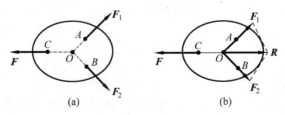

图 1-7

F、R 作用下与原力系等效。再由二力平衡公理可知,刚体在 F、R 作用下平衡,则它们必定大小相等、方向相反且作用在同一直线上,所以 F 必然通过 O 点,且与 F_1、F_2 在同一平面内。

公理 4　作用力和反作用力定理

两物体间的相互作用力总是等值、反向、共线,分别作用在相互作用的两个物体上。 这与二力平衡公理有着本质的区别,不能混同。此定理是对物体系统进行受力分析时的重要依据。一般把两个力在标记上用同一符号,一个加一撇、一个不加撇来表示,以说明两个力的关系。

如图 1-8 所示吊灯,吊灯的重力 P 实际上是地球对灯的引力,而其反作用力就是灯对地球的引力,用 P' 表示,说明 P 与 P' 是作用力与反作用力。同理,灯对绳的力 F,其反作用力就是绳对灯的作用力 F'。这说明作用力和反作用力总是成对出现的,有作用力必然有反作用力,二者相互依存,是对立统一的双方,同时产生、同时消失。

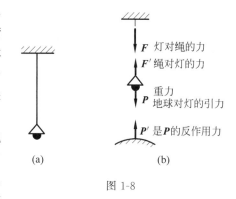

图 1-8

公理 5　刚化原理

变形体在某一力系作用下处于平衡,若将此变形体变成刚体(刚化为刚体),则其平衡状态保持不变。 如图 1-9 所示,柔性绳可以在一对拉力作用下平衡,若将此柔性绳刚化成刚性杆,则相同尺寸的刚性杆在同样力作用下也处于平衡。但反过来,如图 1-10 所示,一根刚性杆可以在一对压力下平衡,但把刚性杆变成柔性绳,在压力作用下不会平衡。因此,刚体的平衡条件是变形体平衡的必要条件,而不是充分条件。

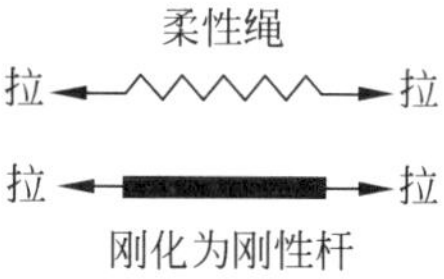

图 1-9

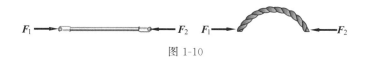

图 1-10

1.3　约束与约束反力[①]

在介绍约束与约束反力前,先介绍几个概念。能沿空间任意方向运动的物体称为**自由体**,例如飞行的人造卫星、飞机和火箭等。位移受到某些限制的物体称为**非自由体**,例如图 1-8 所示悬挂着的灯就是非自由体。

非自由体在某些方向上不能运动是因为受到了其周围其他物体的限制,人们常将阻碍非自由体运动的周围物体称为非自由体的**约束**。约束是一个实实在在的物体,如图 1-8 所示,绳索是灯的约束;又如放在地面的桌子,地面对桌子形成约束,限制了桌子向下的运动。

---

① 在西方,荷兰工程师和数学家斯泰芬(1548—1620)于 1608 年在研究滑轮系统的工程问题时,初次萌生约束的概念。18 世纪末,法国数学家傅里叶(1768—1830)才将约束概念引入分析力学中。但约束概念在我国的起源相当早,沈括在《梦溪笔谈》(成书于 11 世纪末)卷十八中就写道"盖钉板上下弥束",这里的"弥束"和今天力学中所说的"约束"的意义完全相同。

由于约束能限制物体的运动,因此,约束对被约束物体(非自由体)的作用力称为**约束反力**,简称反力。因为约束反力限制非自由体运动,所以它的作用点应在约束和被约束物体的接触点,它的方向应与约束所能限制的运动方向相反,平衡情况下约束反力的大小将由平衡条件求得。通过限制运动来判断约束力的方向是透过现象看本质的具体应用。

物体的受力可以分为**主动力**和约束反力,所谓主动力是指能使物体运动或有运动趋势的力,如重力、风力、油压力、磁场力等,往往是已知的。而约束反力是由主动力的作用所引起的,所以也称为**被动力**,它是随主动力的改变而变化的。

在静力学中,主动力往往是已知的,而约束反力是未知的。因此,对约束反力的分析就成为受力分析的重点。根据约束性质,正确分析约束反力是研究平衡问题的重要环节。工程中约束的种类很多,对于一些常见的约束,按其所具有的特性,可以归纳成以下几种基本形式。

1.3.1 柔性约束

由柔软的绳索、链条或皮带等柔性物体所构成的约束称为柔性约束。因为柔性绳索类本身只能受拉,所以它只能限制被约束的物体沿柔性体的方向离开柔性体的运动。可见柔性约束对物体的约束反力作用在接触点,方向沿绳索方向背离被约束的物体。如图1-11所示,重物受到绳索的限制而不能落地,所以绳索对重物的约束反力沿着绳索背离重物的方向。

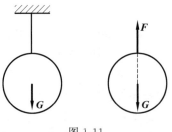

图 1-11

1.3.2 光滑面约束

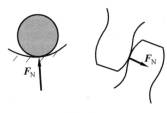

图 1-12

两个刚体间形成的约束,若不计摩擦则称为光滑面约束,此时,不论接触面是平面还是曲面,都不能限制物体沿接触面切线方向运动,而只能限制物体沿接触面的公法线方向运动。因此,光滑面约束的约束反力,作用在接触点处,方向沿着接触面的公法线方向且指向被约束的物体。如图1-12中,曲面对圆柱的支持力,相互配合的齿轮轮齿之间相互的压力。

1.3.3 铰链约束

铰链连接是工程上常见的连接形式。如图1-13所示的四连杆机构,杆 AB 与 BC 的连接,杆 BC 与 CD 的连接,杆 AB 与支座 A 以及杆 CD 与支座 D 间的连接都是铰链连接。这种连接形成的约束力为铰链约束力。常见的铰链连接有如下3种。

1. 光滑圆柱铰链

如图1-13所示,杆 AB 与杆 BC 之间,以及杆 BC 和杆 CD 之间用光滑圆柱铰链连接。AB 杆与 BC 杆在 B 点连

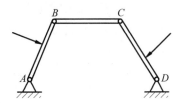

图 1-13

接的本质如图 1-14 所示,即两杆连接处有销孔,用销钉穿过销孔连接两杆。忽略摩擦力,铰链连接处杆件销孔与销钉形成光滑面约束。该力作用在接触点,沿接触点的公法线指向受力物体。

实际上,由于接触点的位置未知,该约束反力的方向并不能预先确定,通常用作用于铰链中心的两个相互垂直的分力 F_{Rx} 和 F_{Ry} 表示,如图 1-15 所示,当分力 F_{Rx} 和 F_{Ry} 的大小确定后,约束反力的大小和方向就相应地确定了。

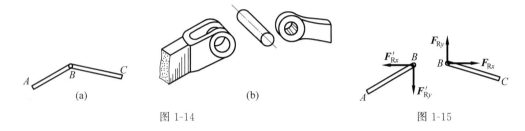

图 1-14   图 1-15

2. 固定铰链支座

图 1-13 所示的四连杆机构中 AB 杆在 A 点与支座的连接形成固定铰链支座,其实际结构如图 1-16(a)所示。支座固定在地面,支座本身有销孔,杆件端部有销孔,利用销钉将支座与杆连接,使构件只能绕销钉的轴线转动。支座简图如图 1-16(b)所示。在连接点接触本质与光滑圆柱铰链一样,就是杆的销孔和支座的销孔与销钉的接触,同样由于接触点的位置未知,该约束反力通常用作用于铰链中心的两个相互垂直的分力 F_{Rx} 和 F_{Ry} 表示,如图 1-16(c)所示。

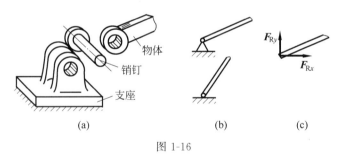

图 1-16

3. 滑动铰链约束

如果支座不是直接用螺栓固定在地面,而是用滚轴支承在光滑平面上,如图 1-17(a)所示,则这种约束称为滑动铰链约束,也称可动铰支座或辊轴约束。该约束只能限制垂直于支

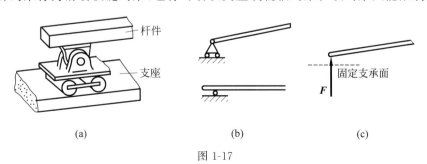

图 1-17

承面方向的运动,而不能阻碍相切于支承面方向的运动,因此滑动铰链约束的约束反力通过销钉中心,垂直于支承面,它的指向则因外力的情况不同而待定。其简图和杆受力如图 1-17(b)、(c)所示。

1.3.4 轴承约束

轴承约束是工程中常用的支承形式,通常在机械结构中,它是套在轴上的,轴承内圈和轴的接触与铰链约束本质相同,就是轴承孔和一个轴(圆柱体)的接触,如图 1-18(a)所示。轴的结构简图如图 1-18(b)所示,这种轴承不能限制沿轴线方向的运动,它的约束反力相当于固定铰链和光滑圆柱铰链约束反力旋转了 90°,同样分别用两个相互正交的分力来表示,如图 1-18(c)所示。这种轴承称为向心轴承或滑动轴承。

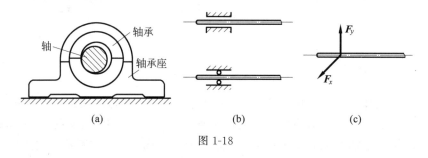

图 1-18

还有一种常见的轴承是止推轴承,其结构如图 1-19(a)所示,外面的轴承对轴不仅有与向心轴承(或滑动轴承)一样的限制作用,同时还能限制轴的轴向运动。其受力简图如图 1-19(b)所示。

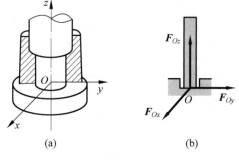

图 1-19

1.4 物体的受力分析

作用在物体上的每一个力都将对物体产生一定的影响。因此,在研究物体运动或平衡时,必须考虑作用在物体上所有的主动力和约束反力,这也就是**对物体进行受力分析**。为了便于分析,并能清晰地表示物体的受力情况,人们把要研究的物体或物体系统从周围与它相联系的物体或约束中分离出来,称为解除约束,把解除约束后的物体称为**分离体**,也叫**研究对象**。单独画出研究对象的轮廓图形,然后根据约束的性质,用相应的约束反力表示约束对研究对象的作用,然后画出作用在研究对象上的全部主动力和约束反力,人们称研究对象的这个受力分析示意简图为**受力图**。画受力图是解决静力学问题的一个重要步骤,下面举例说明物体的受力分析方法及受力图的画法。

例 1-1 如图 1-20(a)所示,圆盘自重为 P,由两个光滑墙体支撑着,对图示圆盘进行受力分析并画出其受力图。

解 受力分析的基本过程大致如下:首先确定研究对象,由于题目要求分析圆盘受力,因此以圆盘为研究对象,将圆盘分离出来。然后画出主动力,就是图中已经给出的重力 P。最后画约束反力,在 A、B 两点画出约束反力取代墙体对圆盘的作用,由于光滑墙体当作光滑面约束,所以根据光滑面约束的性质,可知该光滑墙体对圆盘的作用为支持力,分别为 F_A 和 F_B,作用在接触点处,方向沿着墙体的公法线方向且指向圆盘。圆盘的受力图如图 1-20(b)所示。由于对刚体来说力作用在不同位置效果不同,一般将力画在力的作用点,标记方法一般采用 F 加下标来区分,下标表示力的作用点。

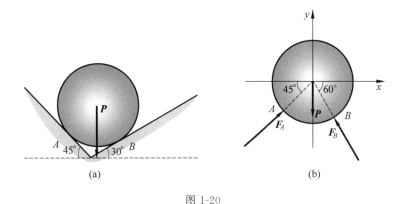

图 1-20

例 1-2 杆件如图 1-21(a)所示,要求画出杆 AB 的受力图。

解 确定研究对象为 AB 杆,分离出 AB 杆,画出主动力 P,在约束的位置画出约束反力。B 处是滑动铰链约束,根据约束性质可知,杆受到垂直于斜面的法向力 F_B。A 点为一固定铰链支座,该处受力画成两个相互正交的分力,标记方法中下标第一个字母是力的作用点,第二个字母是方向,如 F_{Ax} 代表作用在 A 点沿 x 方向的力。所以 AB 杆的受力图如图 1-21(b)所示。但由于 B 点力的方向可以判断,该杆受三个力处于平衡状态,根据三力平衡汇交原理

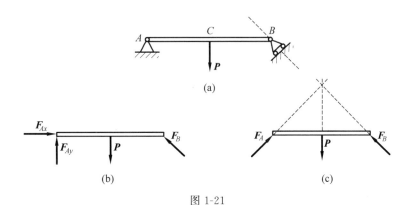

图 1-21

可以确定出 A 点力的方向,如图 1-21(c)所示,两种画法均可。注意受力分析时除主动力已知,其余力大小均未知,受力图仅画出力的作用线即可,具体指向根据后续计算可以进一步确定。

例 1-3 如图 1-22(a)所示系统由两根杆组成,分析两杆的受力并画出受力图。

解 由于 BC 杆两端受到铰链约束,所以两端分别受到一个铰链约束反力,中间不受力,是典型的二力杆,故 B、C 两点铰链的力沿着两点连线,画出二力平衡的受力图,可假设受拉或受压,如图 1-22(b)所示。AB 杆除受主动力 **F** 外,AB 杆与 BC 杆在 B 点受力应满足作用力和反作用力定理,即大小相等、方向相反。A 处为固定铰链支座,其约束反力可表示成两个相互正交的分力。显然,如果没有事先判断二力杆,AB 杆上 B 点的受力方向就不能确定,因此受力分析时应先判断二力杆。

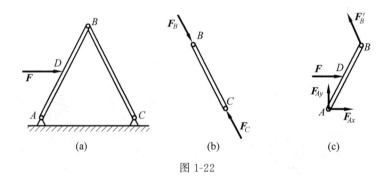

图 1-22

例 1-4 如图 1-23(a)所示,系统由 AC 和 BC 杆组成,两杆在 C 处通过铰链连接。两杆受均布载荷作用,载荷集度为 q,试对 AC 杆、BC 杆和整体系统进行受力分析并作受力图。

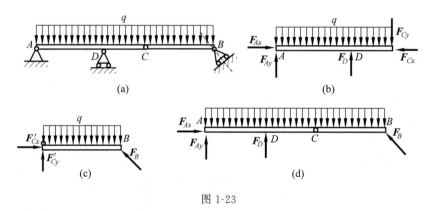

图 1-23

解 注意静力学不研究杆件内部各部分之间的力,不能选择杆件的一部分作为研究对象,比如不能选择 AD 作为研究对象,因为 D 处是 AC 杆上一个局部点,不是两根杆的连接点。由于系统上作用有分布力,两根杆都不是二力杆。具体分析如下:

(1) 首先分析 AC 杆,先画出其轮廓,再画上主动力均布载荷。A 处为固定铰链支座,约束反力通过铰链中心但方向不能确定,可用两相互垂直的分力 F_{Ax} 和 F_{Ay} 表示;C 处是光滑圆柱铰链约束,其约束反力也用两相互垂直的分力 F_{Cx} 和 F_{Cy} 表示;D 处为一滑动铰链约束,约束反力垂直于支承面。所以 AB 杆的受力图如图 1-23(b)所示。

(2) 取 BC 杆为研究对象。同样,除均布载荷的主动力外,B 处为滑动铰链约束,其约束反力应垂直于支承面;C 处受力与 AC 杆上的 C 处受力要满足作用力和反作用力定理,即大小相等、方向相反,分别为 F'_{Cx} 和 F'_{Cy}。所以 BC 杆的受力图如图 1-23(c)所示。

(3) 取整体为研究对象。显然,C 处两杆间受力相互抵消,即内力相互抵消,**静力学中不画系统内部构件之间的相互作用力**,只需画出 A、D、B 三处的受力。这三处受力前面已经讨论过,应与前面的画法及标记方法一致,所以整体系统的受力图如图 1-23(d)所示。

例 1-5 如图 1-24(a)所示,系统由 AO、CD 和 AB 三杆组成,分析 AO、CD 和 AB 三杆的受力和整体系统的受力,并作相应的受力图。

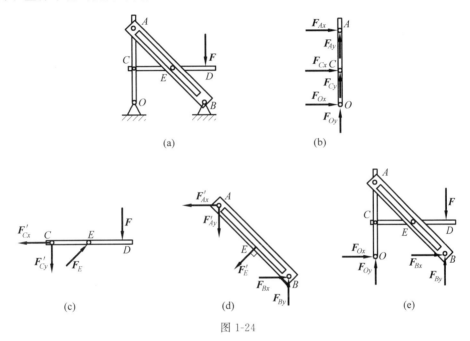

图 1-24

解 通过分析可知,系统内没有二力杆或二力构件。各杆的分析如下:

(1) AO 杆的受力分析。取 AO 杆为研究对象,可知 A、C、O 三处均为铰链约束,其约束反力均通过铰链中心,但方向不能确定,所以此三处的铰链约束反力均可用两相互正交的分力来表示,分别为 F_{Ax} 和 F_{Ay}、F_{Cx} 和 F_{Cy}、F_{Ox} 和 F_{Oy},则 AO 杆的受力图如图 1-24(b)所示。

(2) 再研究横杆 CD。取 CD 杆为研究对象,作用在横杆上的力有主动力 F;C 处为铰链约束,且受力与 AO 杆 C 处受力满足作用力和反作用力定理,即大小相等、方向相反,分别为 F'_{Cx} 和 F'_{Cy};E 处为一光滑面约束,即一销钉固定在横杆上,且销钉搭在斜杆 AB 的滑槽上,根据光滑面约束性质可知其约束反力为垂直于滑槽的支持力,用 F_E 表示。因此画出 CD 杆的受力图如图 1-24(c)所示。当然,CD 杆实际上仅在 C、E 和 D 三处受三力而平衡,因此确定了 F_E 后,亦可根据三力平衡汇交定理确定 C 处的受力。

(3) 确定带槽斜杆 AB 的受力。取杆 AB 为研究对象,A 处受力与竖杆 AO 上 A 处受力满足作用力和反作用力定理,即大小相等、方向相反,分别为 F'_{Ax} 和 F'_{Ay};E 处滑槽受到钉子对滑槽的作用力,与水平杆 CD 上 E 处受力形成作用力和反作用力,用 F'_E 表示;B 处为固定铰链约束,其约束反力通过铰链中心,但方向不能确定,所以此处的铰链约束反力可假设为两相互正交的分力,分别为 F_{Bx} 和 F_{By}。AB 杆的受力图如图 1-24(d)所示。

(4) 取整体为研究对象,解除 O、B 两处约束,不画系统内部相邻构件间的作用力,故整体系统受力除主动力 F 外,还有 O、B 两处铰链的约束反力,方向及标记方法与前述应保持一致。所以整体系统的受力图如图 1-24(e)所示。

例 1-6 系统如图 1-25(a)所示,试分析系统中各杆的受力,滑轮 I 和销钉 B 的受力,以及滑轮 I 与销钉 B 为子系统的受力。

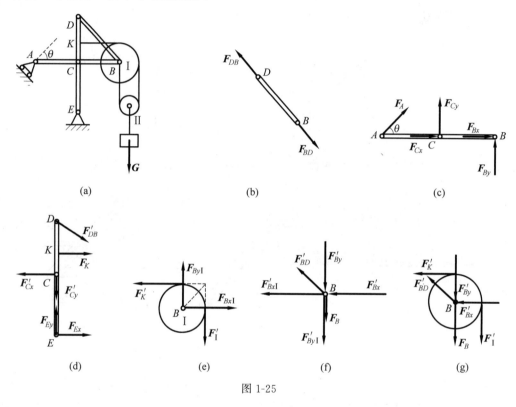

图 1-25

解 图中有三杆,通过分析可知 BD 杆为二力杆,假设其受拉,其受力图如图 1-25(b)所示。其他各部件分析如下:

(1) 取水平杆 AB 为研究对象,A 处为一滑动铰链支座,其约束反力应沿支承面的法线方向,即 F_A;C 处为铰链约束,其约束反力可用两个相互正交的分力表示,即为 F_{Cx} 和 F_{Cy};B 处销孔与销钉 B 连接,同时销钉 B 上还连接了杆 DB、轮以及绳子,通常把销钉连接三个或三个以上构件的铰链称为复杂铰,各杆在铰链处受力不满足等值、反向、共线的关系,其约束反力用两个相互正交的分力表示,即为 F_{Bx} 和 F_{By}。因此水平杆 AB 的受力图如图 1-25(c)所示。

(2) 取竖直杆 DE 为研究对象,此杆在 D 处与二力杆 BD 相连,所以杆 DE 在 D 处的受力应与二力杆在 D 处的受力满足作用力和反作用力定理,即大小相等、方向相反,用 F'_{DB} 表示;在 K 处连接着绳子,应为柔性约束,其约束反力应沿着绳子方向背离杆 DE,用 F_K 表示;C 处受力与 AB 杆在 C 处受力满足等值反向,分别为 F'_{Cx} 和 F'_{Cy};E 处为固定铰链支座约束，其约束反力用两个相互正交的分力表示，即为 F_{Ex} 和 F_{Ey}。因此杆 DE 的受力图如图 1-25(d)所示。

（3）取滑轮 I 为研究对象，滑轮外缘处有绳子，所以该处应为柔性约束，其约束反力应沿着绳子方向背离滑轮，用 F'_K 和 F'_1 表示；滑轮中间为一销孔，与销钉接触，应为光滑圆柱铰链约束，其约束反力用两个相互正交的分力表示，即为 F_{BxI} 和 F_{ByI}。滑轮 I 受力图如图 1-25(e)所示。

（4）取销钉 B 为研究对象，销钉 B 连接了 4 个构件，因此分别受到 4 个构件对它的作用力，并与各构件受到销钉 B 的作用力形成反作用力，因此销钉 B 的受力图如图 1-25(f)所示。

（5）若取滑轮 I 中间带销钉 B 的子系统为研究对象，显然，此时滑轮 I 与销钉 B 的作用力成为内力，但由于销钉的存在，子系统上会有绳子对销钉、杆 DB 对销钉以及杆 AB 对销钉的作用力，这些作用力方向及标记应与前述一致。子系统的受力图如图 1-25(g)所示。

例 1-7 系统如图 1-26(a)所示，要求对各杆及整体系统进行受力分析并作受力分析图。

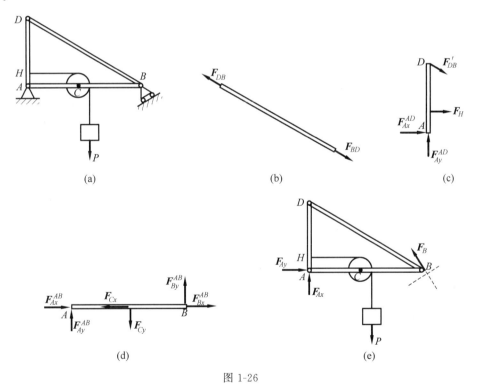

图 1-26

解 （1）由于杆 DB 为二力杆，所以杆 DB 两端的受力只能沿着 D、B 两点的连线方向，设为受拉，其受力图如图 1-26(b)所示。

（2）取杆 DA 为研究对象，注意到 D 处销钉仅连接两个构件，故两杆在 D 处的受力满足大小相等、方向相反且共线；H 处有柔性约束的作用，因此其约束反力应沿着绳子方向背离杆 DA；但 A 处销钉连接着支座、杆 DA 和杆 AB 三个构件，故两杆受力不满足大小相等、方向相反的关系,此时应分别假设成两个相互正交的分力,同时应注意标记要区分开,可以再加一个下标或者上标。因此杆 DA 的受力图如图 1-26(c)所示。

(3) 取杆 AB 为研究对象,其 A 处的受力用两个分量表示,同理 B 处也是一个销钉上连接三个构件,AB 杆在 B 处受力与二力杆在 B 处受力不满足等值、反向、共线,此时应假设成两个相互正交的分力;C 处为铰链约束,其约束反力应通过铰链中心,但方向不确定,因此用两个相互正交的分力表示。因此杆 AB 的受力图如图 1-26(d)所示。

(4) 取整体为研究对象,A、B 两处分别受到支座的作用力,与之前杆的受力也是不同的;注意滑动铰链处二力杆与 AB 杆在 B 点受力均不沿着法向,仅整体分析时支座的力是法向的。整体系统的受力图如图 1-26(e)所示。

综合以上例题,可得受力分析的要点如下:

(1) 首先确定研究对象,即选取分离体。需要明确对哪一个物体进行受力分析,根据需要,研究对象既可选取单个物体也可选取由几个物体组成的物体系统。将所确定的研究对象从它周围物体的约束中分离出来,然后单独画出其轮廓简图,即分离体。

(2) 画主动力,即事先给定的已知力,如重力等。要特别注意题中是否忽略重力,如果题目没要求就不要考虑重力。

(3) 画约束反力。应按约束的性质逐一画出研究对象周围的所有约束对它的约束反力。切记,力是物体间相互的机械作用,不能脱离物体画力,也不能凭主观想象去画。不能漏画、多画或错画力。

(4) 当画物体系统的受力图时,①因二力构件受力简单,所以应先试着寻找系统中的二力构件,若存在二力构件应先画其受力图;②要注意作用力和反作用力的关系,一旦设定了作用力的方向,则反作用力就应与作用力等值反向;③当画整个系统的受力图时,由于系统内力成对出现,组成平衡力系,因此不必画出,只需画出全部外力;④要注意正确运用三力平衡汇交定理。

(5) 特别注意铰链约束反力的画法:

① 铰链约束的典型构造是用光滑圆柱形销钉将两个或两个以上具有相同孔径的物体串联起来,其完全限制各被连接物体的移动,但无法限制物体绕销钉的转动。应特别提醒的是,被连接的各物体之间并没有直接的相互作用,这些物体均与销钉发生相互作用。铰链约束反力应通过销钉中心,但方向往往是未知的,通常采用作用于销钉中心的相互正交的两个分力表示。

② 按照构件的实际受力情况,可进一步明确铰链约束反力的方向,比如二力构件两端的铰链约束反力可根据二力平衡定理明确其方向;再者可根据三力平衡汇交定理确定铰链约束的约束反力方向。

③ 一个销钉仅连接两个构件又不受其他力作用,这样的铰链称为简单铰。销钉对两个物体的反作用力是等值、反向、共线的,如图 1-22 中的 F_B 和 F'_B。

④ 一个销钉受三个或三个以上的力作用、连接三个或三个以上的构件,这样的铰链称为复杂铰(简称复铰),销钉对各构件的反作用力不满足等值、反向、共线,如图 1-25 中的 F'_{BD} 和 F_B 等。为此,可将销钉连同其他一个构件取为研究对象,较为简便,如图 1-25(g)所示。

习题

下列习题中，凡未标出自重的物体，重力不计，接触处都不计摩擦。

1-1 试分别对下列构件进行受力分析并作其受力图。其中图(e)中 $ABCD$ 为一个框架结构。

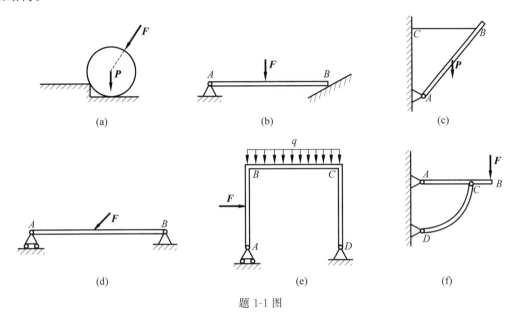

题 1-1 图

1-2 试对图示物体系统中每个构件和整体系统进行受力分析，并作相应的受力图。

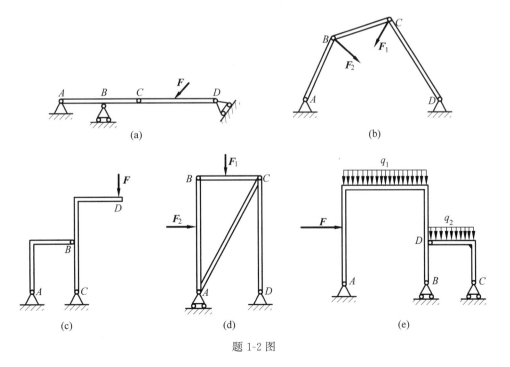

题 1-2 图

1-3 对所示系统中每个构件及整体进行受力分析，并作相应的受力图。

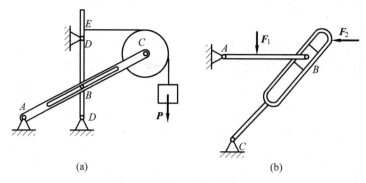

题 1-3 图

1-4 试对图示系统进行分析，对杆 AO、CD 和滑轮进行受力分析，并作相应的受力图。

1-5 试对图示系统整体及各杆进行受力分析，并作相应的受力图。

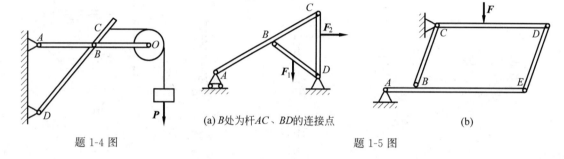

题 1-4 图　　　题 1-5 图

1-6 图示结构由 AB、AD、BC 和 AC 四杆组成，试对图示系统的杆 AB、销钉 E、销钉 A 进行受力分析，并作相应的受力分析图。（E 处为杆 AD 和 BC 两杆的连接处）

1-7 对图示系统中杆 AD、杆 CD、销钉 D 进行受力分析，并对滑轮Ⅰ、Ⅱ和销钉 D 的子系统和整体系统进行受力分析，并作受力图。

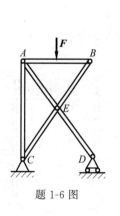 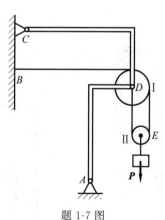

题 1-6 图　　　题 1-7 图

第 2 章 平面力系

作用在物体上的一组(一群)力称为力系。若力系中力的作用线处于同一平面内,则该力系称为平面力系。平面力系主要包括平面汇交力系、平面力偶系、平面任意(一般)力系和平面平行力系。本章主要研究平面力系的合成(简化)和平衡问题,其中各力系平衡条件的推导和平衡方程的建立是重点。

2.1 平面汇交力系

平面汇交力系是指各力的作用线在同一平面内且汇交于一点的力系。如果平面内各力的作用点是同一点,则这样的力系称为平面共点力系。显然,平面共点力系是平面汇交力系的特殊情况。本节采用几何法和解析法讨论平面汇交力系的合成和平衡。

2.1.1 平面汇交力系合成的几何法

几何法是指采用几何作图的方法,平面汇交力系合成的几何法是运用力的平行四边形法则或力的多边形法则进行求解。

首先假设作用在物体上的两个力为 F_1 和 F_2,且汇交于点 O,如图 2-1(a)所示。依据力的平行四边形法则,可知平行四边形的对角线表示的力 F_R 为 F_1 和 F_2 的合力。显然,F_R 的作用点是这两个力的汇交点 O。实际上,F_1 和 F_2 的合力也可以采用图 2-1(b)所示的三角形法则求解,即两个力依次首尾相接,从第一个力的始端指向第二个力的末端的力即为它们的合力。

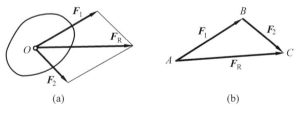

图 2-1

假设物体上作用着四个力 F_1、F_2、F_3 和 F_4,它们构成平面汇交力系,如图 2-2(a)所示。在求它们的合成结果时,先选一始点 A,多次运用力的三角形法则,将这些力依次两两合成,最后作一矢量从始点 A 指向终点 E,即得到合成结果——合力 F_R[①]（如图 2-2(b)所示）,且其作用线通过汇交点（如图 2-2(a)所示）。

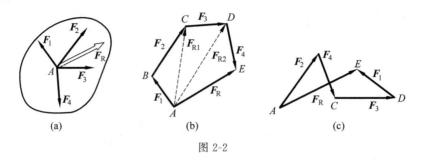

图 2-2

实际作图时,不必画出图 2-2 中虚线所示的中间合力,只要将各力的首尾依次相接,形成一个不封闭的多边形,从第一个力的始端指向最后一个力的末端的力就是它们的合力 F_R,如图 2-2(b)所示。把由各分力和合力构成的多边形称为**力多边形**,合力矢是力多边形的封闭边,且方向是由力多边形的起点指向终点。

由于力矢量满足交换律,因此在作力多边形时可以改变各分力相连的先后顺序,这样可得到不同形状的力多边形,如图 2-2(c)所示。此时形成的力多边形可能内凹、可能边与边相交,但不会影响最终合成结果。

将这一方法推广到由 n 个力组成的平面汇交力系,可以得出结论:平面汇交力系合成的结果是一个合力,合力的大小和方向由力多边形的封闭边确定,合力的作用线通过力系的汇交点。矢量关系式为

$$F_R = F_1 + F_2 + F_3 + \cdots + F_n = \sum_{i=1}^{n} F_i \tag{2-1}$$

或简写为

$$F_R = \sum F \tag{2-2}$$

需要强调的是:几何法对平面汇交力系适用,但由于作图麻烦,空间汇交力系的简化较少使用几何法。此外,几何法对于力系中力较少的情况进行求解比较直观和方便,但当力系中的力较多时,就变得十分复杂。

2.1.2　平面汇交力系合成的解析法

解析法是以力在坐标轴上的投影为基础建立方程进行求解的方法。因此,下面先介绍力在坐标轴上的投影。

1. 力在坐标轴上的投影

设力 F 作用在物体上的 A 点,用 $\overrightarrow{AB}$ 表示,且力 F 与 x 和 y 轴所夹的锐角分别为 α 和 β,如图 2-3 所示,求力 F 在 x、y 轴上的投影。

[①] "合力"一词产生于明代。早在汉代时已有相当于合力概念的词"积力"。《淮南子·主术训》中记载:"积力所举,则无不胜也。"这里的"积力"表示几个力合在一起。战国时期,茅元仪的兵家思想中可能涉及合力的思想。当茅元仪提出合力概念时,正是西方近代科学诞生的前夜。这表明我国对合力的描述早于西方国家。

取直角坐标系 Oxy，使力 $\boldsymbol{F}$ 在平面 Oxy 内。过力矢 $\overrightarrow{AB}$ 的两端点 A 和 B 分别向 x、y 轴作垂线，得垂足 a、b 及 a'、b'，带有正负号的长度 ab 与 $a'b'$ 分别称为力 $\boldsymbol{F}$ 在 x、y 轴上的投影，记作 F_x、F_y。投影正负号规定为：当力的始端的投影到终端的投影的方向与投影轴的正向一致时，力的投影取正值；反之，当力的始端的投影到终端的投影的方向与投影轴的正向相反时，力的投影取负值。由图 2-3 可知

$$\begin{cases} F_x = F\cos\alpha \\ F_y = -F\sin\alpha \end{cases} \quad (2\text{-}3)$$

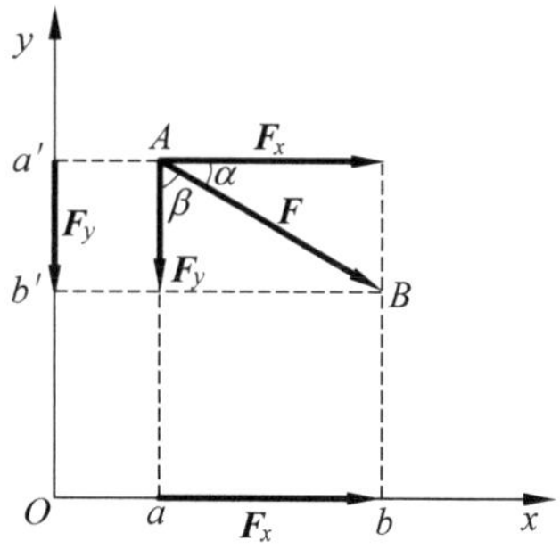

一般情况下，若已知 $\boldsymbol{F}$ 与 x 和 y 轴正向的夹角分别为 α、β，则该力在 x、y 轴上的投影分别为

$$\begin{cases} F_x = F\cos\alpha \\ F_y = F\cos\beta \end{cases} \quad (2\text{-}4)$$

图 2-3

即力在坐标轴上的投影等于力的大小与力和该轴正向夹角余弦的乘积。显然，当力与坐标轴垂直时，投影为零；当力与坐标轴平行时，投影大小的绝对值等于该力的大小。

如果已知 $\boldsymbol{F}$ 在坐标轴上的投影分别为 F_x 和 F_y，则该力的大小和方向角分别为

$$\begin{cases} F = \sqrt{F_x^2 + F_y^2} \\ \cos\alpha = \dfrac{F_x}{F}, \quad \cos\beta = \dfrac{F_y}{F} \quad \text{或} \quad \tan\alpha = \left|\dfrac{F_y}{F_x}\right| \end{cases} \quad (2\text{-}5)$$

式中，α 为力 $\boldsymbol{F}$ 与 x 轴所夹的锐角，$\boldsymbol{F}$ 所在的象限由 F_x、F_y 的正负号来确定。值得注意的是：有时用式(2-5)中的角度的正切来表示 $\boldsymbol{F}$ 的方向更为方便。

在图 2-3 中，若将力沿 x、y 轴进行分解，可得分力 $\boldsymbol{F}_x$ 和 $\boldsymbol{F}_y$。应当注意：力的投影和分力是两个不同的概念。力的投影是标量，它只有大小和正负；力的分力是矢量，有大小和方向。在直角坐标系中，分力的大小和投影的绝对值是相等的。同时，力 $\boldsymbol{F}$ 也可用力的投影表示，即

$$\boldsymbol{F} = F_x \boldsymbol{i} + F_y \boldsymbol{j}$$

式中，$\boldsymbol{i}$、$\boldsymbol{j}$ 分别为直角坐标系中 x、y 轴正向的单位矢量。

例 2-1 已知 $F_1 = 100\text{N}$，$F_2 = 200\text{N}$，$F_3 = 300\text{N}$，$F_4 = 400\text{N}$，各力的方向如图 2-4 所示，试求各力在 x 轴和 y 轴上的投影。

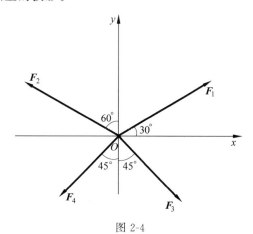

图 2-4

解 根据式(2-3)或式(2-4),可得各力在坐标轴上的投影如下:

$F_{1x} = 100\text{N} \times \cos 30° = 50\sqrt{3}\,\text{N}, \quad F_{1y} = 100\text{N} \times \sin 30° = 50\text{N}$

$F_{2x} = -200\text{N} \times \sin 60° = -100\sqrt{3}\,\text{N}, \quad F_{2y} = 200\text{N} \times \cos 60° = 100\text{N}$

$F_{3x} = 300\text{N} \times \sin 45° = 150\sqrt{2}\,\text{N}, \quad F_{3y} = -300\text{N} \times \cos 45° = -150\sqrt{2}\,\text{N}$

$F_{4x} = -400\text{N} \times \sin 45° = -200\sqrt{2}\,\text{N}, \quad F_{4y} = -400\text{N} \times \cos 45° = -200\sqrt{2}\,\text{N}$

2. 合力投影定理

为了用解析法求解平面汇交力系的合力,必须先讨论合力的投影与分力在同一坐标轴上投影的关系,即投影定律。

如图 2-5(a)所示,设有一平面汇交力系 $\boldsymbol{F}_1$、$\boldsymbol{F}_2$、$\boldsymbol{F}_3$ 作用在物体的 O 点,从任一点 A 作力多边形 $ABCD$,如图 2-5(b)所示,则 $\overrightarrow{AD}$ 就是该平面汇交力系的合力 $\boldsymbol{F}_R$。建立如图所示的坐标系,假设 F_{1x}、F_{2x}、F_{3x} 和 F_{Rx} 分别为 $\boldsymbol{F}_1$、$\boldsymbol{F}_2$、$\boldsymbol{F}_3$ 和 $\boldsymbol{F}_R$ 在 x 轴上的投影。显然,由图 2-5(b)可知

$$F_{1x} = ab, \quad F_{2x} = bc, \quad F_{3x} = -cd, \quad F_{Rx} = ad$$

而

$$ad = ab + bc - cd$$

即

$$F_{Rx} = F_{1x} + F_{2x} + F_{3x}$$

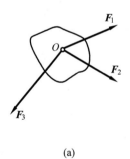
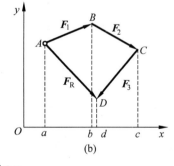

(a)   (b)

图 2-5

这一关系可推广到任意个汇交力(如图 2-6 所示)的情形,即

$$F_{Rx} = F_{1x} + F_{2x} + \cdots + F_{nx} = \sum F_x \tag{2-6a}$$

同理,可得

$$F_{Ry} = F_{1y} + F_{2y} + \cdots + F_{ny} = \sum F_y \tag{2-6b}$$

由此推出:**合力在某坐标轴上的投影等于各分力在同一坐标轴上投影的代数和**。这一结论通常被称为**合力投影定理**。值得注意的是:为了简化运算,在选择投影轴时应使尽可能多的力与投影轴垂直或平行。

3. 用解析法求平面汇交力系的合力

由合力投影定理(2-6)知 $F_{Rx}=\sum F_x, F_{Ry}=\sum F_y$。依据式(2-5)可得 $\boldsymbol{F}_R$ 的大小和方向为

$$F_R=\sqrt{F_{Rx}^2+F_{Ry}^2}=\sqrt{\left(\sum F_x\right)^2+\left(\sum F_y\right)^2} \quad (2-7)$$

$$\cos\alpha=\frac{F_{Rx}}{F_R}=\frac{\sum F_x}{F_R}, \quad \cos\beta=\frac{F_{Ry}}{F_R}=\frac{\sum F_y}{F_R}$$

式中，α、β 分别为 $\boldsymbol{F}_R$ 与 x、y 轴正向的夹角，其作用线通过力系的汇交点 O(图2-6)。

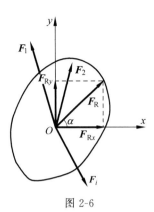

图 2-6

下面通过例题说明如何运用几何法和解析法求平面汇交力系的合力。

例 2-2 如图 2-7(a)所示，固定的圆环上作用共面的三个力 $F_1=10\mathrm{kN}, F_2=20\mathrm{kN}, F_3=25\mathrm{kN}$，三力均通过圆心 O，求它们的合力。

解 显然，这三个力构成平面汇交力系，下面分别运用几何法和解析法求解它们的合力。

几何法：

取比例尺 1cm 代表 10kN，画力多边形如图 2-7(b)所示，其中 $AB=|F_1|, BC=|F_2|, CD=|F_3|$。从起点 A 向终点 D 作矢量 $\overrightarrow{AD}$，即得合力 $\boldsymbol{F}_R$。由图上量得 $AD=4.4\mathrm{cm}$，这样依据比例尺可得 $F_R=44\mathrm{kN}$；用量角器测得 $\boldsymbol{F}_R$ 与水平线之间的夹角 $\alpha=22°$。

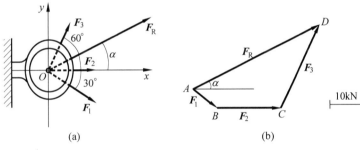

图 2-7

解析法：

建立如图 2-7(a)所示的直角坐标系 Oxy，则合力 $\boldsymbol{F}_R$ 在坐标轴上的投影分别为

$$F_{Rx}=F_1\cos30°+F_2+F_3\cos60°=41.16\mathrm{kN}$$

$$F_{Ry}=-F_1\sin30°+F_3\sin60°=16.65\mathrm{kN}$$

这样，合力 $\boldsymbol{F}_R$ 的大小为

$$F_R=\sqrt{F_{Rx}^2+F_{Ry}^2}=\sqrt{41.16^2+16.65^2}\ \mathrm{kN}=44.4\mathrm{kN}$$

合力 $\boldsymbol{F}_R$ 的方向为

$$\tan\alpha=\frac{|F_{Ry}|}{|F_{Rx}|}=\frac{16.65}{41.16}$$

即

$$\alpha = \arctan\frac{|F_{Ry}|}{|F_{Rx}|} = \arctan\frac{16.65}{41.16} = 22.02°$$

由于 $F_{Rx}>0,F_{Ry}>0$,故 α 在第一象限,且合力 F_R 的作用线通过汇交点 O。

2.1.3 平面汇交力系的平衡

如果物体在平面汇交力系作用下处于平衡[①],则 $F_R=0$,即

$$F_R = \sqrt{F_{Rx}^2 + F_{Ry}^2} = \sqrt{\left(\sum F_x\right)^2 + \left(\sum F_y\right)^2} = 0$$

要使上式恒成立,则下列方程必须同时满足:

$$\begin{cases}\sum F_x = 0 \\ \sum F_y = 0\end{cases} \tag{2-8}$$

式(2-8)为平面汇交力系平衡的解析条件,即**平面汇交力系在两个坐标轴上投影的代数和分别为零**。这两个方程相互独立,可求解两个未知量。反之,式(2-8)成立且力系为汇交力系,则物体一定处于平衡。所以,式(2-8)是平面汇交力系平衡的充要条件。

利用平衡条件求解实际问题时,在受力分析中要先假定未知力的方向,然后依据平衡条件列平衡方程求解。若计算结果为正值,表示未知力的实际方向与假设方向相同;若计算结果为负值,表示未知力的实际方向与假设方向相反。

例 2-3 物体用不可伸长且重量不计的柔索 AB 和 BC 悬挂且处于平衡,如图 2-8(a)所示。已知物体重 $G=30$kN,$\alpha=30°$,BC 水平,求柔索 AB 和 BC 的拉力。

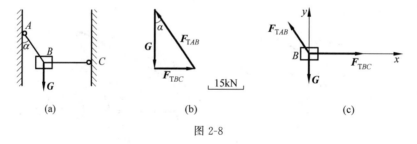

图 2-8

解 以物体为研究对象,受力分析如图 2-8(c)所示。

用几何法求解如下:

由于重物处于平衡状态,所以 G、F_{TBC} 和 F_{TAB} 首尾相接构成封闭的力三角形,如图 2-8(b)所示。由几何关系知

$$F_{TAB} = \frac{G}{\cos30°} = 34.64\text{kN}, \quad F_{TBC} = G\tan30° = 17.32\text{kN}$$

用解析法求解如下:

建立直角坐标系 Oxy,如图 2-8(c)所示,根据平衡条件列平衡方程如下:

$$\sum F_y = 0, \quad F_{TAB}\cos30° - G = 0$$
$$\sum F_x = 0, \quad F_{TBC} - F_{TAB}\sin30° = 0$$

[①] 早在战国时期,《墨经》中对平衡有实验性的论述,通过对建筑砖石的具体分析,论证了砖石的受力平衡问题。

求解可得 $F_{TAB}=34.64\text{kN}, F_{TBC}=17.32\text{kN}$

2.2 平面力对点之矩和平面力偶系

力可使物体发生移动和转动。力使物体发生移动取决于力的大小和方向，而力使物体发生转动取决于力对点的矩（简称力矩）或力偶矩。本节主要介绍平面内力矩的概念及计算，力偶的概念、性质及其计算，力偶系的合成和平衡。

2.2.1 平面内力对点之矩（力矩）

如图2-9所示，力 $\boldsymbol{F}$ 与 O 点在同一个平面内，力 $\boldsymbol{F}$ 对 O 点的转动效应取决于两个因素：①力 $\boldsymbol{F}$ 的大小；②O（称为矩心）到力 $\boldsymbol{F}$ 的作用线的垂直距离 d（称为力臂）。F 越大或者 d 越大，力对点 O 的转动效应也越大。用 F 的大小与力臂 d 的乘积冠以恰当的正负号称为力对点之矩，简称力矩，用 $M_O(\boldsymbol{F})$ 表示，即

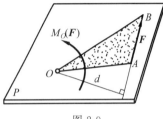

图2-9

$$M_O(\boldsymbol{F}) = \pm Fd \quad (2-9)$$

式中正负号可按右手螺旋法则确定：**力使物体绕矩心逆时针转动时取"+"，顺时针转动时取"-"**。图2-9中力 $\boldsymbol{F}$ 对 O 点的力矩应取正号。

由图2-9知，力 $\boldsymbol{F}$ 对 O 点之矩的大小等于△OAB 面积的两倍，即

$$M_O(\boldsymbol{F}) = 2S_{\triangle OAB} = Fd$$

综上可知：①在平面内，力矩是代数量；②力矩的大小取决于力的大小及力臂的大小；③当力的作用线通过矩心时，力矩为0；④力矩的单位是 N·m，工程上常用的单位是 kgf·m（千克力·米）。

2.2.2 合力矩定理

工程实际中，在求解力对点之矩时常常碰到力臂不容易计算的情况，这就需要引入新的方法——合力矩定理来进行计算，下面介绍该定理。

合力矩定理：平面汇交力系的合力对平面内任意一点的矩等于各分力对同一点之矩的代数和。即

$$M_O(\boldsymbol{F}_R) = \sum M_O(\boldsymbol{F}_i) \quad (2-10)$$

式中，$\boldsymbol{F}_R = \sum \boldsymbol{F}_i$。此处忽略合力矩定理的证明。值得注意的是：合力矩定律不仅适用于汇交力系，也适用于具有合力的其他力系。

例2-4 图2-10中齿轮的直径为 D，运用合力矩定理计算 $\boldsymbol{P}$ 对 O 点的力矩。

解 由合力矩定理知

$$M_O(\boldsymbol{P}) = M_O(\boldsymbol{P}_t) + M_O(\boldsymbol{P}_r) = P\cos\alpha \cdot \frac{D}{2} + P\sin\alpha \cdot 0$$

$$= \left(1000 \times \cos 20° \times \frac{160}{2} + 0\right) \text{N·m} = 75.2 \text{N·m}$$

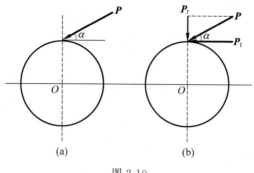

图 2-10

2.2.3 力偶和力偶矩

1. 力偶

力偶是力学中的基本量,它使物体产生转动。工程实际和日常生活中的力偶实例如:司机用双手操纵方向盘(如图 2-11(a)所示),木工用螺丝钻钻孔(如图 2-11(b)所示),用拇指和食指开关水龙头、拧钢笔套等。**力偶是由大小相等、方向相反、不共线的两个平行力构成的**,用(F,F')表示。力 F 和 F' 是组成力偶的一对力,如图 2-11 所示。这两个力作用线间的垂直距离称为力偶臂,用 d 表示。这两个力所在的平面称为力偶作用面。

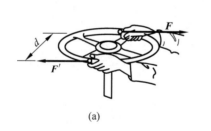 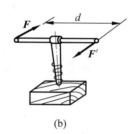

图 2-11

力偶使物体发生转动,而力对物体的作用效果是平动或转动,故力偶不能与力等效,这样力偶与力均为力系的基本量。

实践表明:平面力偶的作用效果与矩心的选择无关,只与力偶中力 F 的大小和力偶臂的大小有关。常用 F 与 d 的乘积并冠以正负号来表示力偶对物体的转动效应,称为力偶矩,用 M 表示,即

$$M = \pm Fd \tag{2-11}$$

式中正负号表示力偶的转动方向。规定:物体作逆时针转动时,力偶为"+";作顺时针转动时,力偶为"−"。在平面力系中,力偶矩是代数量,其单位为 N·m,与力矩单位相同。

下面证明力偶的作用效果与矩心的选择无关。

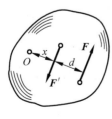

图 2-12

如图 2-12 所示,在力偶(F,F')作用面内任选一点 O 为矩心,假设矩心与 F' 的垂直距离为 x,力偶臂为 d,则力偶对 O 点的力矩为

$$M_O(\boldsymbol{F},\boldsymbol{F}') = F(d+x) - F'x = Fd = M$$

此值等于力偶矩,这表明:力偶对其平面内任一点的矩恒等于力偶矩,与矩心的选择无关。

2. 力偶的基本性质

(1) 力偶没有合力,不能用一个力来代替。

力偶和力对物体的作用效应不同,这表明:力偶不能用一个力来代替,即力偶不能简化为一个力,因而力偶也不能与一个力平衡。力偶只能与力偶平衡。

(2) 力偶对其作用面内任一点之矩都等于力偶矩,与矩心位置无关。

(3) 平面内的两个力偶,如果它们的力偶矩相等、转动方向相同,则这两个力偶等效。

3. 平面力偶等效定理的推论

(1) 只要保证力偶矩的大小和转向不变,力偶可以在其作用面内任意移动而不改变它对刚体的转动效果。

例如,图 2-13(a)中作用在方向盘上的两个力偶$(\boldsymbol{P}_1,\boldsymbol{P}_1')$与$(\boldsymbol{P}_2,\boldsymbol{P}_2')$,只要它们的力偶矩大小相等、转向相同,作用位置虽不同,但转动效应是相同的。

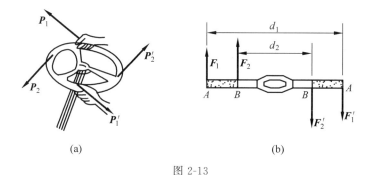

图 2-13

(2) 只要保证力偶矩大小和转向不变,可以任意改变力偶中力的大小和力偶臂的大小,而不改变力偶对刚体的转动效果。

如图 2-13(b)所示,在拧螺纹时,作用在螺纹杆上的两个力偶$(\boldsymbol{F}_1,\boldsymbol{F}_1')$或$(\boldsymbol{F}_2,\boldsymbol{F}_2')$,虽然 d_1 和 d_2 不相等,但只要调整力的大小,使力偶矩 $F_1 d_1 = F_2 d_2$,则两力偶的作用效果是相同的。

由以上分析可知:力偶对于物体的转动效应完全取决于力偶矩的大小、力偶的转向及力偶的作用面,即力偶的三要素。力偶臂和力的大小都不是力偶的特征量,只有力偶矩才是唯一度量转动效果大小的特征量。因此,在力学计算中,常用带箭头的弧线表示力偶,如图 2-14 所示,其中箭头表示力偶的转向,M 表示力偶矩的大小。

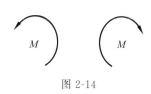

图 2-14

2.2.4 平面力偶系的合成

作用在同一平面内的一群力偶称为平面力偶系。平面力偶的等效定理是力偶系合成的理论基础,下面运用力偶等效定理讨论平面力偶系的合成结果。

设平面上作用 n 个力偶,其力偶矩分别为 M_1、M_2、$\cdots$、M_n,如图 2-15(a)所示。

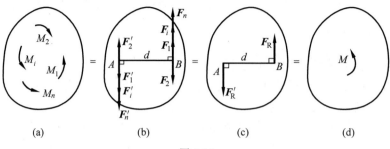

图 2-15

现任选一段距离 d,依据平面力偶等效定理知:M_1 可等效为 $(\boldsymbol{F}_1,\boldsymbol{F}_1')$,且 $F_1=M_1/d$。同理,M_i 等效为 $(\boldsymbol{F}_i,\boldsymbol{F}_i')$,且 $F_i=M_i/d(i=2,3,\cdots,n)$,如图 2-15(b)所示。这样,图 2-15(a)和(b)等效。此时,分别用 $\boldsymbol{F}_R$ 和 $\boldsymbol{F}_R'$ 表示 B 点和 A 点上的共线力系的合力。显然 $\boldsymbol{F}_R=-\boldsymbol{F}_R'$(如图 2-15(c)所示),它们形成一力偶,用 M 表示(如图 2-15(d)所示),且

$$M=F_R d=F_1 d-F_2 d+\cdots+F_i d+\cdots+F_n d$$

即

$$M=M_1+M_2+\cdots+M_n=\sum_{i=1}^n M_i \tag{2-12}$$

由此可得:**平面力偶系合成的结果为一合力偶,其偶矩等于各分力偶矩的代数和。**

例 2-5 如图 2-16 所示,物体受到三个平面力偶的作用,设 $F_1=200\text{N}$,$F_2=400\text{N}$,$M=200\text{N}\cdot\text{m}$,求它们合成的结果。

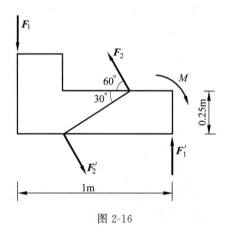

图 2-16

解 三个平面力偶合成的结果是一个合力偶,各分力偶矩为

$$M_1=F_1 d_1=200\text{N}\times 1\text{m}=200\text{N}\cdot\text{m}$$

$$M_2=F_2 d_2=400\text{N}\times\frac{0.25\text{m}}{\sin 30°}=200\text{N}\cdot\text{m}$$

$$M_3=-M=-200\text{N}\cdot\text{m}$$

由式(2-12)知合力偶为

$$M'=\sum M_i=M_1+M_2+M_3=(200+200-200)\text{N}\cdot\text{m}=200\text{N}\cdot\text{m}$$

即合力偶矩的大小等于 200N·m,逆时针转动,作用在原力偶系所在平面内。

2.2.5 平面力偶系的平衡条件

要使平面力偶系平衡,则必须使其合力偶矩等于零。同样地,若平面力偶系的合力偶矩等于零,则平面力偶系必处于平衡状态。因此,**平面力偶系平衡的充要条件是：力偶系中所有各分力偶矩的代数和等于零**,即

$$\sum_{i=1}^{n} M_i = 0 \quad \text{或} \quad \sum M = 0 \tag{2-13}$$

式(2-13)称为平面力偶系的平衡条件,由此方程只能求解一个未知量。

例 2-6 四连杆机构 $OABO_1$ 在图 2-17(a)所示位置平衡,已知 $OA=40\text{cm}$, $O_1B=60\text{cm}$,作用在 OA 杆上的力偶矩 $M_1=1\text{N·m}$,各杆的重量不计。求 M_2 的大小及 AB 杆所受的力。

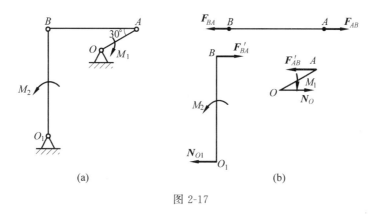

图 2-17

解 AB 是二力杆,先以 OA 杆为研究对象,受力分析如图 2-17(b)所示。根据力偶只能用力偶平衡知：$\mathbf{N}_O$ 和 $\mathbf{F}'_{AB}$ 构成力偶。由力偶系的平衡条件知

$$\sum M = 0, \quad F'_{AB} \cdot OA\sin 30° - M_1 = 0$$

再以 O_1B 杆为研究对象,受力分析如图 2-17(b)所示。显然,O_1 点受到的约束反力必定与 $\mathbf{F}'_{BA}$ 构成力偶。由力偶系的平衡条件知

$$\sum M = 0, \quad F'_{BA} \cdot O_1B - M_2 = 0$$

解得

$$F'_{BA} = F'_{AB} = 5\text{N}, \quad M_2 = 3\text{N·m}$$

根据作用力和反作用力知

$$F_{AB} = -5\text{N}$$

2.3 平面任意力系

若同一平面内的各力的作用线既不汇交于一点也不相互平行,则这样的力系称为平面任意力系或平面一般力系。在工程实际中很多力系为平面任意力系,本节主要研究平面任意力系的简化和平衡问题。

平面任意力系的简化仍可采用平行四边形法则,但该方法对平面任意力系的简化非常复杂,这样就需要引入新的方法来求解平面任意力系向某一点的简化结果。力系向某一点简化的理论依据是力线平移定理,它是平面任意力系简化的理论基础。下面先介绍力线平移定理。

2.3.1 力线平移定理

设刚体上 A 点作用一力 F,如图 2-18(a)所示。下面研究将该力平移到刚体内任意一点 B。依据加减平衡力系公理及二力平衡条件,在 B 点加上一对平衡力 F_1 和 F_1',且满足 $F_1 = -F_1' = F$,如图 2-18(b)所示。这样图 2-18(b)中的力系和图 2-18(a)中的力是等效的。显然,图 2-18(b)中的 F 和 F_1' 是一力偶,力偶臂为 d,则其力偶矩恰好等于原力 F 对新作用点 B 之矩,即

$$M(F, F_1') = M_B(F) = F \cdot d$$

依据力偶等效定理可知:力 F_1 即为平移到了 B 点的力 F,但附加了一个力偶,如图 2-18(c)所示。也就是说,力平移后,要使其对刚体的作用效果不变,除了在新作用点得到该力,还必须附加一力偶。

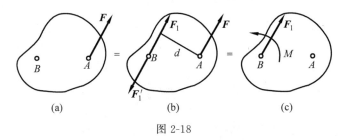

图 2-18

综上可得力线平移定理为:**作用在刚体上的力 F 可以平移到刚体内任意一点,但必须同时附加一个力偶,附加力偶矩等于原力 F 对新作用点的矩。**

由力线平移定理的推导过程知其逆定理也是成立的。即:平面内一个力和一力偶合成的结果为该力,该力为原力逆着力偶转动方向平移距离 d 得到的,且 $d = M/F$。

2.3.2 平面任意力系的简化

1. 平面任意力系向一点简化

设物体上作用一平面任意力系 $F_1, F_2, \cdots, F_n$,作用点分别为 $A_1, A_2, \cdots, A_n$,如图 2-19(a)所示。在平面内任选一点 O,称为简化中心,根据力线平移定理,将 $F_1, F_2, \cdots, F_n$ 全部平移到 O 点(图 2-19(b))后得到作用于 O 点的力 $F_1', F_2', \cdots, F_n'$(它们构成平面汇交力系)和附加的力偶矩 $M_1, M_2, \cdots, M_n$(它们构成平面力偶系)。

其中平面汇交力系中各力与原力系中对应的各力相等,即 $F_1' = F_1, F_2' = F_2, \cdots, F_n' = F_n$。此外,附加的力偶矩分别等于原力系中各力对简化中心 O 点之矩,即 $M_1 = M_O(F_1)$,$M_2 = M_O(F_2), \cdots, M_n = M_O(F_n)$。

由平面汇交力系合成的结果知: $F_1', F_2', \cdots, F_n'$ 可合成为一个作用于 O 点的力 F_R',并称其为原力系的主矢(如图 2-19(c)所示),即

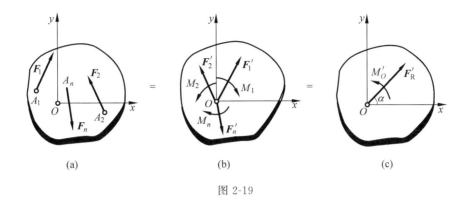

图 2-19

$$F'_R = F'_1 + F'_2 + \cdots + F'_n = F_1 + F_2 + \cdots + F_n = \sum F \tag{2-14}$$

此处 F'_R 是过 O 点的汇交力系 $F'_1, F'_2, \cdots, F'_n$ 的合力，实际上它就是原力系 $F_1, F_2, \cdots, F_n$ 中各力的矢量和(主矢)，其值用几何法和解析法计算(可参照汇交力系合力的求解)。

由力偶系简化结果知：$M_1, M_2, \cdots, M_n$ 可合成为一个合力偶(如图 2-19(c)所示)，其合力偶矩称为原力系对简化中心 O 的主矩的代数和，其大小为

$$\begin{aligned} M_O &= M_1 + M_2 + \cdots + M_n = M_O(F_1) + M_O(F_2) + \cdots + M_O(F_n) \\ &= \sum M_O\left(\sum F\right) \end{aligned} \tag{2-15}$$

综上可知：**平面任意力系向其作用面内任意一点简化，可得到一主矢和主矩，且主矢可根据式(2-14)计算，主矩可根据式(2-15)计算。**显然，**主矢与简化中心无关**。而主矩等于原力系各力对简化中心的力矩的代数和，当取不同点作为简化中心时，各力臂将有变化，各力对简化中心的矩也随之改变，所以一般情况下**主矩与简化中心有关**。

2．固定端约束

物体的一端完全固定或插入在另一物体上，使物体既不能平动也不能转动的约束称为固定端约束或插入约束。如图 2-20(a)中的悬臂梁插入墙中，A 处为固定端约束。墙壁对梁在 A 处的约束如图 2-20(b)所示，这些约束反力构成一平面任意力系。将此力系向 A 点简化，可得作用于 A 点的主矢 F_A 和主矩 M_A。虽然事先不知道 F_A 的方向和 M_A 的转动方向，但是 F_A 可用两个正交的力 F_{Ax} 和 F_{Ay} 来等效，M_A 可设为沿逆时针转向，如图 2-20(c)所示。这样**固定端约束反力共有三个，分别是约束反力 F_{Ax}、F_{Ay} 和约束力偶 M_A**。其中约束反力阻碍被约束物体在水平方向和竖直方向移动；约束力偶阻碍被约束物体在此平面内转动。

3．平面任意力系简化结果的分析

平面任意力系向简化中心 O 简化，可得主矢 F'_R 和主矩 M_O，但这不是最终的简化结果(合成结果)。实际上有四种情况：$F'_R = 0, M_O \neq 0$；$F'_R \neq 0, M_O \neq 0$；

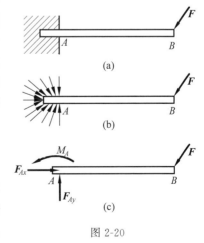

图 2-20

$F'_R \neq \mathbf{0}, M_O = 0$;$F'_R = \mathbf{0}, M_O = 0$。现对它们进一步讨论如下:

1) 平面任意力系简化为一力偶

当 $F'_R = \mathbf{0}, M_O \neq 0$ 时,该平面任意力系最终简化为一力偶。此力偶为原平面任意力系对该简化中心的主矩,其大小为 $M = M_O = \sum M_O(F_i)$。在这种情况下,力系对任一点简化都具有相同的主矩,这样该平面任意力系的简化结果与简化中心的选择无关。

2) 平面任意力系简化为一个力

(1) 当 $F'_R \neq \mathbf{0}, M_O = 0$ 时,该平面任意力系与主矢 F_R 等效,主矢就是该力系的合力,该合力的大小和方向与主矢相同,作用线经过简化中心,大小为 $F_R = F'_R = \sum F_i$。

(2) 当 $F'_R \neq \mathbf{0}, M_O \neq 0$ 时,如图 2-21(a) 所示。根据力线平移定理的逆定理知,原平面任意力系最终可简化为一合力,此合力为平面任意力系向一点简化的主矢。

事实上,M_O 与 F_R 和 F''_R 构成的力偶等效,并且 $F_R = F'_R = -F''_R$,如图 2-21(b) 所示。此时 F'_R 与 F''_R 构成一对平衡力,依据加减平衡力系公理可减去这个平衡力系,从而仅剩下合力 F_R(如图 2-21(c) 所示)。显然 F_R 与原力系等效,它就是原力系的合力,可由主矢 F'_R 逆着主矩的转向平移且平移的距离为

$$d = \frac{M_O}{F_R} = \frac{M_O}{F'_R} \tag{2-16}$$

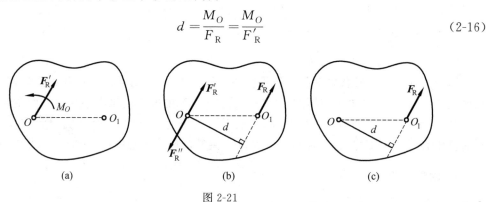

图 2-21

3) 平面任意力系简化为平衡

当 $F'_R = \mathbf{0}, M_O = 0$ 时,该平面任意力系平衡。

综上讨论可知:平面任意力系合成的最终结果要么为一合力,要么为一合力偶,要么处于平衡。需要指出的是:一个力系简化(合成)的结果是什么,取决于力系自身,与简化的方法无关。平面任意力系向不同的简化中心简化,可能得到形式上不同的结果,但最终的结果是一样的。

例 2-7 三角形分布载荷作用在水平梁 AB 上,如图 2-22 所示。梁长为 l,最大载荷集度为 q,求该力系的合力及合力作用线位置。

解 因为 q 是变化的,所以在梁上距离 A 端为 x 处取微段 dx,其上的载荷集度为 qx/l,所以分布载荷的合力大小为

$$F_R = \int_0^l \frac{qx}{l} dx = \frac{1}{2} ql$$

下面求合力作用线位置。设 F_R 的作用线距 A

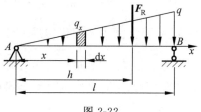

图 2-22

端的距离为 h，在微段 $\mathrm{d}x$ 上的作用力对 A 之矩为 $-\dfrac{qx}{l}\mathrm{d}x \cdot x$，由合力矩定理知

$$-F_\mathrm{R}h = -\int_0^l \dfrac{qx}{l}x\mathrm{d}x = -\dfrac{1}{3}ql^2, \quad 得 \quad h = \dfrac{2}{3}l$$

即三角形分布载荷的合力大小等于三角形的面积，合力作用线通过该三角形的几何中心。

例 2-8 已知某混凝土水坝上作用 $G_1 = 600\mathrm{kN}$，$G_2 = 300\mathrm{kN}$，水压力在最低点的荷载集度 $q = 80\mathrm{kN/m}$，各力的方向及作用线位置如图 2-23(a)所示。试将这三个力向底面 A 点简化，并求最终简化结果。

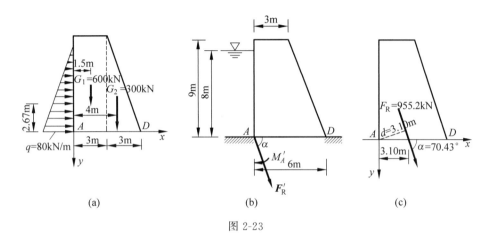

图 2-23

解 先将力系向 A 点简化。取坐标系如图 2-23(a)所示，则有

$$\sum F_x = \dfrac{1}{2} \times q \times 8 = \dfrac{1}{2} \times 80\mathrm{kN/m} \times 8\mathrm{m} = 320\mathrm{kN}$$

$$\sum F_y = G_1 + G_2 = (600 + 300)\mathrm{kN} = 900\mathrm{kN}$$

所以主矢 $\boldsymbol{F}'_\mathrm{R}$ 的大小和方向为

$$F'_\mathrm{R} = \sqrt{\left(\sum F_x\right)^2 + \left(\sum F_y\right)^2} = \sqrt{320^2 + 900^2}\,\mathrm{kN} = 955.2\mathrm{kN}$$

$$\tan\alpha = \dfrac{|\sum F_y|}{|\sum F_x|} = \dfrac{900}{320} = 2.813, \quad 得 \quad \alpha = 70.43°$$

因为 $\sum F_x$、$\sum F_y$ 均为正值，故 $\boldsymbol{F}'_\mathrm{R}$ 在第一象限，与 x 轴夹角为 α，主矩为

$$M'_A = \sum M_A(\boldsymbol{F}) = -\dfrac{1}{2} \times q \times 8 \times \dfrac{1}{3} \times 8 - G_1 \times 1.5 - G_2 \times 4$$

$$= \left(-\dfrac{1}{2} \times 80 \times 64 \times \dfrac{1}{3} - 600 \times 1.5 - 300 \times 4\right)\mathrm{kN \cdot m} = -2953.3\mathrm{kN \cdot m}$$

计算结果为负值表示 M'_A 是顺时针转向。因为 $\boldsymbol{F}'_\mathrm{R} \neq \boldsymbol{0}$，$M \neq 0$，如图 2-23(b)所示，所以它们进一步合成 $\boldsymbol{F}_\mathrm{R}$ 且 $\boldsymbol{F}_\mathrm{R} = \boldsymbol{F}'_\mathrm{R}$，它的作用线与 A 点的距离为

$$d = \dfrac{|M'_A|}{F'_\mathrm{R}} = \dfrac{2953.3}{955.2}\mathrm{m} = 3.10\mathrm{m}$$

因 M'_A 为负，故 $M_A(\boldsymbol{F}_\mathrm{R})$ 也应为负，即合力 $\boldsymbol{F}_\mathrm{R}$ 应在 A 点右侧，如图 2-23(c)所示。

2.3.3 平面任意力系的平衡方程

由以上讨论可知：若平面任意力系的主矢和主矩不同时为零，则原力系等效为一合力或一合力偶，此时刚体是不平衡的。因此，要使刚体在平面任意力系作用下处于平衡状态，则必须使其主矢和主矩同时为零。反之，如果 $F'_R = 0$ 且 $M_O = 0$，则原力系必然是平衡力系。综上可知，平面任意力系平衡的充要条件是：力系的主矢和力系对于任意点的主矩同时为零，即

$$\begin{cases} F'_R = 0 \\ M_O = 0 \end{cases} \tag{2-17}$$

从而有

$$\begin{cases} \sum F_x = 0 \\ \sum F_y = 0 \\ \sum M_O(F) = 0 \end{cases} \tag{2-18}$$

即平面任意力系平衡的充要条件是：**力系中各力在两个坐标轴上投影的代数和分别为零，以及各力对所在平面内任意一点之矩的代数和也为零**。式(2-18)称为平面任意力系平衡方程组的基本形式，包含三个独立方程，可求解三个未知量。特别值得注意的是：投影轴和矩心可以任意选取，但在解决实际问题时恰当选择矩心和投影轴可简化计算过程。一般来说，应选尽可能多的未知力的交点为矩心，投影轴应尽可能与力系中多数力的作用线垂直或平行。

由于平面任意力系的简化中心是任意选取的，因此在求解平面任意力系的平衡问题时，可对不同的矩心列力矩方程，再加上一投影方程，这样的平衡条件称为二矩式，即

$$\begin{cases} \sum F_x = 0 \\ \sum M_A(F) = 0 \\ \sum M_B(F) = 0 \end{cases} \tag{2-19}$$

使用该方程组的限制条件为：投影轴 x 不能垂直于 A、B 两点的连线。

当选择三个矩心时，用三个力矩式方程组成的平衡条件称为三矩式，即

$$\begin{cases} \sum M_A(F) = 0 \\ \sum M_B(F) = 0 \\ \sum M_C(F) = 0 \end{cases} \tag{2-20}$$

使用该方程组的限制条件为：A、B、C 三点不共线。

式(2-19)、式(2-20)是平面任意力系平衡的必要条件。要使它们成为平衡的充分条件，必须满足各自的限制条件，这样才能保证方程是相互独立的。在解决实际问题时，可从三组平衡条件中任选一组。一般来说，在选择方程时尽量做到一个方程中只含有一个未知量来简化求解过程。

例 2-9 绞车通过钢丝绳牵引小车沿斜面轨道匀速上升，如图 2-24(a)所示。已知小车

重 $W=10\text{kN}$,绳与斜面平行,$\alpha=30°$,$a=0.5\text{m}$,$b=0.3\text{m}$,不计摩擦,求钢丝绳的拉力 F 及轨道对车轮的约束反力。

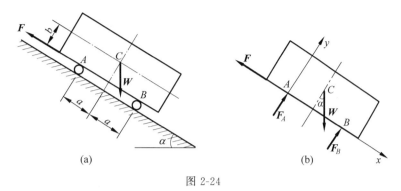

图 2-24

解 以小车为研究对象,受力分析及坐标系如图 2-24(b)所示,列平衡方程如下:

$$\sum F_x = 0, \quad -F + W\sin\alpha = 0$$

$$\sum F_y = 0, \quad F_A + F_B - W\cos\alpha = 0$$

$$\sum M_A(\boldsymbol{F}) = 0, \quad 2F_B a - Wa\cos\alpha - Wb\sin\alpha = 0$$

求解可得

$$F = W\sin\alpha = 10\text{kN} \times \sin 30° = 5\text{kN}$$

$$F_B = W\frac{a\cos\alpha + b\sin\alpha}{2a} = 10\text{kN} \times \frac{0.5\cos 30° + 0.3\sin 30°}{2 \times 0.5} = 5.83\text{kN}$$

$$F_A = W\cos\alpha - F_B = (10\cos 30° - 5.83)\text{kN} = 2.83\text{kN}$$

由该例题知:在列平衡方程时,矩心应选在未知力的交点上,坐标轴应与尽可能多的未知力垂直或平行。

例 2-10 如图 2-25(a)所示的水平横梁 AB,A 端为固定铰支座,B 端为可动铰支座。梁长为 $2a$,集中力 F 作用于梁的中点 C,梁 AC 段受均布载荷 q 作用,梁 BC 段上作用力偶矩为 M 的力偶,求 A、B 处的约束反力。

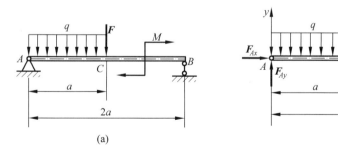

图 2-25

解 以梁 AB 为研究对象。受力分析及坐标系如图 2-25(b)所示,列平衡方程如下:

$$\sum M_A(\boldsymbol{F}) = 0, \quad F_B \cdot 2a - M - F \cdot a - q \cdot a \cdot \frac{a}{2} = 0$$

$$\sum F_x = 0, \quad F_{Ax} = 0$$
$$\sum F_y = 0, \quad F_{Ay} - q \cdot a - F + F_B = 0$$

求解可得

$$F_{Ax} = 0, \quad F_{Ay} = \frac{F}{2} + \frac{3}{4}qa - \frac{M}{2a}, \quad F_B = \frac{F}{2} + \frac{1}{4}qa + \frac{M}{2a}$$

例 2-11 自重 $P=100$kN 的 T 字形刚架 ABD，置于铅垂面内，所受载荷如图 2-26 所示。其中 $M=20$kN·m，$F=400$kN，$q=20$kN/m，$l=1$m。求固定端 A 处的约束反力。

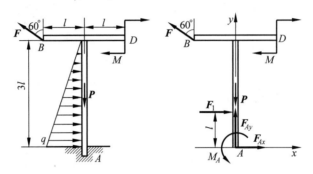

图 2-26

解 以 T 字形刚架为研究对象，受力分析及坐标系如图 2-26 所示。其中，三角形分布载荷可用 $F_1 = \frac{1}{2}q \times 3l = 30$kN 等效，其作用线距 A 处为 l。列平衡方程如下：

$$\sum F_x = 0, \quad F_{Ax} + F_1 - F\sin 60° = 0$$
$$\sum F_y = 0, \quad F_{Ay} - P + F\cos 60° = 0$$
$$\sum M_A(F) = 0, \quad M_A - M - F_1 l - F\cos 60° \cdot l + F\sin 60° \cdot 3l = 0$$

求解可得

$$F_{Ax} = 316.4\text{kN}, \quad F_{Ay} = -100\text{kN}, \quad M_A = -789.2\text{kN}$$

负号说明实际方向与图示假设方向相反，即 F_{Ay} 向下，M_A 为顺时针转向。

例 2-12 梁 AD 用三根连杆 1、2、3 支撑，如图 2-27(a) 所示。已知 $P=20$kN，$F=20$kN，$M=30$kN·m，求三根连杆对梁 AD 的约束反力。

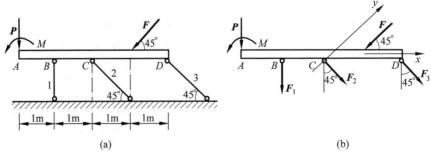

图 2-27

解 以梁 AD 为研究对象。三根连杆均为二力杆,假设它们对梁 AD 的约束力分别为 F_1、F_2 和 F_3。梁的受力分析及坐标系如图 2-27(b)所示,列平衡方程如下:

$$\sum F_x = 0, \quad F_2\sin45° + F_3\sin45° - F\sin45° = 0$$

$$\sum F_y = 0, \quad -P\cos45° - F_1\cos45° - F = 0$$

$$\sum M_C(\boldsymbol{F}) = 0, \quad M + P\times 2 + F_1\times 1 - F\sin45°\times 1 - F_3\cos45°\times 2 = 0$$

求解可得

$$F_1 = -48.28\text{kN}, \quad F_2 = 20.00\text{kN}, \quad F_3 = 5.36\text{kN}$$

计算结果表明:F_2、F_3 为正,表示 2、3 杆受拉;F_1 为负,表示 1 杆受压。

2.4 平面平行力系及平衡方程

若力系中各力的作用线相互平行且在同一平面内,则称该力系为平面平行力系。对于平面平行力系,在选择投影轴时,使其中一个投影轴垂直于各力作用线,如图 2-28 所示。

平面平行力系可看作平面任意力系的特殊情况,这样平衡条件(2-18)也适用于平行力系的平衡问题。但力系中各力在 x 轴上的投影恒为零,即 x 轴的投影方程为恒等式。这样,平面平行力系的平衡方程只剩两个,即

$$\begin{cases} \sum F_y = 0 \\ \sum M_A(\boldsymbol{F}) = 0 \end{cases} \quad (2-21)$$

与平面任意力系类似,平面平行力系的平衡条件有二矩式,即

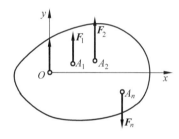

图 2-28

$$\begin{cases} \sum M_A(\boldsymbol{F}) = 0 \\ \sum M_B(\boldsymbol{F}) = 0 \end{cases} \quad (2-22)$$

使用该方程组的限制条件为:A、B 连线不能平行于各力的作用线。应该注意的是:平面平行力系只有两个独立的平衡方程,可求解两个未知力。

例 2-13 某塔式起重机如图 2-29 所示。机架重 $W_1 = 700$kN,作用线通过塔架的中心。最大起重量为 $W_2 = 200$kN,最大悬臂长 12m,轨道 AB 的间距为 4m,平衡载荷重 W_3,距中心线 6m。试问:(1)为保证起重机在满载和空载时都不致翻倒,平衡载荷 W_3 应为多少?(2)已知平衡载荷重 $W_3 = 180$kN,当满载且重物在最右端时,轨道 A、B 对起重机轮子的约束反力是多少?

解 (1) 要使起重机不翻倒,应使作用在起重机上的力系满足平衡条件。起重机所受的力有:载荷 W_2、机架自重 W_1、平衡载荷重 W_3 以及轨道的约束反力 F_A、F_B。

满载时,为使起重机不绕 B 点向右翻倒,作用在起重机上的力必须满足 $\sum M_B(\boldsymbol{F}) = 0$,在临界情况下 $F_A = 0$,这时求出的 W_3 值为所允许的最小值。即

$$\sum M_B(\boldsymbol{F}) = 0, \quad W_3\times(6+2) + 2W_1 - W_2\times(12-2) = 0$$

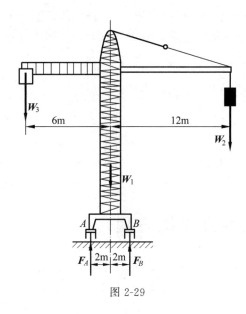

图 2-29

得
$$W_3 = 75 \text{kN}$$

空载时，$W_2=0$。为使起重机不绕 A 点向左翻倒，作用在起重机上的力必须满足 $\sum M_A(\boldsymbol{F})=0$，在临界情况下 $F_B=0$，这时求出的 W_3 值为所允许的最大值。即
$$\sum M_A(\boldsymbol{F})=0, \quad W_3 \times (6-2) - 2 \times W_1 = 0$$

得
$$W_3 = \frac{1}{2} W_1 = 350 \text{kN}$$

所以，要使起重机不致翻倒，W_3 必须满足
$$75 \text{kN} \leqslant W_3 \leqslant 350 \text{kN}$$

(2) 当 $W_3=180\text{kN}$ 时，因为 $75\text{kN} < W_3 = 180\text{kN} < 350\text{kN}$，所以起重机处于平衡状态。此时起重机在 W_1、W_2、W_3、F_A 及 F_B 作用下处于平衡，它们构成平面平行力系。列平面平行力系的平衡方程如下：
$$\sum M_A(\boldsymbol{F}) = 0, \quad W_3 \times (6-2) - W_1 \times 2 - W_2 \times (12+2) + F_B \times 4 = 0$$
$$\sum F_y = 0, \quad -W_3 - W_1 - W_2 + F_A + F_B = 0$$

求解可得
$$F_A = 210 \text{kN}, \quad F_B = 870 \text{kN}$$

2.5 平面桁架的内力计算

桁架是工程中常见的结构，如图 2-30 所示，可将其简化为杆件系统。

桁架是一些直杆通过适当的方式在两端连接而组成的几何形状不变的结构，杆件与杆件连接的铰链称为节点。杆件的轴线都在同一平面内的桁架称为平面桁架，否则称为空间

桁架。

为了简化计算,常常对平面桁架做以下假设:①各杆均为直杆;②各杆忽略摩擦的影响,节点处是光滑铰链连接;③所有外力都作用在节点上;④各杆件自重忽略不计,如果需要考虑自重,常将其等效于两端节点上。

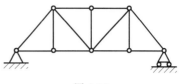

图 2-30

满足以上假设条件的桁架称为理想桁架。显然理想桁架中的各杆件都是二力杆,它们要么受拉、要么受压、要么为零杆。在求解平面静定桁架杆件内力时,常采用节点法和截面法。

2.5.1 节点法

节点法是以节点为研究对象的求解方法。桁架在外力作用下处于平衡状态,则其任一节点也必然平衡。作用于平面桁架中任一节点上(载荷和杆件内力)的力构成平面汇交力系。当节点上未知力数目不超过两个时,可根据节点的平衡条件解出未知力。因此,用节点法求解平面桁架杆件的内力时,通常应从两个未知力的节点开始,然后逐次选取只有两个未知力的节点。值得注意的是:一般假设杆件所受的力为拉力。如果最后计算结果为负值,则表示该杆受压。节点法适用于求解全部杆件内力的情况。

例 2-14 桁架结构的受力情况及几何尺寸如图 2-31(a)所示,用节点法求各杆的内力。

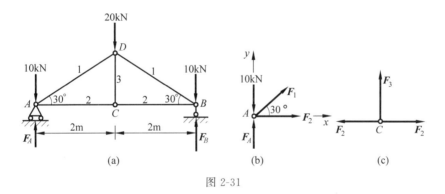

图 2-31

解 先以整体为研究对象,受力分析如图 2-31(a)所示。由于对称性,AD 和 BD 杆的内力相等,假设它们为 1 杆;AC 和 CB 杆的内力相等,它们为 2 杆;CD 为 3 杆。显然,$F_A = F_B = 20\text{kN}$。再以节点 A 为研究对象,受力分析及坐标系如图 2-31(b)所示,列平衡方程如下:

$$\sum F_y = 0, \quad F_1 \sin 30° + F_A = 10$$
$$\sum F_x = 0, \quad F_1 \cos 30° + F_2 = 0$$

求解可得 $F_1 = -20\text{kN}, F_2 = 10\sqrt{3}\,\text{kN}$。

然后以节点 C 为研究对象,受力分析如图 2-31(c)所示,显然,$F_3 = 0\text{kN}$。值得注意的是:F_1 为负值,表示与假设的方向相反。此外,3 杆的内力也可以以 D 节点为研究对象进行计算,然后可通过 B 节点对计算结果进行校核。

2.5.2 截面法

截面法是用假想截面将桁架一分为二,取其中某一部分(也称为分离体)为研究对象的求解方法。由于桁架整体平衡,故所取的分离体也应平衡,此时被截开杆件所受的力变为分离体的外力。这样,作用在分离体上的力构成平面任意力系,可建立三个平衡方程求解三个未知力。因此,截面法中所截断的含有未知内力的杆件数目一般不应超过三个。截面法适用于求桁架中某些指定杆件的内力,也可用于校核。

例 2-15 桁架结构的受力情况及几何尺寸如图 2-32 所示,用截面法求 4、5、6 三杆的内力。

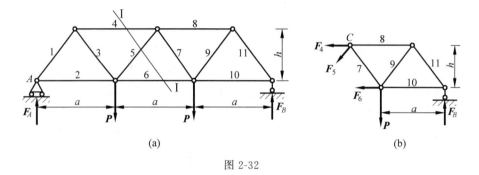

图 2-32

解 先以整体为研究对象,受力分析如图 2-32(a)所示。根据对称性,容易求出:$F_A = F_B = P$。要求 4、5、6 三杆的内力,可用假想的 Ⅰ—Ⅰ 截面将整个桁架截开,取右半部分为研究对象,受力分析如图 2-32(b)所示,列平衡方程如下:

$$\sum M_C(\boldsymbol{F}) = 0, \quad -F_6 h - P\frac{a}{2} + F_B \frac{3a}{2} = 0, \quad \text{所以 } F_6 = \frac{Pa}{h}$$

$$\sum F_y = 0, \quad -F_5 \frac{h}{\sqrt{h^2 + (a/2)^2}} - P + F_B = 0, \quad \text{所以 } F_5 = 0$$

$$\sum F_x = 0, \quad F_4 + F_6 = 0, \quad \text{所以 } F_4 = -\frac{Pa}{h}$$

负号表明杆的内力与所假设的拉力方向相反,应为压力。

2.6 物系的平衡

2.6.1 物系平衡的概念

由若干个物体通过一定连接方式组成的系统称为物体系统,简称物系。例如:多跨梁、三铰拱、组合构架和曲柄滑块机构等均为物系。

研究物系的平衡问题,不仅要研究物系以外物体对这个物系的作用,同时还应分析物系内各物体之间的相互作用,也就是系统的内力。这时就必须将物体系统拆开,让所求的内力暴露出来,变成某个物体的外力,然后用相应的平衡方程求出未知力;在某些情况下仅研究物系整体并不能求出所有的未知力,此时必须将物系拆开进行研究,尽管不需要求出系统的内力。综上可知:在求解物系平衡问题时,一般需要取两个或两个以上的物体为研究对象,重点体现在"拆",怎样"拆"才能使求解简便,这是本节要研究的内容。

2.6.2 静定与超静定的概念

前面讲到的各种力系,其独立的平衡方程数目都是确定的。如平面力偶系、平面汇交力系、平面平行力系和平面任意力系平衡时独立方程的个数分别是1、2、2、3。对单个物体的平衡问题,无论它受哪种力系的作用,所能列出的独立方程个数都是确定的。如果未知力的个数不超过独立的平衡方程个数,那么所有未知力均可解出,称这种只用静力学平衡方程就**能求解未知力的问题为静定问题**。反之,**用静力学平衡方程不能完全求解未知力的问题为超静定问题**,或称静不定问题。

超静定问题中,**未知量的个数与独立的平衡方程个数之差,称为超静定次数**。与超静定次数对应的约束对于结构保持静定是多余的,称为多余约束。超静定问题的求解需要补充变形协调方程及物理关系,其求解方法在后面章节中有简单介绍。

对于由 n 个物体组成的平面物体系统,可列 $3n$ 个独立的平衡方程(假设每个物体均受平面任意力系作用,否则可相应减少),如果整个物系的未知量个数(这里包括未知的外力和未知的内力)不超过 $3n$,则属于静定问题;如果大于 $3n$,则属于超静定问题。应该指出,这里所说的静定和超静定问题是对整个系统而言,若从该系统中取出分离体,它的未知力的个数多于其独立平衡方程的个数,并不能说明该系统属于超静定问题,而要分析整个系统的未知力个数和独立平衡方程的个数。下面通过例题阐述物系平衡问题的求解。

例 2-16 组合梁 $ABCD$ 的支承与受载荷情况如图 2-33 所示,已知 $P=10\text{kN}$,$q=5\text{kN/m}$,试求支座 B、D 处的约束反力。

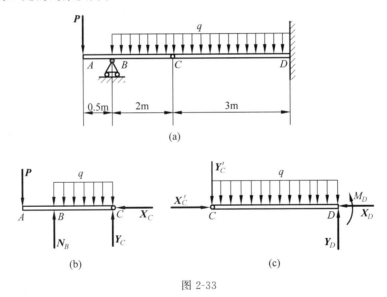

图 2-33

解 先以 ABC 段为研究对象,受力分析如图 2-33(b)所示,列平衡方程如下:

$$\sum F_x = 0, \qquad -X_C = 0$$

$$\sum F_y = 0, \qquad N_B - P + Y_C - 2q = 0$$

$$\sum M_C(\boldsymbol{F}) = 0, \quad 2.5P + 2q \times 1 - 2N_B = 0$$

解得
$$X_C = 0, N_B = \frac{1}{2}(2.5P + 2q) = 17.5\text{kN}, Y_C = P + 2q - N_B = 2.5\text{kN}$$

再以 CD 段为研究对象,受力分析如图 2-33(c)所示,列平衡方程如下：
$$\sum F_x = 0, \quad X'_C - X_D = 0$$
$$\sum F_y = 0, \quad Y_D - Y'_C - 3q = 0$$
$$\sum M_D(\boldsymbol{F}) = 0, \quad 3Y' + 3q \times 1.5 + M_D = 0$$

注意到 $X'_C = X_C = 0, Y'_C = Y_C = 2.5\text{kN}$,由此解得
$$X_D = 0, \quad Y_D = Y'_C + 3q = 17.5\text{kN}, \quad M_D = -3Y'_C - 4.5q = -30\text{kN} \cdot \text{m}$$

M_D 为负值,说明实际转向与假设相反。

例 2-17 构件结构如图 2-34 所示,已知滑轮直径 $d = 200\text{mm}$,绳子倾斜部分平行于 BE,$Q = 10\text{kN}$,各杆及滑轮重量忽略不计,求固定铰支座 A、B 处的约束反力。

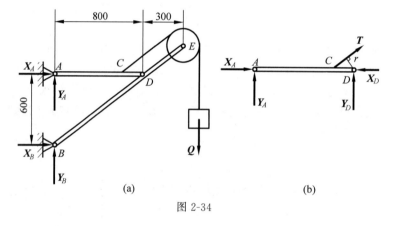

图 2-34

解 先以整体为研究对象,受力分析如图 2-34(a)所示,列平衡方程如下：
$$\sum F_y = 0, \quad Y_B + Y_A - Q = 0$$
$$\sum M_A(\boldsymbol{F}) = 0, \quad 0.6X_B - (0.8 + 0.3 + 0.2/2)Q = 0$$
$$\sum M_B(\boldsymbol{F}) = 0, \quad -0.6X_A - (0.8 + 0.3 + 0.2/2)Q = 0$$

再以 AD 杆为研究对象,受力分析如图 2-34(b)所示,列平衡方程如下：
$$\sum M_D(\boldsymbol{F}) = 0, \quad -0.8Y_A - rT = 0$$

此处,$T = Q$。结合以上方程求解可得
$$X_A = -20\text{kN}, \quad X_B = 20\text{kN}, \quad Y_B = 11.25\text{kN}$$

值得注意的是：第二步也可以选择 BDE 杆连同滑轮为研究对象,对 D 点列力矩方程求出 Y_B 即可。

2.7 摩擦及其平衡

前面章节在研究物体的受力和平衡问题时,总是假设物体间的接触是光滑接触。然而在实际问题中,两个物体相接触往往存在相对运动或相对运动趋势,这时产生阻碍物体运动

的力,这种力称为摩擦力。例如车辆的制动、摩擦轮或带轮传动、夹具利用摩擦夹紧工件等。摩擦按接触部分的相对运动形式可分为滑动摩擦和滚动摩擦,按接触部分的相对运动状态可分为静摩擦和动摩擦。

2.7.1 滑动摩擦

两个表面粗糙的物体接触,有相对滑动趋势或相对滑动时,在接触面上彼此作用有阻碍相对滑动的力,称为滑动摩擦力。摩擦力作用于接触面处,方向沿接触面的切线且与相对滑动的趋势或相对滑动的方向相反,大小根据主动力作用的不同可分为三种情况:静滑动摩擦力、最大静滑动摩擦力和动滑动摩擦力。

1. 静滑动摩擦力

重为 G 的物体放在粗糙的水平面上,该物体在重力 G 和地面法向约束力 F_N 的作用下处于静止状态,如图 2-35(a)所示。现在该物体上作用一大小可变化的水平拉力 F,当拉力 F 由零值逐渐增加但不是很大时,物体仍保持相对静止。可见地面对物体除作用有法向约束力 F_N 外,还有阻碍物体沿水平面向右滑动的切向力,此力为静滑动摩擦力,简称静摩擦力,用 F_s 表示,方向向左,如图 2-35(b)所示。

静摩擦力 F_s 可由平衡方程确定,即

$$\sum F_x = 0, \quad F_s = F$$

可见,F_s 随主动力 F 的变化而变化,但它并不随 F 增大而无限地增大。当 F 达到一定数值时,物块处于将要滑动但尚未开始滑动的临界状态。这时,只要 F 再增大一点,物块就开始滑动。物块处于将动而未动的临界状态时对应的静摩擦力达到最大值,即最大静滑动摩擦力,用

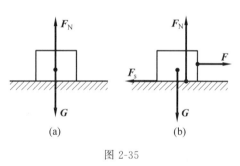

图 2-35

F_{max} 表示。如果 F 再继续增大,物体将处于滑动状态。因此,静摩擦力介于零与最大静摩擦力之间,即

$$0 \leqslant F_s \leqslant F_{max} \tag{2-23}$$

实验表明:最大静摩擦力的大小与法向约束力成正比,即

$$F_{max} = f_s F_N \tag{2-24}$$

式(2-24)称为静摩擦定律,又称为库仑摩擦定律,它是工程中常用的近似理论。式中 f_s 是无量纲的常数,称为静摩擦因数。它往往与接触物体的材料、表面粗糙度、润滑情况等有关,与接触面积的大小无关,其值常通过实验测定。表 2-1 列出了部分常用材料的摩擦因数。

表 2-1 常用工程材料的摩擦因数

材料名称	静摩擦因数 f_s		动摩擦因数 f_d	
	无润滑	有润滑	无润滑	有润滑
钢-钢	0.15	0.1～0.2	0.15	0.05～0.1
钢-软钢			0.2	0.1～0.2
钢-铸铁	0.3		0.18	0.05～0.15

续表

材料名称	静摩擦因数 f_s		动摩擦因数 f_d	
	无润滑	有润滑	无润滑	有润滑
钢-青铜	0.2		0.18	0.07~0.15
铸铁-铸铁		0.18	0.15	0.07~0.12
铸铁-青铜			0.15~0.2	0.07~0.15
青铜-青铜		0.1	0.2	0.07~0.1
皮革-铸铁	0.3~0.5	0.15	0.6	0.15
橡皮-铸铁			0.8	0.5
木材-木材	0.4~0.6	0.1	0.2~0.5	0.07~0.15

由静摩擦定律式(2-24)知：要增大最大静摩擦力，可增大正压力或增大静摩擦因数。例如，汽车一般用后轮驱动，因为后轮的正压力大于前轮，这样可以产生较大的向前推动的摩擦力。又如火车在下雪天行驶时，要在铁轨上洒细沙，以增大静摩擦因数，避免打滑。

2．动滑动摩擦力

当主动力 F 大于最大静滑动摩擦力时，物体将出现相对滑动。此时，接触物体之间存在的阻碍相对滑动的力称为动滑动摩擦力，简称动摩擦力，用 $\boldsymbol{F}_d$ 表示。实验表明，动摩擦力的大小与法向约束力成正比，即

$$F_d = f_d F_N \tag{2-25}$$

式(2-25)称为动摩擦定律。式中，无量纲的量 f_d 是动摩擦因数，它与接触物体的材料和表面情况有关。部分材料的动摩擦因数见表 2-1。

动摩擦力与静摩擦力不同，没有变化范围，一般情况下，$f_d < f_s$。此外，f_d 与接触物体间相对滑动的速度大小有关。相对滑动速度越大，动摩擦因数越小。当相对滑动速度较小时，认为动摩擦因数是常数。

减小动滑动摩擦力往往采用降低接触表面的粗糙度或加润滑剂等方法，以使动摩擦因数降低，从而达到减小摩擦和磨损的目的。

2.7.2 摩擦角和自锁现象

物体放在粗糙的水平面上，在研究其平衡问题时，水平面对物体的约束反力除了法向反力 $\boldsymbol{F}_N$ 外，还有静摩擦力 $\boldsymbol{F}_s$。它们的合力 $\boldsymbol{F}_{RA}(\boldsymbol{F}_{RA}=\boldsymbol{F}_N+\boldsymbol{F}_s)$ 称为全约束力或全反力，其作用线与法向约束反力之间的夹角为 φ，如图 2-36(a)所示。当物块处于平衡的临界状态时，静摩擦力达到最大值，此时 φ 也取得最大值 φ_f。全反力与法向约束夹角的最大值 φ_f 称为摩擦角，由图 2-36(b)知

$$\tan \varphi_f = \frac{F_{\max}}{F_N} = f_s \tag{2-26}$$

式(2-26)表明摩擦角的正切等于静摩擦因数。摩擦角与摩擦因数都用来表示材料的表面性质。

当物块的滑动趋势方向改变时，全反力作用线也随之改变。在临界状态下，$\boldsymbol{F}_{RA}$ 的作用线是一个以 A 为顶点的锥面，如图 2-36(c)所示，此锥面称为摩擦锥。若物块与接触面间

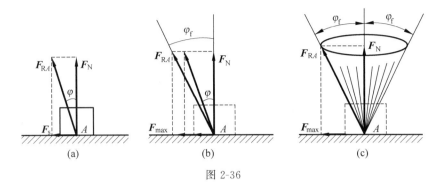

图 2-36

沿任何方向的摩擦因数都相同,即摩擦角都相等,则摩擦锥是一个顶角为 $2\varphi_f$ 的圆锥。

物块平衡时,F_s 的取值范围为 $[0, F_{max}]$,这样 φ 也在 $[0, \varphi_f]$ 间变化,即

$$0 \leqslant \varphi \leqslant \varphi_f \tag{2-27}$$

由于 $F_s \leqslant F_{max}$,所以全反力的作用线必然位于摩擦角以内。由此可知:

(1) 如果作用于物块的全部主动力的合力 F_R(简称全主力)的作用线在摩擦角 φ_f 之内,则无论这个力多大,物块必保持静止,这种现象称为自锁现象。在此种情况下,全主力 F_R 与法线间的夹角 θ 必定位于 φ_f 之内。这样,全主力 F_R 和全反力 F_{RA} 必满足二力平衡条件,且 $\theta = \varphi < \varphi_f$,如图 2-37(a)所示。

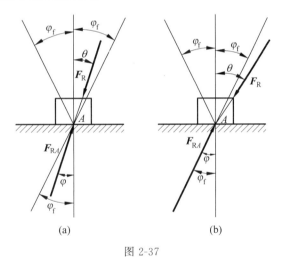

图 2-37

(2) 如果全主力 F_R 的作用线在摩擦角 φ_f 之外,则无论这个力多小,物块一定会滑动。即在此种情况下,$\theta > \varphi = \varphi_f$,全反力 F_{RA} 和全主力 F_R 不满足二力平衡条件,如图 2-37(b)所示。利用该结论,可以避免发生自锁现象。

工程中常利用自锁现象设计一些机构或夹具使它们自动"卡住",如千斤顶、压榨机和圆锥销等。

下面研究斜面的自锁条件。图 2-38(a)中的螺纹可看成绕圆柱上升的斜面(图 2-38(b)),螺纹升角 θ 就是图 2-38(c)所示的斜面的倾角,螺母相当于斜面上的滑块 A,加在螺母上的沿圆柱轴向的载荷 F_P 相当于滑块的重力。

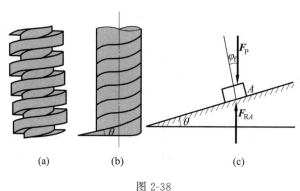

图 2-38

由前面分析可知,斜面的自锁条件是斜面的倾角小于或等于摩擦角,即

$$\theta \leqslant \varphi_f$$

斜面的自锁条件就是螺纹的自锁条件。螺旋千斤顶的螺杆一般采用 45 钢或 50 钢,螺母材料一般采用青铜或铸铁,若螺杆与螺母之间的静摩擦因数 $f_s=0.1$,则由式(2-26)知

$$\varphi_f = \arctan f_s = 5°43'$$

为保证螺旋千斤顶自锁,一般取螺纹升角 $\theta = 4° \sim 4°43'$。

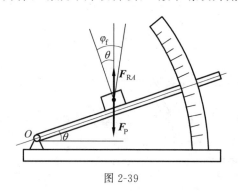

图 2-39

此外,利用摩擦角的概念,可用如图 2-39 所示的简单试验测定静摩擦因数。

把要测定的两种材料分别做成斜面和物块,把物块放在斜面上,并逐渐从零开始增大斜面的倾角 θ,直到物块刚开始下滑,这时的斜面倾斜角 θ 就是要测定的摩擦角 φ_f,其正切就是要测定的静摩擦因数 f_s。理由如下:由于物块受重力 F_P 和全约束力 F_{RA} 作用而平衡,所以 F_{RA} 与 F_P 应等值、反向、共线,因此 F_{RA} 必沿铅垂线,F_{RA} 与斜面法线的夹角等于斜面倾角 θ。当物块处于临界状态时,全反力 F_{RA} 与法线间的夹角等于摩擦角 φ_f,即 $\theta = \varphi_f$。由式(2-26)求得摩擦因数,即

$$f_s = \tan\varphi_f = \tan\theta$$

2.7.3 滚动摩擦

工程实践中,物体的滚动比滑动省力。物体滚动时产生的摩擦称为滚动摩擦。假设水平面上有一圆轮,重为 P、半径为 r,中心 O 处有一水平力 F。若接触为刚性接触,则圆轮的受力分析如图 2-40(a)所示。由平衡条件知 $F_s=F$,即 F_s 阻止了圆轮的滑动,但它与力 F 构成一力偶(F, F_s),力偶矩大小为 Fr,从而使圆轮转动而不可能处于平衡。事实上,当 F 较小时,圆轮既不滑动也不滚动,处于静止状态。这是由于圆轮和水平面接触时,它们在力的作用下发生变形,产生一个接触面而非接触点,接触面处的受力分析如图 2-40(b)所示。将这些力向 A 点简化,可得作用于 A 点的主矢 F_R 和主矩 M_f,如图 2-40(c)所示。显然,力 F_R 可分解为静摩擦力 F_s 和法向约束力 F_N。主矩 M_f 称为滚动摩阻力偶(简称滚阻力偶),它与力偶(F, F_s)平衡,转向与圆轮转动方向相反,如图 2-40(d)所示。

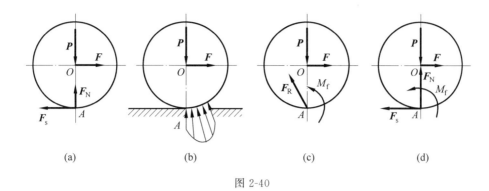

(a)　　　　　　(b)　　　　　　(c)　　　　　　(d)

图 2-40

滚阻力偶矩与静滑动摩擦力相似,其值随主动力矩的变化而变化,但存在最大值 $M_{\max}$,即

$$0 \leqslant M_f \leqslant M_{\max}$$

实验表明:最大滚阻力偶 $M_{\max}$ 与滚子半径无关,与法向约束力 F_N 的大小成正比,即

$$M_{\max} = \delta F_N \tag{2-28}$$

式(2-28)称为滚动摩阻定律,式中 δ 称为滚动摩阻系数或滚阻系数,其量纲为 m。它一般与接触面材料的硬度、温度等有关,可通过实验测定。

大多数情况下,滚动摩阻系数较小,因此滚动摩阻常常忽略不计。

2.7.4　考虑摩擦时物体的平衡问题

求解含有摩擦的物体平衡问题时,解题步骤为:①选取研究对象;②进行受力分析,特别注意摩擦力 F_s 的方向;③列平衡方程,并补充库仑摩擦定律,即 $F_s = f_s F_N$;④求解。值得注意的是:物体平衡时摩擦力有一定的范围($0 \leqslant F_s \leqslant F_{\max}$),所以考虑摩擦的平衡问题的解也有一定的范围,不是一个确定的数值。

工程中往往只分析平衡的临界状态,即 $F_{\max} = f_s F_N$。为了计算方便,先在临界状态下计算,然后对所得结果进行分析、讨论,得出解的平衡范围。

考虑摩擦时物体的平衡问题,常有以下三种题型:

(1) 已知主动力,判断物体是否处于平衡状态并计算所受的摩擦力。

(2) 已知物体处于临界平衡状态,求主动力的大小或物体平衡时的位置(距离或角度)。

(3) 求物体的平衡范围。由于 $0 \leqslant F_s \leqslant F_{\max}$ 且 F_s 随主动力变化而变化,因此在考虑摩擦的平衡问题中,允许物体所受主动力的大小或平衡位置在一定范围内变化。这类问题的解答是一个范围值,称为平衡范围。

例 2-18　物块重 $G = 1500\text{N}$,放于 $\alpha = 45°$ 的斜面上,它与斜面间的静摩擦因数 $f_s = 0.2$,动摩擦因数 $f_d = 0.18$。物块受水平力 $F = 400\text{N}$,如图 2-41 所示。试问:物块是否静止并求此时摩擦力的大小与方向。

解:此题为判断物体平衡的问题。先假设物体静止并给定摩擦力的方向,利用平衡方程求物体的约束力和静摩擦力,然后对静摩擦力与最大静摩擦力进行比较来判定物体是否静止。

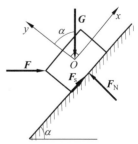

图 2-41

以物块为研究对象,假设摩擦力沿斜面向上,受力分析及坐标系如图 2-41 所示,列平衡方程如下:

$$\sum F_x = 0, \quad F\cos\alpha - G\sin\alpha + F_s = 0$$

$$\sum F_y = 0, \quad F_N - F\sin\alpha - G\cos\alpha = 0$$

求解可得

$$F_s = 778\text{N}, \quad F_N = 1343\text{N}$$

此时最大静摩擦力为

$$F_{\max} = f_s F_N = 0.2 \times 1343\text{N} = 269\text{N}$$

显然 $|F_s| > F_{\max}$,这样物块不可能在斜面上静止,而是向下滑动。因此,此时的摩擦力为动滑动摩擦力,方向沿斜面向上,大小为

$$F_d = f_d F_N = 0.18 \times 1343\text{N} = 241.74\text{N}$$

例 2-19 物块重为 G,放在倾角为 α 的斜面上,它与斜面间的摩擦角为 φ_m,且在物块上作用一水平力 F,如图 2-42(a)所示。当物体处于平衡状态时,求 F 的大小。

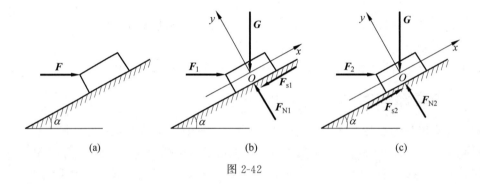

图 2-42

解 当 F 的值较大时,物块上滑,摩擦力沿斜面向下;当 F 的值较小时,物块下滑,摩擦力沿斜面向上。因此,要使物块保持平衡,F 的取值必在一定范围内。

(1) 力 F 的最大值 F_1

物块处于将要上滑的临界状态时,F 取得最大值 F_1。此时,摩擦力沿斜面向下,并达到最大值 F_{s1}。物体受力分析及坐标系如图 2-42(b)所示,列平衡方程如下:

$$\sum F_x = 0, \quad F_1 \cos\alpha - G\sin\alpha - F_{s1} = 0$$

$$\sum F_y = 0, \quad F_{N1} - F_1 \sin\alpha - G\cos\alpha = 0$$

补充库仑摩擦定律:

$$F_{s1} = f_s F_{N1} = F_{N1} \tan\varphi_m$$

求解可得

$$F_1 = G \frac{\tan\alpha + f_s}{1 - f_s \tan\alpha} = G\tan(\alpha + \varphi_m)$$

(2) 力 F 的最小值 F_2

物块处于将要下滑的临界状态时,F 取得最小值 F_2。此时,摩擦力沿斜面向上,并达到最大值 F_{s2}。物块受力分析及坐标系如图 2-42(c)所示,列平衡方程如下:

$$\sum F_x = 0, \quad F_2\cos\alpha - G\sin\alpha + F_{s2} = 0$$
$$\sum F_y = 0, \quad F_{N2} - F_2\sin\alpha - G\cos\alpha = 0$$

补充库仑摩擦定律：
$$F_{s2} = f_s F_{N2} = F_{N2}\tan\varphi_m$$

求解可得
$$F_2 = G\frac{\tan\alpha - f_s}{1 + f_s\tan\alpha} = G\tan(\alpha - \varphi_m)$$

综上可知，要使物块静止，力 **F** 应满足如下条件：
$$G\tan(\alpha - \varphi_m) \leqslant F \leqslant G\tan(\alpha + \varphi_m)$$

例 2-20 重为 G 的梯子 AB 斜靠在墙面上，梯长为 l，如图 2-43(a)所示。假设梯子与墙面和地面的静摩擦因数均为 $f_s = 0.5$，求梯子与地面的夹角 α 多大时，梯子处于平衡状态。

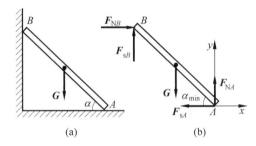

图 2-43

解 以梯子为研究对象，受力分析及坐标系如图 2-43(b)所示。α 在临界状态下梯子有下滑趋势，此时的 α 为保持梯子平衡的最小值 $\alpha_{\min}$。列平衡方程如下：
$$\sum F_x = 0, \quad F_{NB} - F_{sA} = 0$$
$$\sum F_y = 0, \quad F_{NA} + F_{sB} - G = 0$$
$$\sum M_A(\boldsymbol{F}) = 0, \quad G \times 0.5l\cos\alpha_{\min} - F_{sB}l\cos\alpha_{\min} - F_{NB}l\sin\alpha_{\min} = 0$$

补充库仑摩擦定律：
$$F_{sA} = f_s F_{NA}, \quad F_{sB} = f_s F_{NB}$$

求解可得
$$\alpha_{\min} = \arctan\frac{1 - f_s^2}{2f_s} = \arctan\frac{1 - 0.5^2}{2 \times 0.5} = 36°87'$$

由于 α 不能大于 $90°$，所以梯子与地面的夹角 α 应满足
$$36°87' \leqslant \alpha \leqslant 90°$$

例 2-21 制动器的构造和尺寸如图 2-44(a)所示。已知制动块与鼓轮表面之间的动滑动摩擦因数为 f_d，物块重为 G，求制动鼓轮转动所需的最小力 F。

解 先以鼓轮为研究对象，受力分析如图 2-44(b)所示，其中 $F_T = G$。列平衡方程如下：
$$\sum M_{O_1}(\boldsymbol{F}) = 0, \quad F_T r - F_s R = 0$$

解得

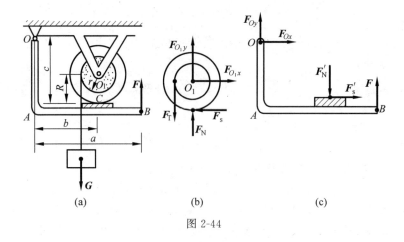

图 2-44

$$F_s = \frac{r}{R}F_T = \frac{r}{R}G$$

当 F 取最小值时，鼓轮与制动块间处于临界平衡状态，此时 $F_s = F_{max} = f_d F_N$，所以

$$F_N = \frac{F_{max}}{f_d} = \frac{r}{Rf_d}G$$

再以杠杆 OAB 为研究对象，受力如图 2-44(c)所示。其中 $F'_N = F_N$，$F'_s = f_d F'_N$，列平衡方程如下：

$$\sum M_O(\boldsymbol{F}) = 0, \quad Fa + F'_s c - F'_N b = 0$$

解得

$$F = \frac{Gr}{aR}\left(\frac{b}{f_d} - c\right)$$

由于按临界状态求得的 F 为最小值，所以制动鼓轮的力必须满足

$$F \geqslant \frac{Gr}{aR}\left(\frac{b}{f_d} - c\right)$$

习题

2-1 如图所示五个力作用于点 O，方格的边长为 10mm，求此力系的合力。

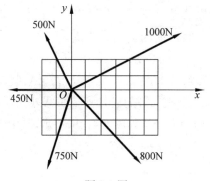

题 2-1 图

2-2 如图所示平面吊环上作用四个力 F_1、F_2、F_3、F_4，且汇交于圆环的中心。已知 $F_1=10\text{kN}$，$F_2=15\text{kN}$，$F_3=8\text{kN}$，$F_4=10\text{kN}$，用解析法求合力 F_R。

2-3 如图所示构架，B 点悬挂重物的重量为 G，杆重忽略不计。求 AB 和 BC 杆的内力。

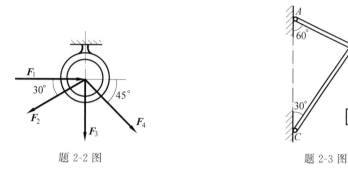

题 2-2 图   题 2-3 图

2-4 电缆盘的重量 $W=20\text{kN}$，直径 $D=1.2\text{m}$，要越过 $h=0.2\text{m}$ 的台阶，如图所示。试求水平力 F 的大小。若 F 方向可变，求使电缆盘能越过台阶的最小力 F。

2-5 计算下列各图中力 F 对 O 点之矩。

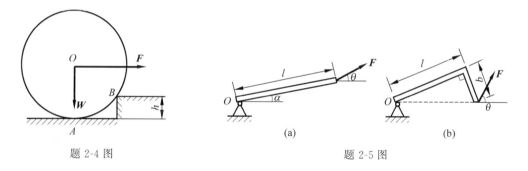

题 2-4 图   题 2-5 图

2-6 图示各梁的自重不计，求支座反力。

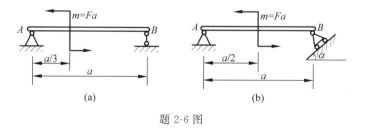

题 2-6 图

2-7 在图示结构中，各杆件的自重不计。在构件 AB 上作用力偶矩为 M 的力偶，求 A 和 C 处的支座反力。

2-8 在图示结构中，各杆件的自重不计，AB 上作用一力偶矩 $M=800\text{N}\cdot\text{m}$ 的力偶，求 A、B、C 处的约束反力。

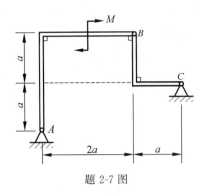

题 2-7 图

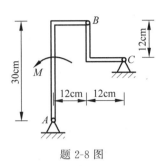

题 2-8 图

2-9 图示结构中横梁 AB 长 l，A 端用铰链杆支撑，B 端为铰支座。梁上作用一力偶矩为 M 的力偶。不计梁和杆的自重，求 A、B 处的约束反力。

2-10 如图所示平面任意力系中，$F_1=40\sqrt{2}\,\text{N}$，$F_2=80\,\text{N}$，$F_3=40\,\text{N}$，$F_4=110\,\text{N}$，$M=2000\,\text{N}\cdot\text{mm}$。各力作用位置如图所示，图中尺寸的单位为 mm。求：(1)力系向 O 点简化的结果；(2)力系的合力。

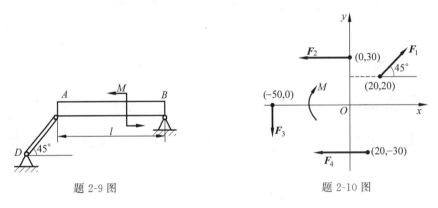

题 2-9 图　　　　　　　　　　题 2-10 图

2-11 由 AC 和 CD 构成的组合梁通过铰链 C 连接，梁重不计。已知 $q=10\,\text{kN/m}$，$M=40\,\text{kN}\cdot\text{m}$，长度尺寸如图所示。求支座 A、B、D 的约束力和铰链 C 处所受的力。

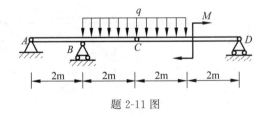

题 2-11 图

2-12 如图所示构架由杆 AB、AC 和 DF 铰接而成，各杆重量不计，在 DEF 杆上作用力偶矩为 M 的力偶，求 AB 杆上铰链 A、D 和 B 所受的力。

2-13 图示支架中，$AB=AC=CD=1\,\text{m}$，滑轮半径 $r=0.3\,\text{m}$。滑轮和各杆自重不计。若重物 E 重 $W=100\,\text{kN}$，求支架平衡时支座 A、B 处的约束反力。

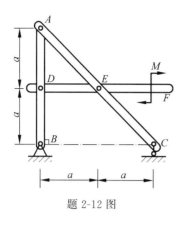

题 2-12 图

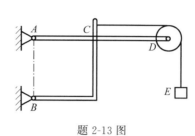

题 2-13 图

2-14 图示结构由直角弯杆 DAB 与直杆 BC、CD 铰接而成,并在 A 处与 B 处用固定铰支座和可动铰支座固定。杆 DC 受均布载荷 q 的作用,杆 BC 上作用力偶矩为 $M = qa^2$ 的力偶,各构件的自重不计,求铰链 D 受的力。

2-15 如图所示的桁架上作用力 P_1 和 P_2,求 2 杆的内力。

2-16 平面悬臂桁架所受的载荷及长度尺寸如图所示,求 1、2、3 杆的内力。

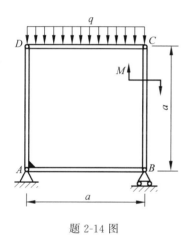

题 2-14 图

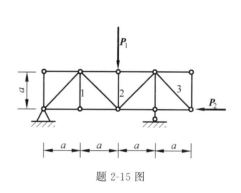

题 2-15 图

2-17 桁架受力及长度尺寸如图所示,已知 $F_1 = 10\text{kN}$,$F_2 = F_3 = 20\text{kN}$,求 4、5、7、10 各杆的内力。

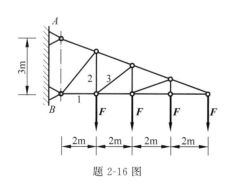

题 2-16 图

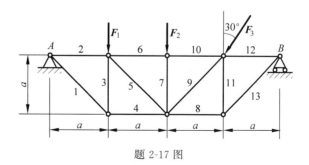

题 2-17 图

2-18 平面桁架如图所示,已知 ABC 为等边三角形,E、F 为两腰中点,$AD=DB$,求 CD 杆的内力。

2-19 如图所示的系统中,$P_1=200\text{N}$,$P_2=100\text{N}$,$P_3=1000\text{N}$,接触处的摩擦因数均为 $f_s=0.5$,求 A、B 间的摩擦力 $\boldsymbol{F}_{AB}$。

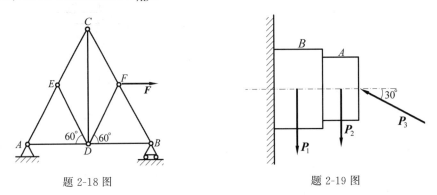

题 2-18 图   题 2-19 图

2-20 如图所示的刚架中,$q_m=3\text{kN/m}$,$F=6\sqrt{2}\text{kN}$,$M=10\text{kN}\cdot\text{m}$,且刚架自重不计,求固定端 A 处的约束反力。

2-21 如图所示的曲柄连杆机构,主动力 $F=400\text{N}$ 作用在活塞上。不计构件自重,试问在曲柄上应加多大的力偶矩 M 方能使机构在图示位置平衡。

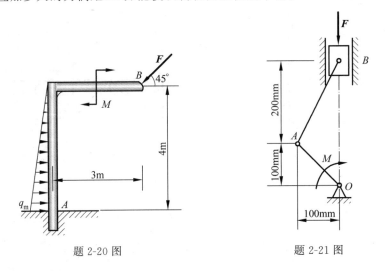

题 2-20 图   题 2-21 图

2-22 如图所示的结构中,构件自重不计。在构件 BC 上作用一力偶矩为 M 的力偶,尺寸如图,求支座 A 处的约束反力。

2-23 如图所示的结构由折梁 AC 和直梁 CD 构成,各梁的自重不计,已知 $q=1\text{kN/m}$,$M=27\text{kN}\cdot\text{m}$,$P=12\text{kN}$,$\theta=30°$,$L=4\text{m}$。求支座 A 和铰链 C 处的约束反力。

2-24 如图所示,重为 200N 的梯子 AB 靠在墙上,梯长为 l,与水平面的夹角 $\theta=60°$,接触面间的摩擦因数均为 0.25。今有一重 650N 的人沿梯上爬,求人能到达的最高点 C 到 A 点的距离 s。

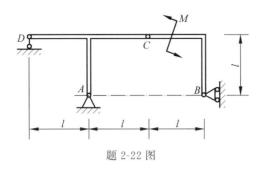
题 2-22 图

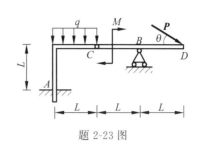
题 2-23 图

2-25 如图所示,重 500N 的鼓轮 B 放在墙角,鼓轮与水平地板间的摩擦因数为 0.25,铅直墙壁是绝对光滑的。鼓轮上的绳索下端挂着重物,设半径 $R=200\text{mm}$, $r=100\text{mm}$,求平衡时重物 A 的最大重量 W。

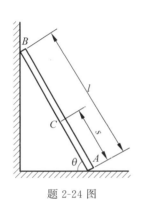
题 2-24 图

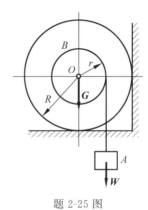
题 2-25 图

2-26 均质箱体 A 的宽度 $b=1\text{m}$,高 $h=2\text{m}$,重 $G=200\text{kN}$,放在倾角 $\alpha=20°$ 的斜面上,箱体与斜面间的摩擦因数 $f_s=0.2$。今在箱体的 C 点系一无重软绳,方向如图所示,绳的另一端绕过滑轮 D 挂一重物 E。已知 $BC=a=1.8\text{m}$。求使箱体处于平衡状态时重物 E 的重量。

2-27 均质长板 AD 重 G,长为 4m,用一短板 BC 支撑,如图所示。若 $AC=BC=AB=3\text{m}$,BC 板的自重不计,求 A、B、C 处摩擦角各为多大才能使之保持平衡。

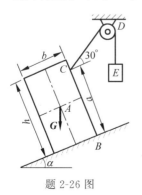
题 2-26 图

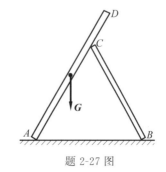
题 2-27 图

第3章

空间力系

在上一章,我们讨论了平面力系的基本概念和相关问题,其本质特征是力系中各力作用线在同一平面。而在工程实际中,物体所受力中各力作用线不在同一平面的情形是比较常见的。例如,国产大飞机C919[①]在飞行过程中会受到向前的推力、竖直向上的升力和水平的侧向力,这些作用线不在同一平面内的力构成的力系称为空间力系。与平面力系类似,空间力系也可以分为空间汇交力系、空间力偶和空间任意力系。

本章将研究空间力系的简化、空间力系的平衡条件、重心等。在此之前,我们首先将平面力系中的力对点之矩推广到空间力系中。

3.1 力对点之矩和力对轴之矩

3.1.1 力对点之矩

力矩是度量力使物体绕点或轴转动效果的物理量,在平面力系中,力矩大小的绝对值等于力的大小与力臂的乘积,这个代数值足以描述力矩的全部要素。但是在空间力系中,力矩转动效果由以下三个因素决定:

(1) 力矩的大小;
(2) 力矩的转向;
(3) 力与矩心所在平面的方位,即力矩作用面的方位。

如图3-1所示,这三个因素可以用矢量 $\boldsymbol{M}_O(\boldsymbol{F})$ 来表示,矢量的方位和力矩作用面的方位相同,矢量的大小 $|\boldsymbol{M}_O(\boldsymbol{F})| = F \cdot h = 2S_{\triangle OAB}$,矢量的指向按右手螺旋法则确定:**右手握轴,四指的指向表示力对点之矩的转动方向,大拇指的指向与坐标轴正向一致为正,反之为负**。由图3-1可知,用 $\boldsymbol{r}$ 表示力作用点 A 的矢径,则有

$$\boldsymbol{M}_O(\boldsymbol{F}) = \boldsymbol{r} \times \boldsymbol{F} \quad (3\text{-}1)$$

即力对点的矩矢等于矩心到该力作用点的矢径与该力的矢量积。

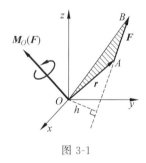

图 3-1

---

① C919中型客机,全称COMAC C919,是中国首款按照最新国际适航标准制造的,具有自主知识产权的干线民用飞机,由中国商用飞机有限责任公司于2008年开始研制。C是中国英文名称"China"的首字母,也是中国商飞英文缩写COMAC的首字母,第一个"9"的寓意是天长地久,"19"代表中国首款中型客机最大载客量为190座。C919的出现实现了我国在大飞机领域零的突破,打破了西方在该产业的垄断。

以矩心 O 为原点,建立如图 3-1 所示的直角坐标系,此时矢径 r 和力 F 在空间坐标系中可以表示为

$$r = x\boldsymbol{i} + y\boldsymbol{j} + z\boldsymbol{k}, \quad \boldsymbol{F} = F_x\boldsymbol{i} + F_y\boldsymbol{j} + F_z\boldsymbol{k} \tag{3-2}$$

其中 $\boldsymbol{i}$、$\boldsymbol{j}$、$\boldsymbol{k}$ 是三个坐标轴的单位轴矢量。将上式代入式(3-1),可以得到

$$\boldsymbol{M}_O(\boldsymbol{F}) = \boldsymbol{r} \times \boldsymbol{F} = \begin{vmatrix} \boldsymbol{i} & \boldsymbol{j} & \boldsymbol{k} \\ x & y & z \\ F_x & F_y & F_z \end{vmatrix}$$

$$= (yF_z - zF_y)\boldsymbol{i} + (zF_x - xF_z)\boldsymbol{j} + (xF_y - yF_x)\boldsymbol{k} \tag{3-3}$$

力矩矢量 $\boldsymbol{M}_O(\boldsymbol{F})$ 的大小、方向都和矩心 O 的位置相关,因此力矩矢量的起始端必须画在矩心,不能随意移动,故这种矢量称为定位矢量。由式(3-3)还可得到 $\boldsymbol{M}_O(\boldsymbol{F})$ 在三个坐标轴上的投影,即

$$\begin{cases} [\boldsymbol{M}_O(\boldsymbol{F})]_x = yF_z - zF_y \\ [\boldsymbol{M}_O(\boldsymbol{F})]_y = zF_x - xF_z \\ [\boldsymbol{M}_O(\boldsymbol{F})]_z = xF_y - yF_x \end{cases} \tag{3-4}$$

3.1.2 力对轴之矩

和力对点之矩类似,力对轴之矩是度量力绕定轴转动效果的物理量。在日常生活当中,最常见的开关门现象中的推力或拉力对门轴的矩就是力对轴之矩。如图 3-2 所示,为求力

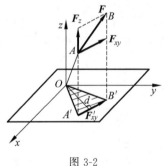

图 3-2

$\boldsymbol{F}$ 对轴 Oz 的力矩,将力 $\boldsymbol{F}$ 分解为平行于 z 轴的力 $\boldsymbol{F}_z$ 和平行于平面 Oxy 的力 $\boldsymbol{F}_{xy}$。力 $\boldsymbol{F}_z$ 的作用线平行于 z 轴,不会对 z 轴产生转动效果。依据合力矩定理知,力 $\boldsymbol{F}$ 对 z 轴的矩就等于力 $\boldsymbol{F}_{xy}$ 对 z 轴的矩,也等于 $\boldsymbol{F}'_{xy}$ 对点 O 的矩。因此,力对轴之矩可以定义为:**力对轴的矩是力使刚体绕该轴转动效果的度量,其大小等于该力在垂直于该轴平面上的投影对该轴与平面交点之矩**,即

$$M_z(\boldsymbol{F}) = M_z(\boldsymbol{F}_{xy}) = M_O(\boldsymbol{F}'_{xy}) = \pm F'_{xy} d = \pm 2 S_{\triangle OA'B'} \tag{3-5}$$

式中,d 为 O 至力 $\boldsymbol{F}'_{xy}$ 作用线的距离。其正负号由右手螺旋法则确定。也可从轴 z 正向来看,力使物体围绕 z 轴逆时针转动则取正号,反之为负号。

由式(3-5)易知,当力与轴相交($d=0$)或力与轴平行($F_{xy}=0$)时,该力对轴的矩等于零。或者说,当力与轴在同一平面内时,力对轴的矩等于零。

3.1.3 力对点之矩与力对轴之矩之间的关系

为了导出力对轴之矩与力对点之矩的关系,首先需要把力对轴的矩解析地表示出来。如图 3-3 所示,力 $\boldsymbol{F}$ 在三个坐标轴上的投影分别为 F_x、F_y、F_z。力的作用点 A 的坐标为 (x,y,z),根据合力矩定理,得

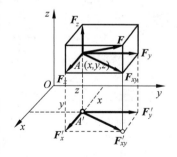

图 3-3

$$M_z(\boldsymbol{F}) = M_z(\boldsymbol{F}_{xy}) = M_O(\boldsymbol{F}'_{xy}) = M_O(\boldsymbol{F}'_x) + M_O(\boldsymbol{F}'_y) = xF_y - yF_x \tag{3-6}$$

对比式(3-4)和式(3-6),可知

$$[\boldsymbol{M}_O(\boldsymbol{F})]_z = M_z(\boldsymbol{F}) \tag{3-7}$$

同理可得

$$[\boldsymbol{M}_O(\boldsymbol{F})]_x = M_x(\boldsymbol{F}), \quad [\boldsymbol{M}_O(\boldsymbol{F})]_y = M_y(\boldsymbol{F}) \tag{3-8}$$

上式表明:空间力对点的矩矢在通过该点的某轴上的投影,等于力对该轴的矩。

例 3-1 如图 3-4 所示力 $F=1\mathrm{kN}$,试求力 $\boldsymbol{F}$ 对 z 轴的矩。

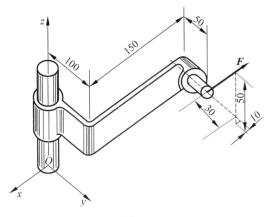

图 3-4

解 可将力 $\boldsymbol{F}$ 沿坐标轴分解为 F_x、F_y 和 F_z,有

$$F_x = \frac{\sqrt{35}}{35}\mathrm{kN}, \quad F_y = \frac{3\sqrt{35}}{35}\mathrm{kN}, \quad F_z = \frac{\sqrt{35}}{7}\mathrm{kN}$$

根据合力矩定理,力 $\boldsymbol{F}$ 对各轴的矩等于分力对同一轴的矩的代数和,于是有

$$M_z(\boldsymbol{F}) = xF_y - yF_x = \left(-150 \times \frac{3\sqrt{35}}{35} - 150 \times \frac{\sqrt{35}}{35}\right)\mathrm{kN \cdot m} = -\frac{120\sqrt{35}}{7}\mathrm{kN \cdot m}$$

3.2 空间汇交力系

所谓空间汇交力系,是指空间力系中各力作用线汇交于一点的力系。对空间中任意一力,可以将其唯一地分解在一给定的空间直角坐标系中,此方法被称为空间投影法。

3.2.1 投影法

设一个空间力 $\boldsymbol{F}$ 作用在 O 点,且它与直角坐标系 $Oxyz$ 三轴正向的夹角分别为 α、β、γ,如图 3-5 所示。类比平面力系中力在坐标轴上的投影知,力 $\boldsymbol{F}$ 在三个坐标轴上的投影分别为

$$F_x = F\cos\alpha, \quad F_y = F\cos\beta, \quad F_z = F\cos\gamma \tag{3-9}$$

上述方法只需要投影一次就可以直接得到力在各坐标轴

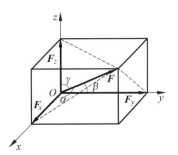

图 3-5

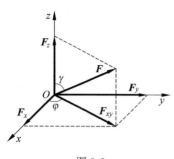

图 3-6

的分量,称为直接投影法或者一次投影法。

当力 F 与 x 轴、y 轴间的夹角不易确定时,可先将 F 投影在 Oxy 平面内,得到投影 F_{xy},再将力 F_{xy} 向 x、y 轴上投影,具体角度如图 3-6 所示。则力 F 在三个坐标轴上的投影又可以写为

$$F_x = F\sin\gamma\cos\varphi, \quad F_y = F\sin\gamma\sin\varphi, \quad F_z = F\cos\gamma \tag{3-10}$$

这种方法称为二次投影法。

3.2.2 空间汇交力系的合力与平衡条件

不难证明,空间汇交力系可简化为一合力,且合力等于各分力的矢量和,合力的作用线通过汇交点,即有

$$\boldsymbol{F}_R = \sum \boldsymbol{F}_i \tag{3-11}$$

或表示成投影形式:

$$\boldsymbol{F}_R = \sum F_x \boldsymbol{i} + \sum F_y \boldsymbol{j} + \sum F_z \boldsymbol{k} \tag{3-12}$$

若各分力已知,则可由这些分力求得合力的大小和方向:

$$F_R = \sqrt{\left(\sum F_x\right)^2 + \left(\sum F_y\right)^2 + \left(\sum F_z\right)^2} \tag{3-13}$$

$$\cos(\boldsymbol{F}_R, \boldsymbol{i}) = \sum F_x / F_R, \quad \cos(\boldsymbol{F}_R, \boldsymbol{j}) = \sum F_y / F_R, \quad \cos(\boldsymbol{F}_R, \boldsymbol{k}) = \sum F_z / F_R \tag{3-14}$$

很明显,空间汇交力系平衡的充要条件为:该力系的合力等于零,即

$$\boldsymbol{F}_R = \sum \boldsymbol{F}_i = \boldsymbol{0} \tag{3-15}$$

上式即为空间汇交力系的平衡条件

由式(3-13)可知,要使合力为零,必须同时满足

$$\sum F_x = 0, \quad \sum F_y = 0, \quad \sum F_z = 0 \tag{3-16}$$

例 3-2 挂物架如图 3-7 所示,三杆的重量不计,用球铰链连接于 O 点,平面 BOC 为水平面,且 $OB=OC$,角度如图 3-7(a)所示。若在 O 点挂一重物 G,重为 1000N,求三杆所受的力。

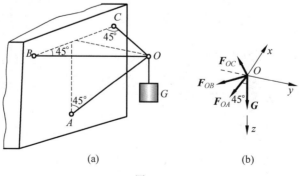

图 3-7

解 各杆均为二力杆,取铰链 O 进行受力分析,画受力图,如图 3-7(b)所示建立坐标系。显然它是一空间汇交力系,列平衡方程如下:

$$\sum F_x = 0, \quad -F_{OB}\sin45° + F_{OC}\sin45° = 0$$

$$\sum F_y = 0, \quad -F_{OB}\cos45° - F_{OC}\cos45° - F_{OA}\cos45° = 0$$

$$\sum F_z = 0, \quad F_{OA}\sin45° + G = 0$$

解得

$$F_{OA} = -1414\text{N}(压), \quad F_{OB} = F_{OC} = 707\text{N}(拉)$$

3.3 空间力偶

3.3.1 力偶矩矢

在平面力偶系中,两个力偶等效的条件是两个力偶的力偶矩大小相等,转向相同。而在空间中,力偶对刚体的作用效果还需要考虑力偶的作用平面。如图 3-8 所示,同一组力偶作用在长方体不同的平面内,力偶对刚体的作用效果显然不同,这是因为力偶作用面不同导致的。因此,空间力偶等效的条件为:两力偶的力偶矩大小相等、转向相同,且作用面平行。

力偶矩的大小、力偶矩的转向以及力偶作用面的方位决定了空间力偶对物体的作用效果,被称为空间力偶的三要素,且可以用一个矢量来统一地表示,该矢量即力偶矩矢。如图 3-9 所示,矢量 $\boldsymbol{M}$ 为力偶矩矢,其方向可以用右手螺旋法则确定,其大小为

$$|\boldsymbol{M}| = |\boldsymbol{r}_{BA} \times \boldsymbol{F}| = F \cdot d \tag{3-17}$$

力偶对空间任意一点的力矩矢与选取的矩心位置无关,都等于力偶矩矢。力偶矩矢无须确定矢量的初端位置,这样的矢量被称为自由矢量。

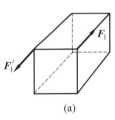
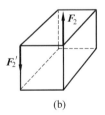
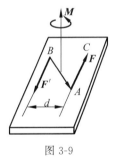

(a)　　　　(b)

图 3-8　　　　　　　　　　图 3-9

3.3.2 空间力偶系的合成与平衡条件

任意多个空间力偶可以合成为一个合力偶,其合力偶矩矢等于各分力偶矩矢的矢量和,即

$$\boldsymbol{M} = \boldsymbol{M}_1 + \boldsymbol{M}_2 + \cdots + \boldsymbol{M}_n = \sum \boldsymbol{M}_i \tag{3-18}$$

显然,空间力偶系处于平衡时,其合力偶矩矢等于零:

$$M = \sum M_i = 0 \tag{3-19}$$

上式写成投影形式则为

$$\sum M_{ix} = 0, \quad \sum M_{iy} = 0, \quad \sum M_{iz} = 0 \tag{3-20}$$

显然,空间力偶系平衡的充要条件是:该力偶系的合力偶等于零,即各分力偶矩矢在三个坐标轴上投影的代数和等于零。

对于各分力偶矩矢已知的情形,可求得合力偶矩矢的大小和方向:

$$M = \sqrt{\left(\sum M_{ix}\right)^2 + \left(\sum M_{iy}\right)^2 + \left(\sum M_{iz}\right)^2} \tag{3-21}$$

$$\cos(M,i) = \sum M_{ix}/M, \quad \cos(M,j) = \sum M_{iy}/M, \quad \cos(M,k) = \sum M_{iz}/M \tag{3-22}$$

例 3-3 已知:两圆盘半径均为 200mm,$AB = 800$mm,圆盘面 O_1 垂直于 z 轴,圆盘面 O_2 垂直于 x 轴,两盘面上作用有力偶,$F_1 = 3$N,$F_2 = 5$N,构件和圆盘自重不计。求轴承 A、B 处的约束力。

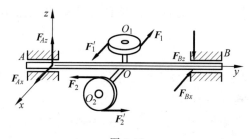

图 3-10

解 取整体,画受力图。

很容易判断出该力系是空间力偶系,由空间力偶系平衡方程

$$\sum M_x = 0, \quad F_2 \times 400 - F_{Bz} \times 800 = 0, \quad \sum M_z = 0, \quad F_1 \times 400 + F_{Bx} \times 800 = 0$$

最终解得

$$F_{Ax} = F_{Bx} = -1.5\text{N}, \quad F_{Az} = F_{Bz} = 2.5\text{N}$$

3.4 空间任意力系

空间任意力系是指力系中各力的作用线在空间既不完全汇交,也不完全平行的力系。本节首先讨论如何简化空间任意力系。

3.4.1 空间任意力系的简化——主矢和主矩

与平面任意力系的简化方法一致,空间力系的简化依据也是力线平移定理,将空间力系向任一点简化,得到一个空间汇交力系和一个空间力偶系,最后简化为一个主矢和主矩。如图 3-11 所示,刚体上作用有 n 个力:$F_1, F_2, \cdots, F_n$。任取一点 O,记为简化中心,应用力线平移定理,逐个将刚体上的每个力向 O 点平移,并附加一个对应的力偶。其中,$F_i = F_i'$,

$M_i = M_O(F_i)$。这样一来,原来的空间任意力系就被空间汇交力系和空间力偶系等效替换。

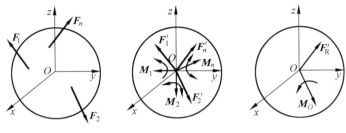

图 3-11

作用于点 O 的空间汇交力系可合成一合力 F'_R,空间力偶系可合成为一力偶 M_O,即

$$F'_R = \sum F'_i = \sum F_i, \quad M_O = \sum M_O(F_i) \tag{3-23}$$

综上可知,空间任意力系向一点简化,一般可以得到一个合力和合力偶。这个合力作用在简化中心,大小和方向分别与原力系中各力的矢量和的大小和方向相同,称为力系的主矢;这个力偶矩矢等于原力系中各力对简化中心之矩矢的矢量和,称为主矩。

求空间任意力系主矢、主矩的大小和方向,通常采用解析法,即

$$F'_R = \sqrt{\left(\sum F_{ix}\right)^2 + \left(\sum F_{iy}\right)^2 + \left(\sum F_{iz}\right)^2} \tag{3-24}$$

$$\cos\alpha = \frac{\sum F_{ix}}{F'_R}, \quad \cos\beta = \frac{\sum F_{iy}}{F'_R}, \quad \cos\gamma = \frac{\sum F_{iz}}{F'_R} \tag{3-25}$$

$$M_O = \sqrt{\left(\sum M_{ix}\right)^2 + \left(\sum M_{iy}\right)^2 + \left(\sum M_{iz}\right)^2} \tag{3-26}$$

$$\cos\alpha' = \frac{\sum M_{ix}}{M_O}, \quad \cos\beta' = \frac{\sum M_{iy}}{M_O}, \quad \cos\gamma' = \frac{\sum M_{iz}}{M_O} \tag{3-27}$$

式中,$\sum F_{ix}$、$\sum F_{iy}$、$\sum F_{iz}$ 分别表示各分力 F_i 在 x、y、z 轴上投影的代数和;$\sum M_{ix}$、$\sum M_{iy}$、$\sum M_{iz}$ 分别表示各分力 F_i 对 x、y、z 轴的矩的代数和;α、β、γ 分别表示主矢 F'_R 与坐标轴 x、y、z 正向之间的夹角;α'、β'、γ' 分别表示主矩 M_O 与坐标轴 x、y、z 正向之间的夹角。

空间任意力系简化结果分析:对上面的简化结果中主矢和主矩进行进一步分析,有以下四种情况。

(1) $F'_R = 0, M_O = 0$,则此力系平衡,平衡情况在下一节详细讨论。

(2) $F'_R = 0, M_O \neq 0$,则原力系简化为一个合力偶,该合力偶矩矢等于原力系对简化中心的主矩。

(3) $F'_R \neq 0, M_O = 0$,则力系简化为一个合力,该合力的作用线经过简化中心 O,等于原力系的主矢。

(4) $F'_R \neq 0, M_O \neq 0$。当空间任意力系的主矢和主矩都不等于零时,又可以依据主矢和主矩的位置关系分成以下三种情形来讨论:①$F'_R \perp M_O$,如图 3-12 所示,此时合力 F'_R 和力偶矩矢 M_O 在同一平面内,将力偶和力进一步简化,得到一作用于点 O' 的力 F_R,这个力就

是原空间力系的合力,其大小和方向分别与原力系的主矢相同,其作用线距简化中心 O 的距离为 $d=\dfrac{|M_O|}{F'_R}$。②$F'_R /\!/ M_O$,如图 3-13 所示,简化结果为力螺旋。力螺旋是由一力和一力偶组成的力系,且力的作用线垂直于力偶的作用面,其所引起的作用效果是受力物体既移动又转动,例如拧螺丝。(3)F'_R、M_O 两者既不平行也不垂直,那么可以通过正交分解将这种情形变成前面两种情形的组合,最后得到的结果也是一力螺旋。

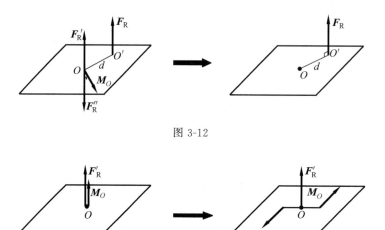

图 3-12

图 3-13

3.4.2 空间任意力系的平衡

由上一节分析可知,当空间任意力系的主矢和主矩都等于零时,空间任意力系处于平衡状态,即

$$F'_R = 0, \quad M_O = 0 \tag{3-28}$$

用矢量投影定理可将上面的平衡条件写为

$$\begin{cases} \sum F_x = 0, \quad \sum F_y = 0, \quad \sum F_z = 0 \\ \sum M_x(F) = 0, \quad \sum M_y(F) = 0, \quad \sum M_z(F) = 0 \end{cases} \tag{3-29}$$

空间任意力系平衡的充要条件是:各力在三个坐标轴中的每一个轴上的投影代数和等于零,各力对每一个坐标轴的矩代数和等于零。空间任意力系是最普遍的空间力系,其他特殊情况力系的平衡方程可以从空间任意力系的平衡方程导出,如前面提到的空间汇交力系和空间力偶系。空间任意力系的独立方程共有六个,只能求解六个未知量。如果未知量数目多于独立方程数目,则属于超静定问题。

例 3-4 三轮小车自重 $W=8\text{kN}$,作用于点 C,载荷 $F=10\text{kN}$,作用于点 E,如图 3-14 所示,试求小车静止时地面对车轮的反力。

解 (1) 取小车为研究对象,画受力图如图所示,其中 W 和 F 为主动力,F_A、F_B 和 F_D 为地面的约束反力。取坐标轴如图,该题属于空间平行力系,可知其独立平衡方程为 3 个,因此列出平衡方程求解:

$$\sum F_z = 0, \quad -F - W + F_A + F_B + F_D = 0$$

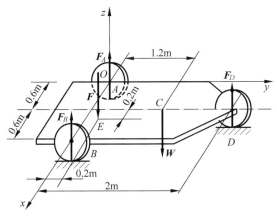

图 3-14

$$\sum M_x(\boldsymbol{F})=0, \quad -0.2\times F-1.2\times W+2\times F_D=0$$
$$\sum M_y(\boldsymbol{F})=0, \quad 0.8\times F+0.6\times W-0.6\times F_D-1.2\times F_B=0$$

得
$$F_D=5.8\text{kN}, \quad F_B=7.78\text{kN}, \quad F_A=4.42\text{kN}$$

3.4.3 空间约束类型

一般情况下,刚体受到约束时,每个约束处的约束力可能会有 1~6 个。每个刚体在空间中总共有 6 个自由度,分别为 3 个沿 x、y 和 z 轴的平移自由度和 3 个绕这三个轴的转动自由度。因此,确定每种约束的约束力未知量个数的方法为:观察被约束物体 6 种可能位移中有哪些是被约束阻碍的,阻碍移动的是约束力,阻碍转动的是约束力偶。几种常见的约束及其相应的约束力列于表 3-1。

表 3-1 约束类型及其约束力

	约束力	约束类型			
1	F_{Az} 图示 A	光滑表面	滚动支座	绳索	二力杆
2	F_{Az}, F_{Ay} 图示	径向轴承	径向轴承	螺铰链	
3	F_{Az}, F_{Ay}, F_{Ax} 图示	球形铰链		止推轴承	

续表

约束力	约束类型	
4	M_{Az} F_{Az} M_{Ay} F_{Ay} (a) F_{Az} M_{Ay} F_{Ay} F_{Ax} (b)	导向轴承 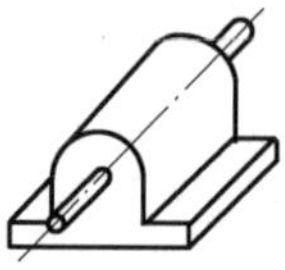 (a)	万向接头 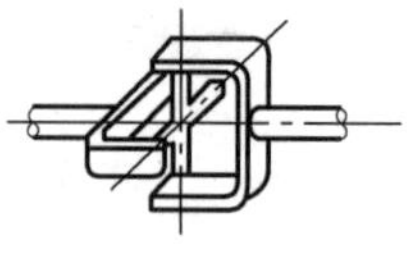 (b)
5	M F_{Az} M_{Az} F_{Ay} F_{Ax} (a) M_{Az} F_{Az} F_{Ay} M_{Ax} M_{Ay} (b)	带有销子的夹板  (a)	导轨 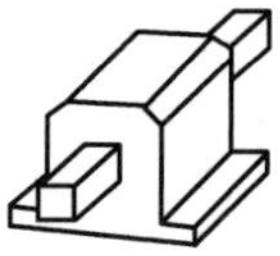 (b)
6	 M_{Az} F_{Az} M_{Ay} F_{Ay} F_{Ax} M_{Ax}	空间的固定端支座 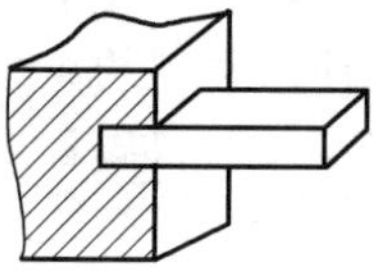	

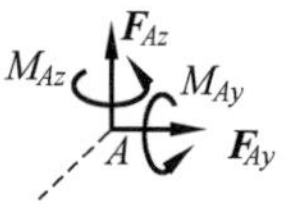

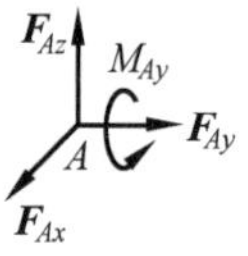

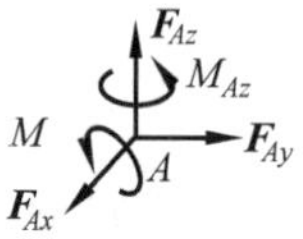

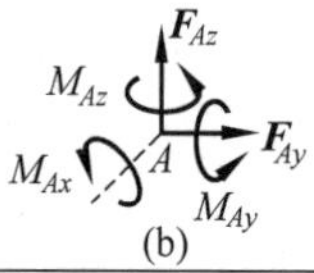

3.5 物体的重心

3.5.1 重心坐标公式

自古以来,物体的重心与平衡的现象就受到国人的关注。墨家云:"下轻上重,其覆必易",说明中国在古代对重心就有研究。西安半坡遗址中的汲水罐和东汉铜奔马(见图 3-15)的出土,表明古人在实践当中充分地运用了重心与平衡的原理。

物体各质点的重力组成一个空间平行力系,此平行力系的合力大小称为物体的重量,此平行力系的中心称为物体的重心。重心相对物体来说是一个固定的点,不因物体的空间位置而改变。物体重心是一个重要的概念,在工程实际中,物体重心的位置对物体状态起着重要的作用。因此,计算物体重心位置在工程中有着重要的意义。

如图 3-16 所示,物体由若干部分组成,第 i 部分的重量为 W_i,其重心坐标为 (x_i, y_i, z_i)。W 则是各重力的合力,其坐标位置为 (x_C, y_C, z_C)。依据合力矩定理,合力对轴之矩等于各分力对同一轴之矩的代数和。以对 y 轴取矩为例,

$$M_y(\boldsymbol{W}) = \sum M_y(\boldsymbol{W}_i) \tag{3-30}$$

图 3-15
(a) 半坡汲水罐；(b) 东汉铜奔马

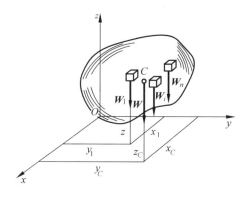

图 3-16

展开得到

$$Wx_C = \sum W_i x_i \tag{3-31}$$

由此可得

$$x_C = \frac{\sum W_i x_i}{W} \tag{3-32}$$

同理可得

$$y_C = \frac{\sum W_i y_i}{W}, \quad z_C = \frac{\sum W_i z_i}{W} \tag{3-33}$$

如果物体是均质的，则质量 $m = \rho V$，$m_i = \rho V_i$，其中 ρ 为物体的密度，V_i 为部分微元体的体积，V 为物体的体积。这样重心坐标公式变为

$$\begin{cases} x_C = \dfrac{\sum V_i x_i}{V} = \dfrac{\int_V x \, dV}{V} \\[6pt] y_C = \dfrac{\sum V_i y_i}{V} = \dfrac{\int_V y \, dV}{V} \\[6pt] z_C = \dfrac{\sum V_i z_i}{V} = \dfrac{\int_V z \, dV}{V} \end{cases} \tag{3-34}$$

显然，均质物体的重心就是物体的几何中心，即形心。

如果物体为等厚板，体积 $V=Ah$，$V_i=A_i h$，式中 h 为板的厚度，A_i 为微元体的面积，A 为物体的面积，则物体重心坐标计算公式变为

$$x_C=\frac{\sum A_i x_i}{A}, \quad y_C=\frac{\sum A_i y_i}{A}, \quad z_C=\frac{\sum A_i z_i}{A} \tag{3-35}$$

3.5.2 物体重心的求法

1. 对称法

对均质物体而言，其重心一定是其几何中心。特别地，若此物体具有几何对称面、对称轴或对称点，则其重心一定在对称面、对称轴或对称点上。

例 3-5 如图 3-17 所示，求半径为 R、顶角为 2α 的均质圆弧的重心，已知截面面积为 A。

解 由于对称性，该圆弧重心必在 x 轴上，取微段

$$dL = R d\theta, \quad x = R\cos\theta$$

代入到重心公式(3-34)，得到

$$x_C = \frac{\int_L x A dL}{AL} = \frac{\int_{-\alpha}^{\alpha} R^2 \cos\theta d\theta}{2\alpha R} = \frac{R\sin\alpha}{\alpha}$$

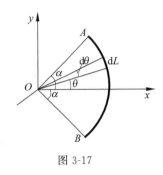

图 3-17

2. 组合分割法

若物体形状相对复杂，但是可以看成由几个简单几何图形组合而成，那么，可以利用分割法先确定简单几何图形的重心位置，最后求出组合图形的重心。

例 3-6 求图 3-18 所示的平面图形的重心。

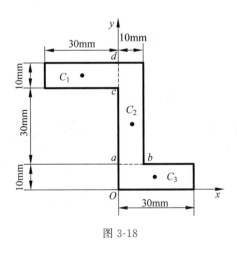

图 3-18

解 建立图示坐标系，利用组合分割法将图形分成三个部分，并分别求出对应的重心位置坐标。

三个部分的形心坐标及图形面积分别为

$$x_1 = -15\text{mm}, \quad y_1 = 45\text{mm}, \quad A_1 = 300\text{mm}^2$$
$$x_2 = 5\text{mm}, \quad y_2 = 30\text{mm}, \quad A_2 = 400\text{mm}^2$$
$$x_3 = 15\text{mm}, \quad y_3 = 5\text{mm}, \quad A_3 = 300\text{mm}^2$$

将其代入重心坐标公式(3-35),得到

$$x_C = \frac{\sum A_i x_i}{A} = \frac{A_1 x_1 + A_2 x_2 + A_3 x_3}{A_1 + A_2 + A_3} = 2\text{mm}$$

$$y_C = \frac{\sum A_i y_i}{A} = \frac{A_1 y_1 + A_2 y_2 + A_3 y_3}{A_1 + A_2 + A_3} = 27\text{mm}$$

3. 负面积法

在实际物体中经常会碰到一些挖孔、开槽或者空穴等问题。对于这类物体,也可以用组合分割法来求对应的重心,但是此时孔、槽或者空穴的面积应该取为负值。

例 3-7 求图 3-19 所示物体的重心。

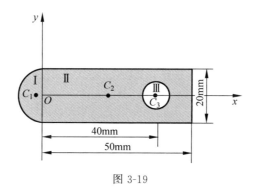

图 3-19

解 建立坐标系,根据对称性可以得到

$$y_C = 0$$

可以将该物体分为三个部分,三部分的形心坐标及面积分别为

$$x_1 = -\frac{40}{3\pi}\text{mm}, \quad x_2 = 25\text{mm}, \quad x_3 = 40\text{mm}$$
$$A_1 = 50\pi\text{mm}^2, \quad A_2 = 1000\text{mm}^2, \quad A_3 = -\pi r^2 = -25\pi\text{mm}^2$$

求得重心坐标为

$$x_C = \frac{\sum A_i x_i}{A} = \frac{A_1 x_1 + A_2 x_2 + A_3 x_3}{A_1 + A_2 + A_3} = 19.65\text{mm}$$

4. 实验法

实际问题中还可以用实验的方法来测定复杂形状物体的重心,下面介绍两种常用的实验方法。

1) 悬挂法

对于薄板型物体,可先将其悬挂于任意一点 A,根据二力平衡原理,重心必定在过悬挂点 A 的铅垂线上,标记为线 AD,如图 3-20 所示。然后再将它悬挂在任意点 B,可以标出线 BE。线 AD 与线 BE 的交点 C 就是重心,如图 3-21 所示。

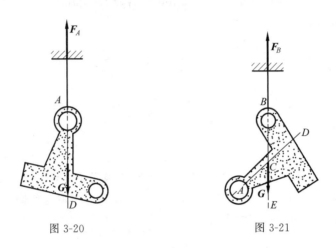

图 3-20　　　　　　图 3-21

2) 称重法

对形状复杂或体积庞大的物体常用称重法测定其重心的位置。

例如,已知汽车重量为 G,汽车前后轮距离为 l_1,设重心位置到后轮距离为 x_C,如图 3-22 所示,依据力矩平衡

$$\sum M_B(\boldsymbol{F})=0, \quad -G_\text{称} l_1 + G x_C = 0$$

得

$$x_C = \frac{G_\text{称} l_1}{G}$$

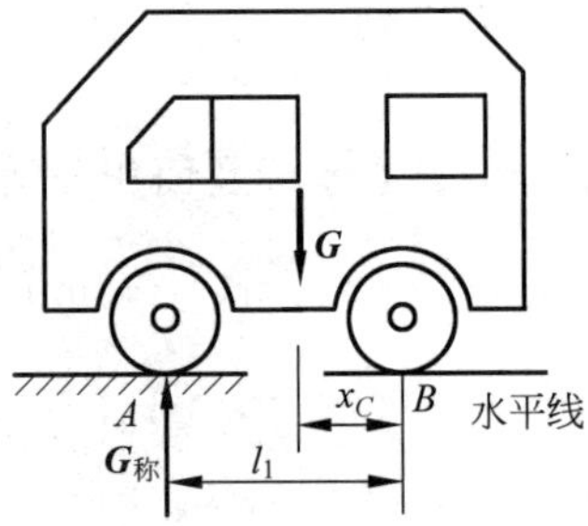

图 3-22

只要测出前后轮的距离及秤上的读数 $G_\text{称}$,就可以得到重心的坐标数值。

习题

3-1 某一力系中,$F_1=100\text{N}$,$F_2=300\text{N}$,$F_3=200\text{N}$,各力作用线的位置如图所示。试求力系向原点 O 简化的结果。

3-2 水平圆盘的半径为 r，外缘 C 处作用力 F。力 F 位于铅垂平面内，且与 C 处圆盘切线夹角为 $60°$，其他尺寸如图所示。求力 F 对 x、y、z 轴之矩。

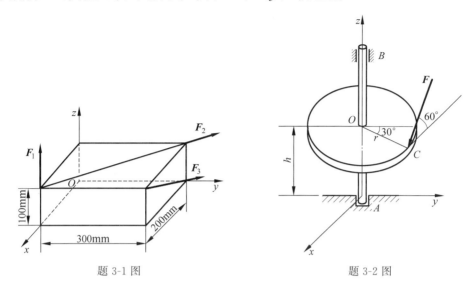

题 3-1 图　　　　　　　　题 3-2 图

3-3 如图所示长方体上作用着两个力 F_1、F_2。已知 $F_1=100\text{N}, F_2=10\sqrt{5}\,\text{N}, b=0.3\text{m}, c=0.4\text{m}, d=0.2\text{m}, e=0.1\text{m}$，试分别计算 F_1、F_2 在三个坐标轴上的投影，以及对三个坐标轴之矩。

3-4 空间构架由三根直杆 AD、BD 和 CD 用铰链在 D 处连接，起吊重物的重量为 $G=10\text{kN}$，各杆自重不计，试求三根直杆 AD、BD 和 CD 所受的约束力。

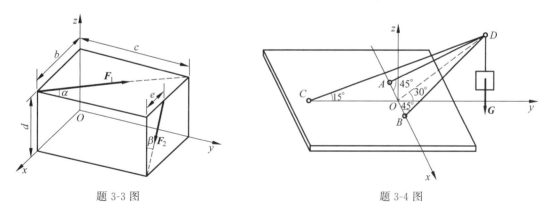

题 3-3 图　　　　　　　　题 3-4 图

3-5 如图所示，竖杆 AB 由绳 EB、GB、HB 及 CED 杆和固定铰支座约束。试求两绳 GB、HB 的拉力和固定铰支座 A 处的约束反力。

3-6 绞车的轴 AB 上绕有绳子，绳子挂重为 G_1 的重物，轮 C 装在轴上，轮的半径为轴的半径的 6 倍，其他尺寸如图所示。绕在轮 C 上的绳子沿轮与水平线成 $30°$ 角的切线引出，绳跨过定滑轮后挂以重量为 G 的重物（$G=60\text{N}$）。试求平衡时，重物的重量 G_1，轴承 A、B 的约束力。轮及绳子的重量不计，各处的摩擦不计。

3-7 如图所示，用六根杆支撑一矩形方板，在板的角点处受到铅直力 F 的作用，不计杆和板的重量，试求六根杆所受的力。

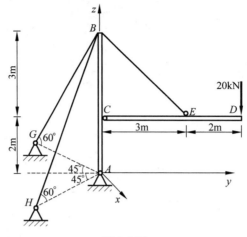

题 3-5 图

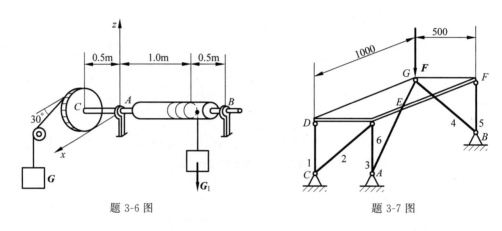

题 3-6 图　　　　　　　　题 3-7 图

3-8 如图所示空间桁架由六根杆 1、2、3、4、5 和 6 构成。在节点 A 处作用一力 F，此力在矩形 $ABDC$ 平面内，且与铅直线成 45°角。△FBM≌△EAK。等腰三角形 EAK、FBM 和 NDB 在顶点 A、B 和 D 处均为直角，且 $EC=CK=FD=DM$。若 $F=10$ kN，求各杆的内力。

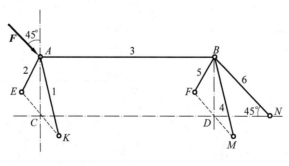

题 3-8 图

3-9 如图所示，均质长方形薄板 $ABCD$ 重 $W=200$ N，用球铰链 A 和蝶铰链 B 固定在墙上，并用绳子 CE 维持在水平位置。求绳子的拉力和支座反力。

3-10 用三脚架 ABCD 和绞车提升重 W 的物体,如图所示。设 ABC 为一等边三角形,各杆及绳索 DE 都与水平面成 60°,滑轮大小及摩擦不计。已知 $W=30$ kN,求将重物匀速吊起时各杆所受的力。

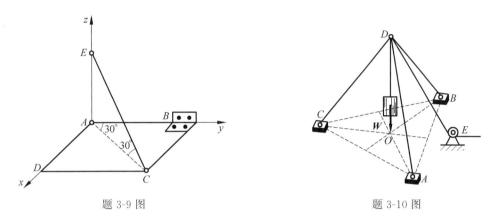

题 3-9 图　　　　题 3-10 图

3-11 无重曲杆 ABCD 有两个直角,且平面 ABC 与平面 BCD 垂直。杆的 D 端为球铰支座,另一 A 端由轴承支持,如图所示。在曲杆的 AB、BC 和 CD 轴上作用三个力偶,力偶所在平面分别垂直于 AB、BC 和 CD 三线段。已知力偶矩 M_2 和 M_3,求使曲杆处于平衡的力偶矩 M_1 和支座反力。

3-12 使水涡轮转动的力偶矩为 $M_z=1200$ N·m,已知在锥齿轮 B 处受到的力可分解成三个分力,即圆周力 F_t,轴向力 F_a 和径向力 F_r,这些力的大小比例为 $F_t:F_a:F_r=1:0.32:0.17$。已知水涡轮连同轴和锥齿轮的总重为 $G=12$ kN,其作用线沿轴 Cz,锥齿轮的平均半径 $OB=0.6$ m,其余尺寸如图所示。试求止推轴承 C 和轴承 A 的约束力。

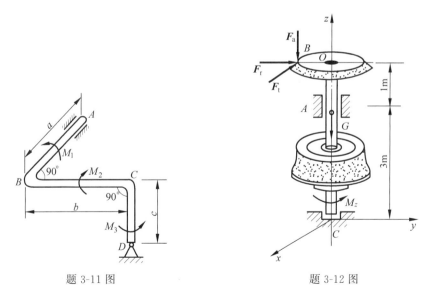

题 3-11 图　　　　题 3-12 图

3-13 工字钢截面尺寸如图所示,求此截面的几何中心。

3-14 如图所示,三脚圆桌的半径为 $r=500$ mm,重为 $W=600$ N。圆桌的三脚 A、B 和 C 形成一等边三角形。若在中线 CD 上距圆心为 a 的点 M 处作用铅直力 $F=1500$ kN,求使圆桌不致翻倒的最大距离 a。

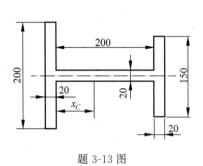

题 3-13 图　　　　　题 3-14 图

3-15 如图所示，在点 E 将梯形板 $ABED$ 挂起，设 $AD=a$。欲使 AD 边保持水平，求 BE 应等于多少。

3-16 图示机床重 50kN，当水平放置时（$\theta=0°$），秤上读数为 15kN；当 $\theta=20°$ 时，秤上读数为 10kN。试确定机床重心的位置。

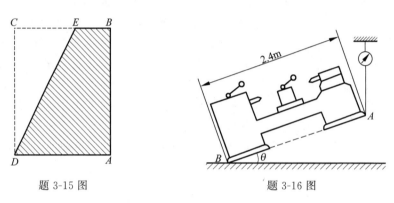

题 3-15 图　　　　　题 3-16 图

3-17 一圆板上钻了半径为 r 的三个圆孔，其位置如图所示。为使重心仍在圆板的 O 处，须在半径为 R 的圆周线上再钻一个孔，试确定该孔的位置及孔的半径。

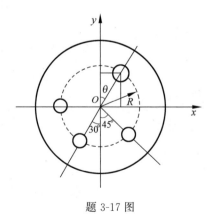

题 3-17 图

第 2 篇 材料力学

第 4 章　材料力学的基本概念
第 5 章　轴向拉压与剪切
第 6 章　扭转
第 7 章　弯曲内力
第 8 章　弯曲应力
第 9 章　弯曲变形
第 10 章　应力状态分析和强度理论
第 11 章　组合变形
第 12 章　压杆稳定

第 4 章 材料力学的基本概念

4.1 材料力学的任务

研究工程材料的力学行为和构件安全工作设计理论的学科称为"材料力学"。"材料力学"是一门理论性较强的学科专业基础课,与"理论力学"共同构成了其他各门力学课程的基础,在许多工程技术领域中有着广泛的直接应用。通过课程学习,读者可掌握材料力学的理论和分析方法,解决一些简单的工程实际问题。

工程实际中,为保证构件的安全工作,可以从强度、刚度、稳定性、疲劳等方面对构件进行分析。其中,**强度**、**刚度**和**稳定性**是材料力学的主要研究内容,特别是强度问题,材料力学中的大量计算方法都是围绕强度问题展开的。

所谓**强度**,是指构件抵抗破坏的能力。破坏的表现形式可以是断裂、破裂或者是过大的永久变形。如图 4-1(a)所示的简易吊车结构,BC 杆有可能在外力作用下被拉断,其破坏属于强度问题。

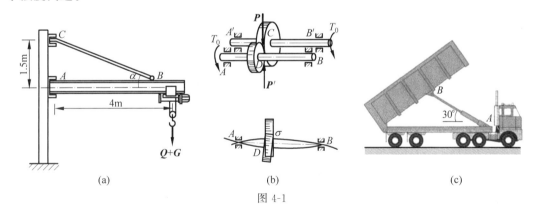

图 4-1

刚度指的是构件抵抗弹性变形①的能力。如图 4-1(b)所示的两个互相啮合的齿轮,在工作时要求其对应的齿轮轴不产生过大的变形,否则会影响机构的正常工作。

稳定性指的是构件维持原有平衡构形的能力。在材料力学中,我们主要讨论受压杆件的稳定性问题,简称压杆稳定问题。如图 4-1(c)所示的自卸车的举升杆,要求工作时保持直线平衡状态而不被压弯,为压杆稳定问题。

除了保证构件安全工作以外,"材料力学"还提供了合理设计构件截面尺寸的方法。在

---

① 关于弹性变形的最早记载是在《诗·小雅·角弓》中:"骍骍角弓,翩其反矣"。

保证构件安全工作的前提下,使用最节省的材料,这样就达到了安全性和经济性的统一。因此"材料力学"的基本任务可概述为:**学习和研究工程材料的力学性能以及构件强度、刚度及稳定性的计算理论,从而为构件选择适宜的材料,设计科学、合理的截面形状和尺寸,使设计达到既经济又安全的目的。**

"材料力学"成为一门学科一般认为始于意大利数学家、天文学家、力学家伽利略(1564—1642)于1638年出版的《关于两门新科学的对话》,但人们对于工程材料的力学行为和构件安全工作的认识却要早得多。在中国,《周易》《诗经》《考工记》《墨经》《荀子》《淮南子》《营造法式》《天工开物》等古书中已有关于材料刚性、韧性以及复合材料等的初步认识,如1637年的《天工开物》中描述道:"凡试弓力,以足踏弦就地,称钩搭挂弓腰,弦满之时,推移秤锤所压,则知多少。"从现代材料力学的观点看,这是一种测量弹性体刚度的有效方法。

4.2　关于工程材料的假设

与理论力学的研究对象为刚体不同,材料力学的研究对象为可变形固体,通过研究工程材料在力作用下变形和破坏的行为,从而建立强度条件、刚度条件和稳定性条件。为方便研究,材料力学对研究对象做出几个假设,经实践检验,基于这些假设所得到的结论是可以满足工程求解精度要求的。

1) 连续性假设

认为在构件所占有的空间内毫无空隙地充满了物质。在连续性假设情况下,可采用高等数学中的极限、微积分等数学工具进行力学量的求解。

2) 均匀性假设

认为构件内部各点处的力学性能相同。这样,当从构件中取出一部分研究时,不论所取部分大小、也不论从何处取出,其力学性能都是相同的。

3) 各向同性假设

认为构件材料的力学性能沿各方向都是相同的。我们日常生活和工程实际中大量运用的金属材料如钢、铜等和非金属材料如玻璃等,具有各向同性性质;而某些非金属材料,如木材,则属于典型的各向异性材料。

4) 小变形假设

认为构件产生的变形量同构件外形尺度相比很小,故对构件进行受力分析时可忽略其变形,仍按变形前的尺寸来进行求解。

4.3　材料力学的基本力学概念

"材料力学"课程中的基本力学概念除了我们学习过的力学概念如外力、约束反力之外,还引入了新的概念,如内力、应力和应变。

1. 内力

由于研究对象为可变形固体,材料力学将内力定义为由于变形引起的同一物体不同部分之间相互作用力的改变量。如图4-2所示,一构件受到外力作用引起变形,如果用一假想截面将构件截断,则不同部分之间存在相互作用力。显然,构件在不受力情况下这两部分之间已经存在相互作用(该作用为构成构件的分子或原子之间的相互作用力,用于维系构件的存在),在构件产生变形之后,由于分子或原子之间的距离的改变,这些作用力也产生了改变,该力的改变量就称为内力。

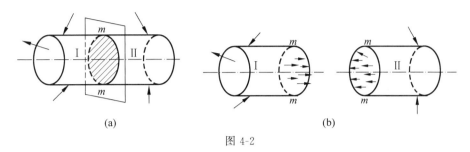

图 4-2

为求解内力,可以任一部分为研究对象,建立平衡方程,以内力为未知量进行求解。以某钻床为例,已知其右侧钻头受到工件的作用力 P,欲求左侧立柱任意截面上的内力,可用一假想截面 $m-m$ 将钻床截断,然后取上半部分进行研究。分析平衡条件可知,在截面 $m-m$ 上存在轴向力 F_N 和集中力偶 M,如图 4-3 所示。这两个力即为内力,显然,施力体为钻床被截断后剩余的那部分。利用平衡方程不难求出轴向力 F_N 和集中力偶 M 的大小,在图示参考系情况下,容易得到

$$\sum F_y = 0, \quad P - F_N = 0, \quad F_N = P \tag{4-1}$$

$$\sum M_O = 0, \quad Pa - M = 0, \quad M = Pa \tag{4-2}$$

以上求取内力的方法称为截面法。在"材料力学"课程中,不论是简单变形问题还是复杂变形问题的求解,求取内力的方法均为截面法。由上述计算过程可以看出,截面法的实质就是静力学平衡问题的求解,其中未知力为内力。

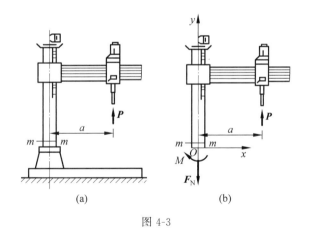

图 4-3

2. 应力[①]

前面曾提到,材料力学研究构件的安全工作问题。影响构件安全工作的因素除了内力,

[①] 唐代韩愈(768—824)在《昌黎先生集·与孟尚书书》中讲到的"一发引千钧",包含了应力概念。《墨经·经下》中"均之绝否,说在所均",《墨经·经说下》中"均:发均,县轻而发绝,不均也。均,其绝也莫绝",也包含了应力概念。

还有构件的截面尺寸。例如，两根长度相同、受力相同的受拉杆件，一根杆较粗，另一根杆较细，很明显两根杆件的内力是相同的，但随着两端拉力的增加，较细的那根杆件将先被拉断。为了全面反映构件强度随内力和截面尺寸的变化，人们引入了应力这一概念。其力学定义为：内力的分布集度。如图4-4所示，取某变形体任意截面分析，以截面上某点 C 为中心取一微小面积 ΔA，在该面积上存在内力 ΔF，则微小面积上的平均应力可定义为

$$p_m = \frac{\Delta F}{\Delta A} \tag{4-3}$$

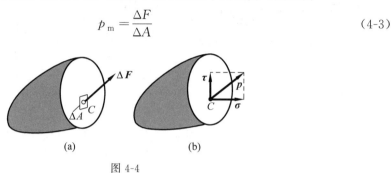

图 4-4

如果令该微小面积无限小，则 C 点的应力可定义为

$$p = \lim_{\Delta A \to 0} p_m = \lim_{\Delta A \to 0} \frac{\Delta F}{\Delta A} \tag{4-4}$$

从应力的定义可以看出，应力是矢量，其国际标准单位为 N/m^2 或 Pa(帕)，工程实际当中常用 $MPa(10^6 Pa)$ 或 $GPa(10^9 Pa)$。

与力的分析一样，通常我们在研究应力时将其分解为两个方向：截面法线方向和切线方向，如图4-4所示。其中，法线方向的应力分量与截面垂直，称为**正应力**，习惯上用希腊字母 **σ** 表示；切线方向的应力分量与截面相切，称为**切应力**，习惯上用希腊字母 **τ** 表示。

3. 变形与应变

材料力学研究变形体，因此变形量的求解对于分析构件安全工作与否至关重要。与刚体位移可分为线位移和角位移类似，构件的变形可以从长度方向变化和角度方向变化两个方面来描述。为此，可以变形体内任意一点为中心取一边长为微量的正六面体，研究该微元体的变形。由于边长是微量，因而任意一个面的面积也是微量，进一步该微元体的体积也是微量，因此，该微元体的变形可以代表某一点的变形。如图4-5(a)所示某一变形体，其刚性

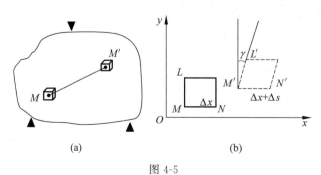

图 4-5

位移受限,构件内任意一点由于变形由位置 M 移动到 M',以 M 为中心取一微小正六面体(单元体),变形后六面体的边长和相邻两边夹角都发生了变化。为方便研究,可将该单元体投影至平面上(如 xOy 平面)进行研究,如图 4-5(b)所示。单元体棱边的长度变形量为 Δs,原长为 Δx,则沿着 x 方向长度的平均线应变为

$$\varepsilon_m = \frac{\Delta s}{\Delta x} \tag{4-5}$$

当边长趋于无限小时,上式变为

$$\varepsilon = \lim_{\Delta x \to 0} \frac{\Delta s}{\Delta x} \tag{4-6}$$

此时的线应变称为 M 点沿 x 方向的**线应变**。

观察图 4-5(b)可知,起初单元体相邻两棱边 MN 和 ML 的夹角为 90°,变形后该夹角产生了变化,变化量就称为**角应变**,其定义式为

$$\gamma = \lim_{\substack{\overline{MN} \to 0 \\ \overline{ML} \to 0}} \left(\frac{\pi}{2} - \angle L'M'N' \right) \tag{4-7}$$

称为 M 点在 xOy 平面内的角应变。

由线应变和角应变的定义容易知道,线应变和角应变均为无量纲量。

4.4 材料力学的研究对象及基本变形

工程实际中,变形体的类型多种多样,材料力学主要研究一类构件——杆件的变形,而且多研究等截面直杆。杆件的外形特征可以理解为在三维空间中,构件在某一方向上的尺度远大于其他两个方向,如图 4-6 所示。

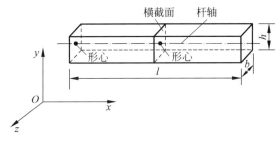

图 4-6

对于杆件而言,材料力学研究四种基本变形以及由两种或两种以上基本变形组成的组合变形。这四种基本变形为:

(1) 轴向拉伸和压缩。该类变形的受力特点为杆件受到一对大小相等、方向相反的沿轴线方向的拉力或压力作用,产生的变形特点为沿着杆件长度方向伸长或缩短,横截面尺寸缩小或变大。工程实例如屋顶桁架结构中的二力杆,如图 4-7 所示。

(2) 剪切。该类变形的受力特点为杆件受到一对大小相等、方向相反的,作用线靠得很近的横向外力作用,产生的变形特点为构件沿着某截面左右两侧发生相对错动。工程实例如用螺栓连接两块薄板,螺栓将产生剪切变形,如图 4-8 所示。

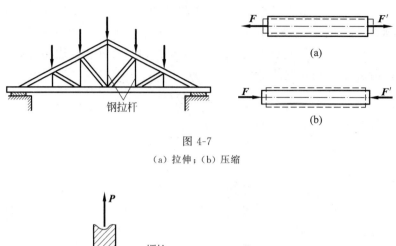

图 4-7

(a) 拉伸；(b) 压缩

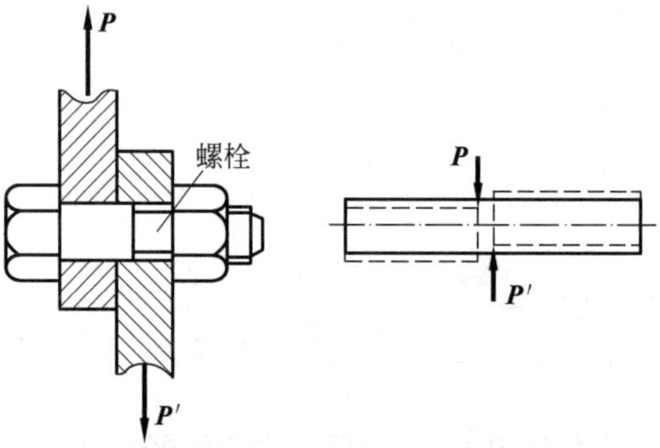

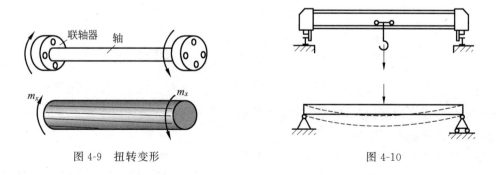

图 4-8

（3）扭转。该类变形的受力特点为杆件受到一对大小相等、转向相反、作用面与杆轴线垂直的外力偶作用，产生的变形特点为任意两个横截面绕杆件轴线产生了相对转动。工程实例如通过联轴器连接的传动轴，如图 4-9 所示。

（4）弯曲。该类变形的受力特点为杆件受到横向力作用，使得杆件轴线产生弯曲。工程实例如桥式起重机大梁，在吊起重物时引起弯曲变形，杆件轴线由直线变为曲线，如图 4-10 所示。

图 4-9　扭转变形　　　　　　　图 4-10

习题

4-1　在 A 和 B 两点连接绳索 ACB，绳索上悬挂物重 W，如图所示，若将静止后的 AC 段和 BC 段绳索视为刚体，求 AC 杆和 BC 杆的内力，并指出两杆属于哪种基本变形。

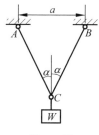

题 4-1 图

4-2 试证明：受轴向拉伸的圆截面杆，其横截面沿圆周方向的线应变 ε_s 等于直径的相对改变量 ε_d。

4-3 已知：薄板的两条边固定，变形后 $a'b$、$a'd$ 仍为直线，如图所示。求：ab 边的正应变 ε_m 和 ab、ad 两边夹角的变化。

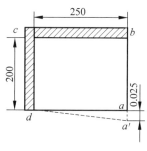

题 4-3 图

第5章

轴向拉压与剪切

5.1 拉伸与压缩的概念及工程实例

在工程机械和建筑结构中,常常见到受拉伸或压缩的杆件,其中有很大部分杆件的基本变形为轴向拉伸或压缩。例如冲压机中的连杆在工作时受压(见图 5-1(a)),铣床工作台进给油缸的液压杆在工作阻力和油压作用下受拉(见图 5-1(b))。此外,土木结构中的承重柱是受压的,悬索桥①的绳索是受拉的。

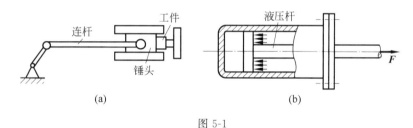

图 5-1

上述这些杆件在受拉伸或压缩时,**受到的外力或合外力的作用线与杆件的轴线共线**。在拉力的作用下,杆件变长变细;在压力的作用下,则变短变粗。但不管是受拉还是受压,**杆件均沿着轴线发生变形**。在后续章节中,把这类发生轴向变形的杆件称为拉(压)杆。图 5-2(a)所示为拉杆,图 5-2(b)所示为压杆,图中的实线表示变形前的形状,虚线表示变形后的形状。

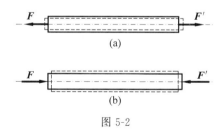

图 5-2

---

① 世界十大悬索桥中,中国占了五个(舟山西堠门大桥、润扬长江公路大桥、江阴长江公路大桥、香港青马大桥和武汉阳逻长江大桥)。

5.2 轴力与轴力图

5.2.1 轴力

以图 5-3(a)所示的拉杆为例,我们应用截面法来显示并确定该拉杆的内力。首先,用一个横截面 n—n 假想地把杆件分为两部分;选取Ⅰ(图 5-3(b))或Ⅱ(图 5-3(c))部分为研究对象;然后进行受力分析,用内力 F_N 或 F'_N 来代替去除一部分后对研究对象的作用力;最后,由平衡方程 $\sum F_x = 0$,可得

$$F_N - F = 0 \quad \text{或} \quad F' - F'_N = 0$$
$$F_N = F \quad \text{或} \quad F'_N = F$$

由于外力的作用线与杆件的轴线重合,可知杆件横截面上的内力 F_N 的作用线也与杆件的轴线重合,因此把拉(压)杆的横截面上的内力称为**轴力**。为了便于后续画轴力图、求横截面的正应力及杆件的变形,用截面法求拉(压)杆的轴力时采用**设正法**,也就是在横截面上设定轴力是正的。那么轴力什么时候是正的?我们规定轴力是**拉力时为正,压力时为负**。若考虑轴力矢量方向与横截面之间的关系,则**轴力远离截面为正,指向截面为负**。

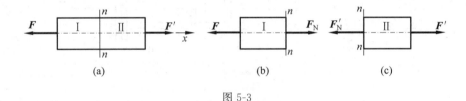

图 5-3

5.2.2 轴力图

在很多情况下,拉(压)杆可能受到两个以上轴向外力的作用,那么杆件横截面上的轴力沿着杆件轴线在不同杆段则不尽相同。因此我们用**轴力图**来**表示轴力沿着杆件轴线的分布情况**。

例 5-1 求图 5-4(a)中杆 AC 各段的内力并画轴力图。

解 (1) 杆件分段。

由于杆 AC 受到 3 个轴向外力的作用,因此以外力作用点为分段点,将杆 AC 分为 AB 段和 BC 段。

(2) 求各段的轴力。

① 求 AB 段的轴力。

用 1—1 截面把杆 AC 分为两段,取左段(图 5-4(b))为研究对象。采用设正法,设 1—1 截面的轴力为拉力 F_{N1}。由平衡方程 $\sum F_x = 0$,有

$$F_{N1} + P = 0$$

可得 AB 段的轴力

$$F_{N1} = -P$$

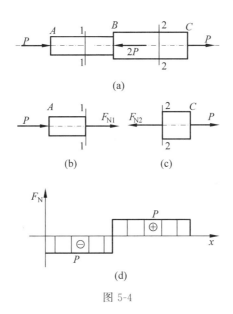

图 5-4

② 求 BC 段的轴力。

用 2—2 截面把杆 AC 分为两段,取右段(图 5-4(c))为研究对象,采用设正法,设 2—2 截面的轴力为拉力 F_{N2}。由平衡方程 $\sum F_x = 0$,有

$$-F_{N2} + P = 0$$

可得

$$F_{N2} = P$$

(3) 画轴力图。

根据步骤(2)得到的各段轴力值,画出如图 5-4(d)所示的轴力图。从图中可知最大的轴力值为 $|F_{N2}|_{\max} = P$。

在例 5-1 中计算各段内力(轴力)时,要注意以下几点:

(1) 截面不能刚好截在外力作用点处;
(2) 内力的大小仅与所受外力的大小和分布有关;
(3) 内力的大小与截面尺寸、形状及构件的材料无关;
(4) 求内力时,外力不能沿作用线移动。

此外,由画轴力图的过程可知,作轴力图需要如下几个步骤:

(1) 建立适当的坐标系,若有约束力,需先求出;
(2) 利用截面法取研究对象,并进行受力分析(利用设正法);
(3) 列出轴力方程;
(4) 计算特殊截面(控制截面)的内力;
(5) 绘轴力图,标出轴力值。

同时,观察轴力图可以发现,在拉(压)杆的集中外力作用点处,轴力图会发生突变,**突变幅值等于该集中外力的大小**。

5.2.3 快速计算轴力的方法

前面利用截面法需分四步才能计算出拉(压)杆的轴力,为了简化轴力的计算过程,下面介绍一下快速计算轴力的方法。

快速计算轴力的方法：拉(压)杆横截面上的轴力等于横截面一侧所有轴向外力的代数和，即

$$F_N = \sum_{i=1}^{n} F_i$$

当轴向外力的矢量方向远离横截面时，该轴向外力对轴力贡献为正，即以正值代入上式，反之为负。

下面通过例 5-1 来检验一下上述提出的快速计算轴力的方法的有效性。

AC 杆 1—1 截面上的轴力 F_{N1} 等于 1—1 截面左侧所有轴向外力的代数和。由图 5-4(a)可知，F_{N1} 的大小等于 P，再由 A 端面的轴向外力 P 的矢量方向指向 1—1 截面，因此可得 $F_{N1} = -P$。

2—2 截面上的轴力 F_{N2} 等于 2—2 截面左侧所有轴向外力的代数和。由 A 端面的轴向外力 P 的矢量方向指向 2—2 截面，B 截面的轴向外力 $2P$ 的矢量方向远离 2—2 截面，再根据快速计算轴力的方法，可得 $F_{N2} = -P + 2P = P$。

与例 5-1 计算得到的结果相比，可知上述利用快速计算轴力的方法计算得到的轴力结果完全正确。

5.3 轴向拉伸或压缩杆的应力

5.3.1 轴向拉伸或压缩时直杆横截面上的应力

只根据轴力不能判断杆件是否有足够的强度，比如用同种材料制成两根粗细不同的直杆，在相同的拉力作用下，两根杆的轴力自然相同。但是随着拉力逐渐增大，最先被拉断的肯定是细杆。这说明拉杆的强度不仅与轴力的大小有关，还与拉杆的横截面尺寸有关。因此我们用横截面上的应力来度量杆件的受力程度。

下面研究一下拉(压)杆横截面上的应力分布，即确定拉(压)杆横截面上各点处的应力。

为了求得拉(压)杆横截面的应力分布规律，首先研究杆件的变形。

如图 5-5(a)所示为一等截面拉伸杆件，在杆件的表面上画垂直于轴线的横向线，如横向线 1—1 与横向线 2—2，和与轴线平行的纵向线。然后在杆件的两端施加大小相等、方向相反的轴向拉力 F 与 F'。拉伸变形后，如图 5-5(b)所示，观察可知：杆件表面的横向线(如 $1'—1'$ 与 $2'—2'$)仍垂直于杆件的轴线，纵向线也与杆件的轴线平行。

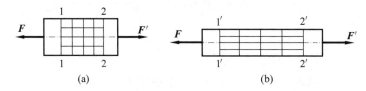

图 5-5

根据上述实验结果，对杆件的变形作如下假设：

(1) 变形前为平面的横截面，变形后仍保持平面，且仍与杆轴垂直，只是横截面间沿杆

轴发生相对平移。这就是拉（压）杆件的**平面假设**。

（2）变形前杆件的纵向线与杆件的轴线平行，变形后仍与杆件的轴线平行，因此根据拉压杆件的平面假设，可知杆件的纵向纤维的变形均相同。对于各向同性的材料，各纵向纤维的变形相同，则受力相同，因此横截面上的应力是均匀分布的（见图 5-6）。

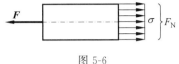

图 5-6

设该拉杆的横截面面积为 A，则由正应力的定义可知

$$\sigma = \frac{F_N}{A} \tag{5-1}$$

式中，σ 为横截面的正应力，当**轴力为拉力时正应力是正的，轴力为压力时正应力是负的**。若等截面直杆的两端施加的是轴向压力，其横截面正应力计算式也如式（5-1），因此把式（5-1）定义为轴向拉伸或压缩时横截面上的应力计算公式。

前面得到的是等截面直杆的横截面上的正应力计算公式，如果拉（压）杆是变截面直杆，即横截面尺寸沿着轴线缓慢变化，外力的合力与杆件轴线重合且可以随轴线发生变化，那么该拉（压）杆横截面上的正应力计算式为

$$\sigma(x) = \frac{F_N(x)}{A(x)} \tag{5-2}$$

其中，$F_N(x)$、$A(x)$、$\sigma(x)$ 为横截面位置 x 的函数。

例 5-2 如图 5-7 所示为矩形截面（$b \times h$）杆，已知 $b = 2\text{cm}$，$h = 4\text{cm}$，$F_1 = 20\text{kN}$，$F_2 = 40\text{kN}$，$F_3 = 60\text{kN}$。求 AB 段和 BC 段的横截面应力。

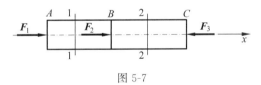

图 5-7

解 （1）AB 段的横截面应力

利用快速计算轴力的方法，可得 AB 段内任选 1—1 横截面上的轴力为

$$F_{N1} = -F_1 = -20\text{kN}$$

根据式（5-1），可得 AB 段横截面上的正应力为

$$\sigma_1 = \frac{F_{N1}}{b \times h} = \frac{-20 \times 10^3 \text{N}}{20 \times 40 \text{mm}^2} = -25\text{N/mm}^2 = -25\text{MPa}$$

（2）BC 段的横截面应力

BC 段内任选 2—2 横截面上的轴力为

$$F_{N2} = -F_1 - F_2 = -60\text{kN}$$

BC 段横截面上的正应力为

$$\sigma_2 = \frac{F_{N2}}{b \times h} = \frac{-60 \times 10^3 \text{N}}{20 \times 40 \text{mm}^2} = -75\text{N/mm}^2 = -75\text{MPa}$$

该拉（压）杆横截面上的最大正应力为 $\sigma_{\max} = \max\{|\sigma_1|, |\sigma_2|\} = 75\text{MPa}$。

5.3.2 轴向拉伸或压缩时直杆斜截面上的应力

在实际的工程应用中,受轴向拉(压)的杆件的破坏面并不总是横截面,有时会沿着斜截面发生破坏。因此,需要研究轴向拉伸或压缩时直杆斜截面上的应力分布情况。

以图 5-5(a)所示的等截面直杆拉伸变形实验为例,在杆内任取一斜面 a—a,如图 5-8(a)所示。利用截面法,沿斜面 a—a 将杆分为两部分,取左段为研究对象,如图 5-8(b)所示,该斜面的方位用外法线 n 与 x 轴的夹角 α 来表示。

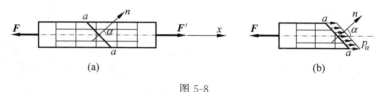

图 5-8

根据上节杆件拉伸实验结果可知,杆内各纵向纤维变形相同,因此,斜截面 a—a 上的全应力 p_α 沿截面均匀分布(图 5-8(b))。

令该杆横截面的面积为 A,那么斜截面 a—a 的面积 A_α 为

$$A_\alpha = \frac{A}{\cos\alpha}$$

由杆左段的平衡条件,可得

$$\sum F_x = 0, \quad -F + p_\alpha A_\alpha = 0$$

$$p_\alpha = \frac{F}{A}\cos\alpha = \sigma\cos\alpha \tag{5-3}$$

其中,$\sigma = \dfrac{F}{A}$ 为横截面上的正应力。

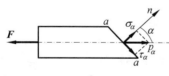

图 5-9

该斜截面上的全应力 p_α 可分解为垂直于斜截面的正应力 σ_α 和与斜截面相切的切应力 τ_α(图 5-9)。具体表达式如下:

$$\sigma_\alpha = p_\alpha \cos\alpha = \sigma\cos^2\alpha \tag{5-4}$$

$$\tau_\alpha = p_\alpha \sin\alpha = \frac{\sigma}{2}\sin 2\alpha \tag{5-5}$$

式(5-4)和式(5-5)为拉(压)杆中斜截面上的应力计算公式。由上述两式可知,斜截面上的正应力 σ_α 和切应力 τ_α 均是斜截面方位角 α 的三角函数,随着方位角 α 的变化,斜截面上的正应力 σ_α 和切应力 τ_α 也相应地发生变化。

当 $\alpha = 0°$ 时,

$$\sigma_{\max} = \sigma, \quad \tau_{0°} = 0$$

即拉(压)杆横截面上的正应力达到最大值,切应力为零。

当 $\alpha = 45°$ 时,

$$\sigma_{45°} = \frac{\sigma}{2}, \quad \tau_{\max} = \frac{\sigma}{2}$$

即拉(压)杆中与轴线成 45°的斜截面上切应力达到最大值,等于横截面上正应力的一半。

当 $\alpha = 90°$ 时，
$$\sigma_{90°} = 0, \quad \tau_{90°} = 0$$

该结果表明拉(压)杆中与轴线平行的纵向截面上没有应力存在，也就意味着纵向纤维之间没有相互作用力。

式(5-4)和式(5-5)中各符号的规定：斜截面的方位角 α 是以 x 轴为起始边，**逆时针为正，顺时针为负**；正应力 σ_α 的正负规定与上节横截面上的正应力规定一样，即**拉应力为正，压应力为负**；与斜截面外法线沿顺时针方向旋转 **90°的方向相同**，则切应力 τ_α 为正，反之为负。

例 5-3 图 5-10(a)所示的等截面木杆由两部分粘接而成，粘接面与轴线的夹角为 30°，木杆的横截面面积 $A = 2000\text{mm}^2$，其两端承受的轴向载荷 $F = 15\text{kN}$。试求该粘接面（m—m 截面）上的正应力和切应力，并画出应力的方向。

解 粘接面的方位角为 $\alpha = -30°$，根据轴向拉(压)杆中斜截面上的应力计算公式，可得

$$\sigma_{-30°} = \frac{F}{A}\cos^2\alpha = \frac{15000}{2000}\cos^2(-30°)\text{MPa} = 5.63\text{MPa}$$

$$\tau_{-30°} = \frac{F}{2A}\sin 2\alpha = \frac{15000}{2\times 2000}\sin(-60°)\text{MPa} = -3.25\text{MPa}$$

粘接面上的正应力和切应力的方向如图 5-10(b)所示。

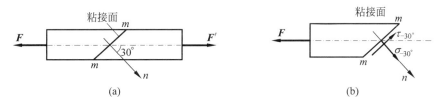

图 5-10

5.4 材料在拉伸与压缩时的力学性能

当两端承受较大的轴向载荷时，拉(压)杆可能会产生较大的变形或断裂，这与材料的力学性能相关。材料的**力学性能**是指**材料在外力或温度的作用下表现出的变形和破坏方面的特性**。而材料的力学性能需由试验来测定，因此本节通过试验来研究材料在拉伸与压缩时的力学性能。

为了比较不同材料的试验结果，需对试验的试件、试验设备和试验条件进行统一规定。

1. 试验试件

如图 5-11 所示为用于拉伸试验的圆形截面试件，a 点和 b 点为试件的标记点，该两点之间的距离 l 称为**试件的标距**。圆形截面试件的标距 l 与直径 d 之间有两种比例关系：$l = 5d$ 和 $l = 10d$。值得注意的是，标记点间的试件段就是试验时的试验段。

除了圆形截面试件以外，还有一种矩形截面试件，如图 5-12 所示。设标记点间矩形等

截面直杆的横截面面积为 A，那么标距 l 与横截面面积 A 也存在两种关系：$l=5.65\sqrt{A}$ 和 $l=11.3\sqrt{A}$。

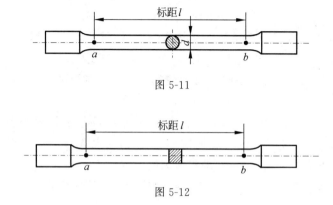

图 5-11

图 5-12

由于细长杆在压缩时容易产生失稳现象，因此用于压缩试验的试件为短粗圆柱杆。

2. 试验设备

通常用于材料拉（压）力学性能试验的设备有两种，分别为液压万能试验机和电子万能试验机。用于测量试件指定长度段的轴向变形量的设备是引伸计。

3. 试验条件

该试验的实验环境为常温环境。对试验试件施加静载荷，即载荷缓慢地由零增加到某一定值后，就保持不变或变化很不显著。

5.4.1 拉伸时的力学性能

工程上常用的材料品种很多，其中主要的金属材料又分为塑性材料和脆性材料。塑性材料的典型代表为低碳钢，脆性材料的典型代表为铸铁。

1. 低碳钢拉伸时的力学性能

对低碳钢试件进行拉伸试验时，以测得的外加拉力 F 为纵坐标，标距点间的试验段的轴向伸长量 Δl 为横坐标，可得拉力 F 和伸长量 Δl 的关系曲线，该曲线称为**试件的拉伸曲线**或**拉伸图**，如图 5-13 所示。

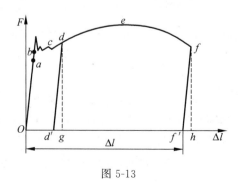

图 5-13

根据不同的试验结果可知,试验段的横截面面积越大,拉伸图的最大轴力值越大;标距越大,则伸长量 Δl 也越大。显然,拉力 F 的大小不仅与试件的尺寸有关,还与试件的材料有关,因此拉伸图不能表示拉伸试件的力学性能。

由于轴力不能表示拉(压)杆的强度,因此将横截面的正应力 $\sigma = F/A$ 作为纵坐标。相应地,将轴向正应变 $\varepsilon = \Delta l/l$ 作为横坐标,可得正应力 σ 与正应变 ε 的关系曲线图,称为**材料的应力-应变曲线**(图 5-14)。

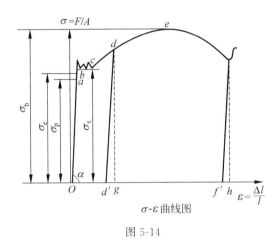

图 5-14

1) 四个变形阶段

从试验得到的 σ-ε 曲线可知,低碳钢拉伸时经历了以下四个阶段。

(1) 弹性阶段(Ob 段)

① 线弹性阶段(Oa 段)

在拉伸的初级阶段,Oa 段为直线段,正应力 σ 和正应变 ε 呈线性关系,即

$$\sigma = E\varepsilon \tag{5-6}$$

上式称为杆件**拉伸或压缩的胡克定律**①。其中,E 为与材料性质相关的弹性常数,称为**材料的弹性模量**。由于正应变 ε 为无量纲的量,正应力 σ 的单位为 MPa 或 GPa,因此可知弹性模量 E 的单位为 MPa 或 GPa。根据式(5-6),$E = \sigma/\varepsilon$,也即为直线 Oa 段的斜率。Oa 段的最高点 a 对应的正应力称为**材料的比例极限**,记为 σ_p。显然,只有当工作应力 σ 小于比例极限 σ_p 或材料处于线弹性变形阶段时,胡克定理才适用。

② 非线性弹性阶段(ab 段)

ab 段为平面曲线段。该阶段中,正应力 σ 和正应变 ε 不存在线性关系。ab 段的最高点 b 点对应的正应力称为**材料的弹性极限**,即为 σ_e。只要应力-应变曲线没有超过弹性极限,那么当外加载荷卸载后,试件可以恢复到未变形的形态,也就是试件的弹性变形消失了。

---

① 胡克定律是由英国力学家胡克(Robert Hooke)于 1678 年发现的。实际上早于他 1500 年前,东汉的经学家和教育家郑玄(127—200)为《周礼·冬官考工记·弓人》一文中的"量其力,有三钧"一句作注解时,在《周礼注疏·卷四十二》中写道:"假令弓力胜三石,引之中三尺,驰其弦,以绳缓擐之,每加物一石,则张一尺。"这段注解正确地揭示了力与形变成正比的关系。因此有物理学家认为胡克定律应称为"郑玄-胡克定律"。

(2) 屈服阶段(bc 段)

随着外加载荷逐渐增大,应力值超过弹性极限并达到一定数值时,应变不断增加,出现近似水平线的波动曲线。这说明在这一过程中,材料丧失了抵抗变形的能力,应力不增加,但是应变急剧增大,我们把这种现象称为**屈服现象**。相应地,把应力-应变曲线中的 bc 段定义为**屈服阶段**。bc 段中应力-应变曲线处于波动状态,存在着两个极值应力,即**上屈服极限**和**下屈服极限**。通过反复试验可知,随着试件的形状、加载速度等因素的不同,上屈服极限不稳定,而下屈服极限较为稳定,因此通常把下屈服极限定义为**屈服极限或屈服应力**,用 σ_s 表示。

当变形达到屈服阶段时,试件的光滑表面会出现与轴线成 45°角的网状线纹(图 5-15(a))。这主要是因为此时试件的 45°斜面上切应力达到了最大值,材料内部组织出现了相对滑移,因此把这些网状线纹又称为**滑移线**。

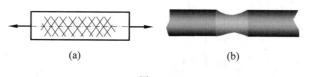

图 5-15

在该阶段,材料会出现明显的塑性变形,但在很多工程应用中过大的塑性变形会导致工作构件不能正常工作,因此屈服极限可以用来衡量材料的强度。

(3) 强化阶段(ce 段)

经过屈服阶段后,材料又恢复了抵抗变形的能力。随着应力逐渐增大,应变也逐渐增大,这种过程称为**强化阶段**,如图 5-14 中的 ce 段。强化阶段的最高点 e 对应的正应力为材料所能承受的最大应力,该应力称为**材料的强度极限**,用 σ_b 表示。它是衡量材料强度的另一个重要指标。

(4) 颈缩阶段(ef 段)

应力-应变曲线过了 e 点后,试件的某一局部的横向尺寸突然急剧缩小,形成**颈缩现象**(图 5-15(b))。在颈缩阶段(应力-应变曲线的 ef 段),由于试件局部的横截面变小,使试件继续变形所需的拉力减小,而其应变仍逐渐增大。当颈缩达到一定程度后,应力-应变曲线到达 f 点,试件被拉断。

2) 塑性材料的塑性指标

为度量材料塑性变形的能力,定义如下两个材料的塑性指标。

(1) 伸长率

试件被拉断后,其弹性变形恢复了,但是塑性变形并未恢复。由于保留了塑性变形,试件的标距长度由原来的 l 变成了 l'。则试件的**伸长率**为

$$\delta = \frac{l' - l}{l} \times 100\% \tag{5-7}$$

即伸长率为试件试验段的塑性变形量 $l'-l$ 与标距段原长 l 的比值。由上式可知,$l'-l$ 越大,则 δ 越大。如低碳钢 Q235 的伸长率可达到 25%~30%。

在工程中,通常把 $\delta \geq 5\%$ 的材料称为**塑性材料**,如黄铜、低碳钢、硬铝等;而把 $\delta < 5\%$ 的材料称为**脆性材料**,如陶瓷、玻璃、灰口铸铁等。

(2) 断面收缩率

设试件试验段横截面的原面积为 A，拉伸颈缩断裂后的断口面积为 A'，则该材料的断面收缩率为

$$\psi = \frac{A - A'}{A} \times 100\% \tag{5-8}$$

如低碳钢 Q235 的断面收缩率约等于 60%。

3) 冷作硬化现象

在如图 5-14 所示的低碳钢拉伸的应力-应变曲线中，试件的变形随外部载荷的增大到达强化阶段中的 d 点。随后将外部载荷逐步卸载，此时试件的变形由 d 点沿着直线 dd' 退到 d' 点。在此过程中，应力-应变曲线中的直线段 $d'd$ 几乎平行于直线段 Oa，这说明材料在加载后再卸载过程中，应力和应变是成正比的，这就是**卸载定律**。在外部载荷完全卸载后，试件的弹性变形完全恢复，塑性变形则保留下来。$d'g$ 表示试件的弹性变形，Od' 表示不可恢复的塑性变形。

若再次加载，则试件的变形从 d' 点开始沿直线 $d'd$ 上升回到 d 点。若外部载荷逐渐增大，试件后续也经历强化阶段和颈缩阶段直至断裂。从再次加载的后续变形过程中可以看出，开始时刻由 d' 点到达 d 点试件只发生弹性变形，过了 d 点后试件才发生塑性变形。这说明材料经过预加载再卸载后，其弹性极限（或比例极限）提高了，而塑性变形和伸长率却降低了。把这种现象称为**冷作硬化现象**[①]。冷作硬化现象可以通过退火消除。值得注意的是，冷作硬化后的材料的屈服极限有所提高，而其强度极限并没有发生变化。

2. 其他塑性材料的拉伸力学性能

除了低碳钢以外，工程中还用到很多其他的塑性材料，如黄铜、高碳钢、螺纹钢、合金钢等。这几种塑性材料的应力-应变曲线如图 5-16 所示。从图中可以看出，这些塑性材料都经历了较大的塑性变形才发生断裂破坏。但是并不是所有的塑性材料都经历如低碳钢 Q235 或螺纹钢 Q345 的四个变形阶段。比如黄铜 H62 的应力-应变曲线并没有屈服阶段，其他三个阶段非常明显。再如高碳钢 T10A 的应力-应变曲线有弹性阶段和强化阶段，但是没有屈服阶段和颈缩阶段。

由于很多塑性材料发生过大的塑性变形就不能正常工作达到破坏，因此其极限应力值并不是强度极限，而是屈服极限。工程上规定：对于没有明显的屈服阶段的塑性材料，用产生 0.2%

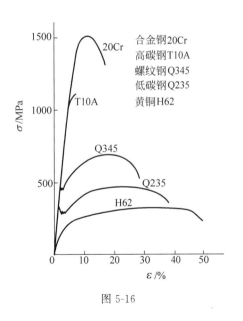

图 5-16

---

① 北宋时期，沈括著《梦溪笔谈》（成书于 1086 年）卷十九《器用》载："凡锻甲之法，其始甚厚，不用火，令（冷）锻之，比元厚三分减二乃成。其未留头许不锻，隐然如瘊子。欲以验未锻时厚薄，如浚河留土笋也，谓之'瘊子甲'"。由于冷作硬化的作用，瘊子甲"去之五十步强弩射之，不能入"。文中所说的"三分减二"的冷加工变形量，与现代金属冷加工常用变形量 60%～70% 相比，极为相近。

塑性应变时的应力作为屈服指标,称为**名义屈服极限**,用 $\sigma_{0.2}$ 表示,如图 5-17 所示,图中 $OA /\!/ SS'$。

3. 铸铁的拉伸力学性能

灰口铸铁是脆性材料的典型代表。用灰口铸铁制成的试件在外加拉力的作用下,没有发生明显的塑性变形就发生断裂,断裂面为试件的横截面,如图 5-18 所示。大量实验可知,灰口铸铁拉伸时的强度极限远比塑性材料的强度极限低得多,因此脆性材料一般不能用作抗拉零件的材料。

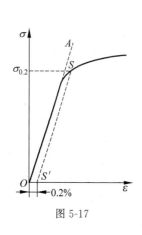

图 5-17

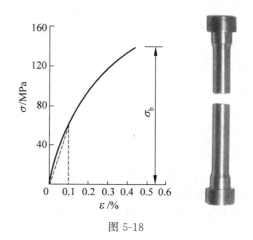

图 5-18

5.4.2 压缩时的力学性能

1. 低碳钢的压缩力学性能

低碳钢制成的压缩试件为等截面的短圆柱杆件。图 5-19 所示为试件在压缩时的应力-应变曲线。试验结果表明,低碳钢在压缩时经历了弹性阶段、屈服阶段和强化阶段。由于外加压力越大,试件由圆柱形变成鼓形且越压越扁,但并没有发生断裂,因此试验不能测出低碳钢压缩时的强度极限。同时注意到低碳钢在压缩时的应力-应变曲线与拉伸时的应力-应变曲线中的弹性阶段和屈服阶段基本重合,因此可知低碳钢压缩时的弹性模量 E 和屈服极限 σ_s 均与拉伸时大致相同。

2. 铸铁的压缩力学性能

铸铁制成的压缩试件也为等截面的短圆柱杆件。图 5-20 所示为铸铁压缩时的应力-应变曲线。与图 5-18 所示铸铁的拉伸应力-应变曲线比较,可知不管铸铁受拉伸还是压缩,试件都产生很小的塑性变形后就发生脆性断裂,但是压缩时的断裂面与轴线成 $45°\sim55°$ 的夹角,这说明铸铁试件沿斜截面发生相对错动而破坏。同时可以发现,铸铁的压缩强度极限远高于拉伸强度极限,可以达到 4~5 倍左右。其他如混凝土、陶瓷、石料等脆性材料,也具有压缩强度极限远高于拉伸强度极限的性质。正因为脆性材料的抗拉强度差,而抗压能力强,所以一般用脆性材料作抗压构件的材料。

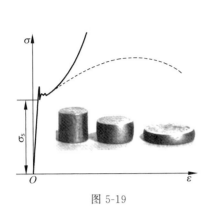
图 5-19

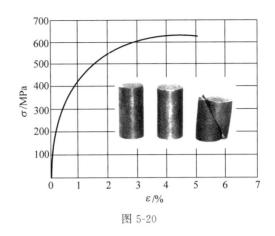
图 5-20

5.5 应力集中

5.5.1 应力集中的概念

在 5.2 节中曾说明,在轴向外力作用下,拉(压)杆横截面上的应力是均匀分布的。但在很多工程机械中,为了实现某些功能,一些直杆零件必须在局部开孔、切槽、车轴肩、攻螺纹等,导致在这些位置上零件的尺寸发生突变。理论分析和实验表明,在轴向外力的作用下,由于零件的尺寸突变,会引起横截面上的应力不均匀分布,局部的应力会急剧增大。这种由于构件的截面尺寸急剧变化所引起的应力局部增大的现象,称为**应力集中**。

如图 5-21(a)所示含上下对称半圆孔的拉杆,在 a—a 处,拉杆的横截面发生突变,引起局部应力发生突变,如图 5-21(b)所示。

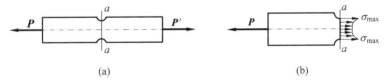

图 5-21

5.5.2 应力集中系数

由于直杆零件的局部突变尺寸可能大小不一,导致应力集中的严重程度不同。为了衡量应力集中的严重程度,引入应力集中系数 K,其定义为

$$K = \frac{\sigma_{\max}}{\sigma_{\mathrm{m}}} \tag{5-9}$$

式中,$\sigma_{\max}$ 为局部最大应力,σ_{m} 为截面的平均应力。由上式可知,应力集中系数是一个大于 1 的系数。

5.5.3 应力集中的影响因素

1. 构件的形状及尺寸对应力集中的影响

试验结果表明,孔越小、角越尖、截面尺寸突变越急剧,那么应力集中的程度就越严重,即应力集中系数越大。因此在工程中,为了减小应力集中对零件的影响,应尽量避免带尖角的孔或槽;如果没有功能要求,一般阶梯轴的轴肩需要加工较大的倒圆角。

2. 构件材料对应力集中的影响

1) 静载荷作用下

试验表明,在静载荷作用下,塑性材料所制成的构件对应力集中的敏感程度较小;对于内部组织均匀的脆性材料制成的构件,必须考虑应力集中的影响;而对于内部组织不均匀的脆性材料制成的构件,其内部的不均匀和缺陷往往是应力集中的主要因素,零件外形改变所引起的应力集中可能成为次要因素,对零件的承载力不一定造成明显影响。

2) 动载荷作用下

动载荷作用下,无论是塑性材料制成的构件还是脆性材料制成的构件都必须考虑应力集中的影响,而且应力集中往往是零件破坏的根源。

5.6 失效、安全因数和强度计算

5.6.1 失效和极限应力

材料的失效是指由于材料的力学行为而使构件丧失正常工作能力的现象。根据材料的性质及失效形式的不同,可分为强度失效、刚度失效、屈曲失效以及其他形式失效,如老化、疲劳、腐蚀等。

用塑性材料制成的拉(压)杆,在拉断之前已发生显著的塑性变形,这在工程上一般是不允许的,这些杆件的失效形式一般是产生显著的塑性变形使构件丧失正常的工作能力,因此塑性材料的**极限应力值** σ_u 为材料的**屈服强度** σ_s;而用脆性材料制成的拉(压)杆,在外力作用下,当产生很小的变形时就会发生断裂,这些杆件的失效形式一般是产生断裂使构件丧失正常的工作能力,因此脆性材料的**极限应力值** σ_u 为材料的**强度极限** σ_b。

5.6.2 安全因数和许用应力

在实际的生产实践中,要求构件不仅能够正常工作,而且要有足够的使用寿命,因此不能使构件在正常工作时的工作应力值 σ 达到材料的极限应力值 σ_u。为了保证拉压杆件具有足够的强度,引入安全因数 n,把材料的极限应力值 σ_u 除以安全因数 n 定义为**材料的许用应力** $[\sigma]$,即

$$[\sigma] = \frac{\sigma_u}{n} \tag{5-10}$$

由于塑性材料和脆性材料制成的拉(压)杆的失效形式不同,因此引入的**安全因数** n 的取值也不尽相同。一般规定,塑性材料的安全因数 $n_s = 1.2 \sim 2.5$,脆性材料的安全因数

$n_b = 2 \sim 3.5$。同时根据极限应力值的不同,规定:对于塑性材料,其许用应力为

$$[\sigma] = \frac{\sigma_s}{n_s}$$

对于脆性材料,其许用应力为

$$[\sigma] = \frac{\sigma_b}{n_b}$$

5.6.3 强度条件

如前节所述,当确定了材料的许用应力后,就可以对构件进行强度计算。根据构件正常工作的要求,拉(压)杆的最大工作应力不能超过材料的许用应力,也即需要满足如下条件:

$$\sigma_{max} = \frac{F_N}{A} \leqslant [\sigma] \tag{5-11}$$

式中,σ_{max} 为拉(压)杆横截面上的最大工作正应力;A 为横截面的面积;$[\sigma]$ 为材料的许用应力。式(5-11)就是**拉(压)杆的强度条件**。利用这一强度条件,可以解决工程中拉(压)杆的如下三大问题。

1. 强度校核

当已知拉(压)杆的工作外力、横截面尺寸和材料的许用应力时,通过式(5-11)可以校核该杆的强度是否足够。如果最大工作应力不超过许用应力,则杆件的强度满足要求;否则,杆件是不安全的。

2. 截面设计

当已知拉(压)杆的工作外力和材料的许用应力时,利用式(5-11)可得

$$\frac{F_N}{[\sigma]} \leqslant A$$

由此可确定拉(压)杆正常工作情况下,横截面的最小尺寸。

3. 许可载荷确定

当已知拉(压)杆的横截面尺寸和材料的许用应力时,由式(5-11)得

$$F_N \leqslant A[\sigma]$$

由此可确定拉(压)杆正常工作情况下,杆件所允许的最大轴力,进一步可以确定杆件的外加许可载荷。

下面通过例题来说明拉(压)杆的强度条件的应用。

例 5-4 简易吊车如图 5-22(a)所示,斜杆 AB 截面面积为 21.7cm^2,许用应力 $[\sigma] = 150 \text{MPa}$,$F = 130 \text{kN}$,$\alpha = 30°$。试校核 AB 杆的强度。

解 (1) 求 AB 杆的内力

以铰 A 为研究对象进行受力分析,可得一平面汇交力系(图 5-22(b))。根据平衡方程

$$\sum F_y = 0, \quad F_{N1} \sin\alpha - F = 0$$

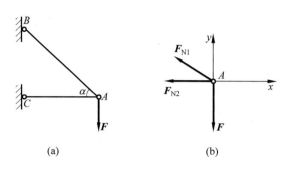

图 5-22

得 AB 杆的轴力

$$F_{N1} = F/\sin\alpha$$

(2) 校核 AB 杆的强度

$$\sigma = \frac{F_{N1}}{A} = \frac{F/\sin\alpha}{A} = 119.8\text{MPa}$$

显然,$\sigma < [\sigma]$。所以 AB 杆满足强度要求。

例 5-5 某冲压机的曲柄滑块机构如图 5-23(a)所示,冲压时连杆接近水平,冲压力 $F = 3.78 \times 10^6$ N。连杆横截面为矩形,高与宽之比 $h/b = 1.4$,材料为 45 钢,许用应力 $[\sigma] = 90$ MPa。试设计连杆的截面尺寸。

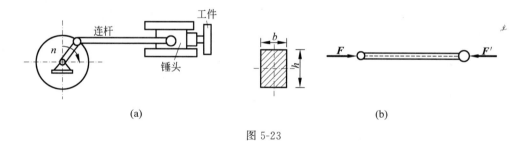

图 5-23

解 由于冲压时连杆近于水平,连杆所受压力近似等于 F(图 5-23(b)),轴力 $F_N = 3.78 \times 10^6$ N。

由强度条件有

$$\sigma = \frac{F_N}{A} \leqslant [\sigma]$$

$$A \geqslant \frac{F_N}{[\sigma]} = \frac{3.78 \times 10^6}{90} \text{mm}^2 = 42000 \text{mm}^2$$

在运算中力的单位为牛(N),应力的单位为兆帕(即 N/mm²),故得到面积的单位就是平方毫米。

$$A = bh = 1.4b^2 = 4.2 \times 10^4 \text{mm}^2$$
$$b = 173.2 \text{mm}, \quad h = 1.4b = 242 \text{mm}$$

计算结果一般取三位有效数字(当第一位为 1 时,取四位)。

在实际中对求得的尺寸应圆整为整数,取 $b = 175$ mm,$h = 245$ mm。

例 5-6 一三脚架(图 5-24(a)),斜杆 AB 由两根 80mm×7mm×9mm 的等边角钢组成,横杆 AC 由两根 10 号槽钢组成,材料为 Q235 钢,许用应力 $[\sigma]=120\text{MPa}$,$\alpha=30°$。求结构的许可载荷 $[F]$。

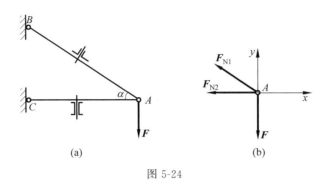

图 5-24

解 (1)计算各杆的内力

选节点 A 为研究对象,受力分析如图 5-24(b)所示,考虑节点 A 的平衡,有

$$\sum F_x = 0, \quad -F_{N1}\cos 30° - F_{N2} = 0$$

$$\sum F_y = 0, \quad F_{N1}\sin 30° - F = 0$$

可得

$$F_{N1} = 2F \tag{a}$$

$$F_{N2} = -\sqrt{3}F \tag{b}$$

(2)计算结构的许可载荷 $[F]$

由型钢表查得斜杆 AB 的横截面面积 $A_1 = 10.86 \times 2 \text{cm}^2 = 21.7 \text{cm}^2$,横杆 AC 的横截面面积 $A_2 = 12.74 \times 2 \text{cm}^2 = 25.48 \text{cm}^2$。

① 按杆 AB 确定结构的许可载荷

杆 AB 的许可轴力

$$[F_{N1}] = A_1[\sigma] = 21.7 \times 10^2 \times 120 \text{N} = 260 \times 10^3 \text{N} = 260 \text{kN}$$

由式(a)确定结构的许可载荷为

$$[F]_1 = \frac{[F_{N1}]}{2} = 130 \text{kN}$$

② 按杆 AC 确定结构的许可载荷

杆 AC 的许可轴力

$$[F_{N2}] = A_2[\sigma] = 25.48 \times 10^2 \times 120 \text{N}$$
$$= 306 \text{kN}$$

由式(b)确定结构的许可载荷为

$$[F]_2 = \frac{[F_{N2}]}{1.732} = 176.7 \text{kN}$$

③ 结构的许可载荷 $[F]$

结合上述两种情况取小值,得到的结构许可载荷:

$$[F] = \min\{[F]_1, [F]_2\} = 130\text{kN}$$

5.7 轴向拉伸或压缩时的变形

根据拉(压)杆的变形特点可知,杆件受拉则变长变细,受压则变短变粗。按变形的方向划分,把杆件沿轴线方向的变形称为杆的**轴向变形**,把垂直于轴线方向的变形称为杆的**横向变形**。下面研究这两种变形。

5.7.1 轴向变形

如图 5-25 所示的拉杆,在外力 F 作用下由原长 l 伸长到 l_1,则该杆件的轴向伸长量为

$$\Delta l = l_1 - l \tag{5-12}$$

该伸长量 Δl 为轴向绝对变形量。

图 5-25

设杆件的横截面面积为 A,此时杆件横截面上的工作正应力 σ 为

$$\sigma = \frac{F_N}{A} \tag{5-13}$$

其中,F_N 为杆件横截面的轴力。

由于此时杆件两端的拉力 F 与横截面上的轴力 F_N 相等,因此式(5-13)又可写为

$$\sigma = \frac{F}{A} \tag{5-14}$$

再根据杆件的轴向正应变 ε 的定义,有

$$\varepsilon = \frac{\Delta l}{l} \tag{5-15}$$

该轴向正应变 ε 为轴向相对变形量。

若该杆件处于线弹性变形阶段,则杆件的横截面正应力 σ 与轴向正应变 ε 存在如下关系:

$$\sigma = E\varepsilon \tag{5-16}$$

式中,E 为材料的弹性模量。该式即为杆件的**胡克定律**。

将式(5-14)和式(5-15)代入式(5-16),经变化可得

$$\Delta l = \frac{Fl}{EA} \tag{5-17}$$

由上式可知,当杆件处于线弹性变形阶段或工作应力不超过比例极限时,杆件的轴向变形量 Δl 与轴力 F 和原杆长 l 成正比,与弹性模量 E 和横截面面积 A 成反比。上式由胡克定律变形而来,因此该式可定义为拉(压)**杆胡克定律**的另外一种表达形式。同时,在杆件的轴力 F 和原长 l 不变情况下,弹性模量 E 和横截面面积 A 的乘积越大,则杆件的轴向变形量 Δl 越小;反之亦然。所以把 EA 定义为拉(压)**杆的抗拉(抗压)刚度**。

5.7.2 横向变形

设杆件的横截面为矩形,高为 h,宽为 b。在拉力作用下,杆件的横向尺寸变小,横截面变形后的高为 h',宽为 b',如图 5-26 所示。

则该横截面的横向变形量为

$$\Delta b = b' - b, \quad \Delta h = h' - h$$

对应的横向正应变为

$$\varepsilon'_b = \frac{\Delta b}{b}, \quad \varepsilon'_h = \frac{\Delta h}{h}$$

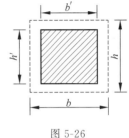

图 5-26

实验表明,当工作应力不超过材料的比例极限时,$\varepsilon'_b = \varepsilon'_h = \varepsilon'$,而且横向正应变 ε' 与轴向正应变 ε 的比值为一常数,即

$$\mu = -\frac{\varepsilon'}{\varepsilon} \tag{5-18}$$

式中,μ 为**材料的泊松比**,是一个量纲为一的量。同时,注意式(5-18)中有一个负号,这符合拉(压)杆的变形特点,即拉伸杆件轴向伸长时横向缩小,压缩杆件轴向缩短时横向变大。和材料的弹性模量 E 一样,泊松比 μ 也是材料的一个弹性常数。表 5-1 列出了几种常见材料的弹性模量 E 和泊松比 μ 值。

表 5-1 几种常见材料的 E 和 μ 值

材料名称	E/GPa	μ
碳钢	196~216	0.24~0.28
合金钢	186~206	0.25~0.30
灰铸铁	78.5~157	0.23~0.27
铜及其合金	72.6~128	0.31~0.42
铝合金	70	0.33

例 5-7 一变截面轴如图 5-27(a)所示,已知:$F_1 = 50\text{kN}$,$F_2 = 20\text{kN}$,$l_1 = 120\text{mm}$,$l_2 = l_3 = 100\text{mm}$,$A_1 = A_2 = 500\text{mm}^2$,$A_3 = 250\text{mm}^2$,$E = 200\text{GPa}$。求 B 截面的水平位移和杆内最大轴向正应变。

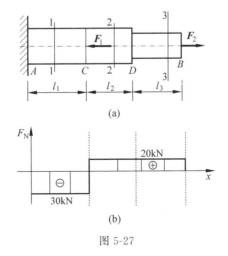

图 5-27

解 (1) 计算轴力

利用快速计算轴力的方法,可得

$$F_{N1} = -30 \text{kN}, \quad F_{N2} = 20 \text{kN}, \quad F_{N3} = 20 \text{kN}$$

(2) 画轴力图

根据计算得到的轴力画轴力图,如图 5-27(b)所示。

(3) 计算 B 截面的水平位移

由于 A 处为固定端约束,因此 B 截面的水平位移为 AB 杆各段轴向变形量的代数和,即

$$\Delta l = \sum_{i=1}^{3} \frac{F_{Ni} l_i}{E_i A_i} = \Delta l_1 + \Delta l_2 + \Delta l_3$$

AC 段的轴向变形量:

$$\Delta l_1 = \frac{F_{N1} l_1}{E A_1} = \frac{-30 \times 10^3 \times 120}{200 \times 10^3 \times 500} \text{mm} = -3.6 \times 10^{-2} \text{mm}$$

CD 段的轴向变形量:

$$\Delta l_2 = \frac{F_{N2} l_2}{E A_2} = \frac{20 \times 10^3 \times 100}{200 \times 10^3 \times 500} \text{mm} = 2.0 \times 10^{-2} \text{mm}$$

DB 段的轴向变形量:

$$\Delta l_3 = \frac{F_{N3} l_3}{E A_3} = \frac{20 \times 10^3 \times 100}{200 \times 10^3 \times 250} \text{mm} = 4.0 \times 10^{-2} \text{mm}$$

因此,B 截面的水平位移为

$$\Delta_{BH} = \Delta l = \Delta l_1 + \Delta l_2 + \Delta l_3$$
$$= 0.024 \text{mm}$$

(4) 计算杆内最大轴向正应变

AC 段的轴向正应变:

$$\varepsilon_1 = \frac{\Delta l_1}{l_1} = \frac{-3.6 \times 10^{-2}}{120} = -3.0 \times 10^{-4}$$

CD 段的轴向正应变:

$$\varepsilon_2 = \frac{\Delta l_2}{l_2} = \frac{2.0 \times 10^{-2}}{100} = 2.0 \times 10^{-4}$$

DB 段的轴向正应变:

$$\varepsilon_3 = \frac{\Delta l_3}{l_3} = \frac{4.0 \times 10^{-2}}{100} = 4.0 \times 10^{-4}$$

所以杆内最大轴向正应变为

$$\varepsilon_{\max} = \varepsilon_3 = 4.0 \times 10^{-4}$$

例 5-8 一简单桁架如图 5-28(a)所示,已知 $\alpha = 30°$,AB 杆的横截面面积 $A_1 = 2172 \text{mm}^2$,长度 $l_1 = 2000 \text{mm}$;AC 杆的横截面面积 $A_2 = 2548 \text{mm}^2$,长度 $l_2 = 1732 \text{mm}$;两

杆的弹性模量均为 $E=200\text{GPa}$，$F=130\text{kN}$。求节点 A 的位移。

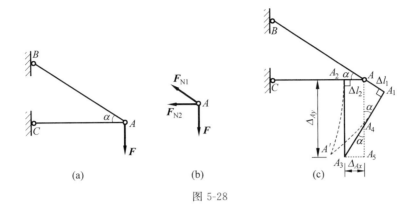

图 5-28

解 （1）求解杆件内力

取节点 A 为研究对象，受力分析如图 5-28(b)所示，由平衡方程

$$\sum F_x = 0, \quad -F_{N1}\cos 30° - F_{N2} = 0$$

$$\sum F_y = 0, \quad F_{N1}\sin 30° - F = 0$$

可得

$$F_{N1} = 2F = 260\text{kN}（拉伸）$$

$$F_{N2} = -1.732F = -225\text{kN}（压缩）$$

（2）计算变形

AB 杆的轴向变形：

$$\Delta l_1 = \frac{F_{N1} l_1}{EA_1} = \frac{260 \times 10^3 \times 2}{200 \times 10^9 \times 2172 \times 10^{-6}}\text{m} = 1.197 \times 10^{-3}\text{m} = 1.197\text{mm}$$

AC 杆的轴向变形：

$$\Delta l_2 = \frac{F_{N2} l_2}{EA_2} = \frac{-225 \times 10^3 \times 1.732}{200 \times 10^9 \times 2548 \times 10^{-6}}\text{m} = -0.765 \times 10^{-4}\text{m} = -0.765\text{mm}$$

（3）节点 A 的位移

当载荷 F 作用在 A 点后，各杆均发生轴向变形，但是变形后 AB 杆和 AC 杆还是在 A 点处连接在一起。以 B 点为圆心，变形后 AB 杆的杆长 $A_1 B$ 为半径画圆弧；以 C 点为圆心，变形后 AC 杆的杆长 $A_2 C$ 为半径画圆弧；此两个圆弧的交点 A' 即为杆系变形后 A 点的位置。此时 A' 点的位置较难确定，而由于杆的变形都很小，因此圆弧段 $A_1 A'$ 和 $A_2 A'$ 均很短，可以用圆弧切线 $A_1 A_3$ 和 $A_2 A_3$ 来近似，这样可视点 A_3 的位置为 A' 点的位置（如图 5-28(c)所示）。

由图 5-28(c)可知，节点 A 的水平位移 Δ_{Ax} 为

$$\Delta_{Ax} = AA_2 = |\Delta l_2| = 0.765\text{mm}$$

铅垂位移 Δ_{Ay} 为

$$\Delta_{Ay} = AA_5 = AA_4 + A_4 A_5 = \frac{\Delta l_1}{\sin 30°} + \frac{|\Delta l_2|}{\tan 30°} = 3.72\text{mm}$$

节点 A 的总位移

$$AA_3 = \sqrt{\Delta_{Ax}^2 + \Delta_{Ay}^2} = 3.80\text{mm}$$

5.8 拉伸和压缩的超静定问题

5.8.1 静定与超静定问题

在前面章节讨论的问题中,杆件所受的支反力与轴力均可由静力学平衡方程求解得到。把这类只根据静力学平衡方程就能解决的问题称为**静定问题**。如图 5-29 所示的桁架就属于静定问题。

若在杆 1 和 2 之间增加一根杆 3(图 5-30(a)),那么为了求解这三根杆的轴力,首先根据受力分析图 5-30(b),列出节点 C 的静力学平衡方程

$$\sum F_x = 0, \quad F - F_{N1}\cos\alpha - F_{N2}\cos\alpha - F_{N3} = 0 \qquad (A)$$

$$\sum F_y = 0, \quad -F_{N1}\sin\alpha + F_{N2}\sin\alpha = 0 \qquad (B)$$

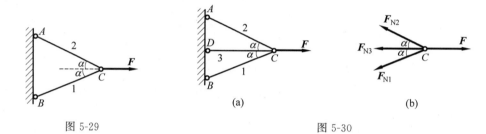

图 5-29　　　　　　　　　　　　　图 5-30

该组静力学平衡方程中有三个未知量 F_{N1}、F_{N2}、F_{N3},而平衡方程却只有两个,因此不能全部求解出这三个未知量。我们把只由静力学平衡方程不能求解的问题称为**超静定问题**。此时超静定结构中存在为保持平衡所不必需的"多余"约束,多余约束的数目称为**超静定次数**(或度数)。如图 5-30(a)所示的超静定结构,其超静定次数为一次。

5.8.2 超静定问题的求解

现以图 5-30(a)所示的超静定桁架为例,分析超静定问题的求解过程。

例 5-9　如图 5-30(a)所示桁架结构,杆 1 和杆 2 完全相同,抗拉(抗压)刚度均为 E_1A_1,长度为 l_1,杆 3 的抗拉(抗压)刚度为 E_3A_3,长度为 l_3,在节点 C 上作用一水平向右的载荷 F。求各杆的内力。

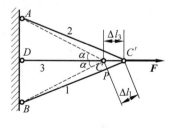

图 5-31

解　根据上节分析,列出如式(A)和(B)所示的静力学平衡方程。

在载荷 F 作用下,结构中的三根杆件均发生相应的变形,如图 5-31 所示。

由于结构上下对称,因此节点 C 水平移动到 C',位移 CC' 为杆 3 的伸长量 Δl_3。由于整个结构变形很小,因此认为变形后 $\angle BC'D = \angle AC'D = \alpha$。以 B 点为圆心,杆 1 的变

形前长度 l_1 为半径画圆弧,该圆弧与 BC' 的交点设为 P 点,则线段 PC' 为杆 1 的伸长量 Δl_1。根据结构的对称性,杆 2 的伸长量 Δl_2 等于 Δl_1。此时可设 CP 垂直于 BC',因此有

$$\Delta l_1 = \Delta l_3 \cos\alpha \tag{a}$$

上式是此三根杆在变形时必须满足的变形几何关系,也只有满足这一关系,三个杆变形后才能在 C' 点处形成联系。

设三根杆的变形均处于线弹性变形范围内,则由拉(压)杆的胡克定律可知,各杆的轴力与变形之间的物理方程如下:

$$\Delta l_1 = \frac{F_{N1} l_1}{E_1 A_1} = \Delta l_2 \tag{b}$$

$$\Delta l_3 = \frac{F_{N3} l_3}{E_3 A_3} = \frac{F_{N3} l_1 \cos\alpha}{E_3 A_3} \tag{c}$$

将式(b)和式(c)代入式(a),可得该超静定结构的变形协调方程即补充方程为

$$\frac{F_{N1} l_1}{E_1 A_1} = \frac{F_{N3} l_1 \cos^2\alpha}{E_3 A_3} \tag{d}$$

最后联立静力学平衡方程(A)、(B)和补充方程(d)容易解出

$$F_{N1} = F_{N2} = \frac{F \cos^2\alpha}{2\cos^3\alpha + \dfrac{E_3 A_3}{E_1 A_1}}, \quad F_{N3} = \frac{F}{1 + 2\dfrac{E_1 A_1}{E_3 A_3}\cos^3\alpha}$$

由于超静定结构中存在着为保持平衡所不必需的多余约束,因此单由静力学平衡方程一般不可能求解出所有的未知力。为了求解超静定问题,除列出静力学平衡方程之外,还必须研究杆系的变形几何关系,并借助变形与杆件内力之间的物理方程,建立变形补充方程。

从上述拉(压)杆系超静定结构的求解过程可以看出,各杆的内力不只和几何条件有关,还和各构件的刚度比有关。如果改变各构件的刚度比,将引起内力的重新分配。

例 5-10 如图 5-32(a)所示,AB 为刚性梁,1、2 两杆的横截面面积相等,材料相同。求 1、2 两杆的内力。

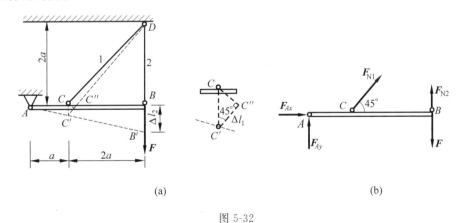

图 5-32

解 (1)超静定次数分析

以 AB 梁为研究对象,作出其受力分析图如图 5-32(b)所示,那么系统未知的约束反力

与杆件的轴力共有四个,而静力学平衡方程只有三个,因此系统的超静定次数为一次。

(2) 静力学平衡方程

建立如下静力学平衡方程：
$$\sum M_A = 0, \quad -F \times 3a + F_{N2} \times 3a + F_{N1}\cos 45° \times a = 0$$

可得
$$-6F + 6F_{N2} + \sqrt{2} F_{N1} = 0 \tag{a}$$

以 AB 杆为研究对象,其平衡方程除上式以外还有两个,这两个平衡方程中会出现铰 A 的两个约束反力 F_{Ax}、F_{Ay},但是本例题并不需要求出 F_{Ax}、F_{Ay},因此不必列出其他平衡方程。

(3) 建立变形几何关系

由于 AB 杆为刚性梁,由图 5-32(a)所示的几何关系可知
$$\Delta l_2 = BB' = 3CC', \quad \Delta l_1 = CC' \times \cos 45°$$

可得如下变形几何关系：
$$\Delta l_2 = \frac{3\Delta l_1}{\cos 45°} = 3\sqrt{2}\,\Delta l_1 \tag{b}$$

(4) 物理方程

在载荷 F 的作用下,杆 1、2 均受拉,因此可得杆件的内力 F_{N1}、F_{N2} 与轴向变形 Δl_1、Δl_2 之间的物理方程：
$$\Delta l_1 = \frac{F_{N1} \times CD}{EA} = \frac{F_{N1} \times 2\sqrt{2}\,a}{EA} \tag{c}$$

$$\Delta l_2 = \frac{F_{N2} \times BD}{EA} = \frac{F_{N2} \times 2a}{EA} \tag{d}$$

式中,EA 为杆 1 和杆 2 的抗拉(抗压)刚度。

(5) 补充方程

将式(c)和式(d)代入式(b),可得
$$6F_{N1} = F_{N2} \tag{e}$$

(6) 求解内力

联立式(a)和式(e),可解出
$$F_{N1} = \frac{6F}{12+\sqrt{2}}, \quad F_{N2} = \frac{36F}{12+\sqrt{2}}$$

5.9 连接件的实用计算

构件与构件之间一般采用连接件连接,如销钉、铆钉或螺栓等。本节将介绍连接件的实用计算。

5.9.1 工程中的连接与失效

1. 连接与连接件

工程中,构件之间的连接形式非常多样,一般常用的连接形式有以下几种。

(1) 螺栓连接。螺栓如图 5-33 所示。
(2) 铆钉连接。铆钉如图 5-34 所示。

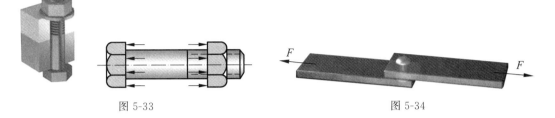

图 5-33　　　　　　　　　　　　　图 5-34

(3) 销钉连接。销钉如图 5-35 所示。
(4) 键连接。键如图 5-36 所示。

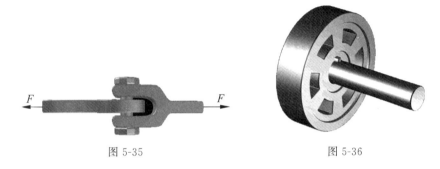

图 5-35　　　　　　　　　　　　　图 5-36

(5) 榫卯[①]。榫头、榫孔如图 5-37 所示。

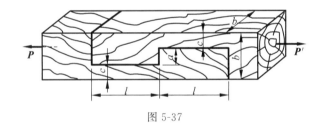

图 5-37

2. 连接件的主要失效形式(以铆钉连接为例)

如图 5-38(a)所示的铆钉连接中,铆钉受到一对大小相等、方向相反、作用线相距很近、分布在铆钉某一截面的两侧的外力作用,如图 5-38(b)所示。实验表明,当此对外力过大时,铆钉上下两部分将会沿着剪切面 $m—m$ 发生相对错动,此时铆钉会发生剪切破坏(如图 5-38(c)所示),即**剪切失效**。此外,当外力较大时,铆钉的局部圆柱面受到连接部位其他构件的强烈挤压将产生显著的塑性变形,导致铆钉不能正常工作,产生**挤压失效**。此时,把

---

① 榫卯是古代中国建筑、家具及其他器械的主要结构方式,是在两个构件上采用凹凸部位相结合的一种连接方式。其特点是在物件上不使用钉子,利用榫卯加固物件,体现出中国古代劳动人民的智慧。如公元 1056 年建造的应县木塔中就是榫卯连接结构。

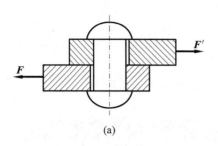 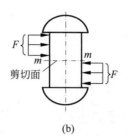 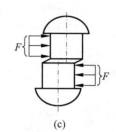

图 5-38

受挤压的局部圆柱面称为**挤压面**(如图 5-39 所示)。因此,铆钉连接的失效形式通常为剪切与挤压失效。上述是以铆钉连接为例分析连接件的失效形式,在很多工程应用中,其他连接件的失效形式也经常为剪切与挤压失效。

由于一般连接件的受力部位尺寸很小,受力又很复杂,要进行精确的应力分析十分困难,因此,下面着重介绍一下工程中用到的**剪切与挤压的实用计算法**。

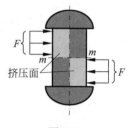

图 5-39

5.9.2 剪切的实用计算

如图 5-40(a)所示的起重挂钩机构,在外力作用下,销钉受到三个力的作用(图 5-40(b)),导致销钉中间部分相对于左右两部分别沿着 $m—m$ 和 $n—n$ 截面发生相对错动,所以有两个剪切面,称为**双剪问题**。

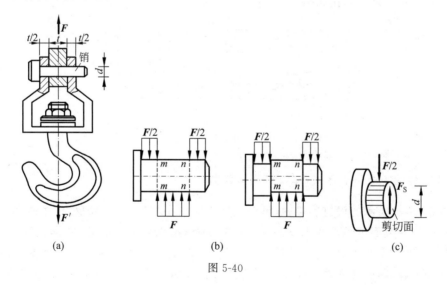

图 5-40

采用截面法,取销钉 $m—m$ 剪切面的左段为研究对象,受力分析图如图 5-40(c)所示,利用静力学平衡方程

$$\sum F_y = 0, \quad F_S - F/2 = 0$$

可得

$$F_S = F/2$$

式中,F_S 为剪切面上的剪力。实际上,剪切面上各点剪力的大小并不相等,但是为了计算简便,在工程计算中,通常假设剪切面上的剪力均匀分布,这也意味着切应力也是均匀分布的。于是,连接件的切应力被称为**名义切应力**τ,其计算式如下:

$$\tau = \frac{F_S}{A_S} \tag{5-19}$$

其中,A_S 为剪切面的面积。那么,连接件的**剪切强度条件**为

$$\tau = \frac{F_S}{A_S} \leqslant [\tau] \tag{5-20}$$

式中,$[\tau]$ 为连接件的**许用切应力**,其值可通过在使用条件相同、假定相同的情况下,经过实验得到。一般地,对于塑性材料,$[\tau]$ 可取 $(0.75 \sim 0.8)[\sigma]$;对于脆性材料,$[\tau]$ 可取 $(0.8 \sim 1.0)[\sigma]$,其中,$[\sigma]$ 为材料的许用正应力值。

例 5-11 如图 5-41(a)所示的电瓶车挂钩由插销连接,插销的 $[\tau] = 30\text{MPa}$,直径 $d = 20\text{mm}$。挂钩及被连接的板件的厚度分别为 $t = 8\text{mm}$ 和 $1.5t = 12\text{mm}$。牵引力 $F = 16\text{kN}$。试校核插销的剪切强度。

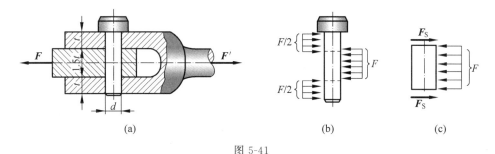

图 5-41

解 插销受力如图 5-41(b)所示,可知插销具有两个剪切面,该问题属于双剪问题。取两个剪切面之间的杆为研究对象,受力如图 5-41(c)所示。列出静力学平衡方程:

$$\sum F_x = 0, \quad 2F_S - F = 0$$

得

$$F_S = \frac{F}{2} = 8\text{kN}$$

此时,剪切面的面积为

$$A = \frac{\pi d^2}{4}$$

则插销横截面上的切应力为

$$\tau = \frac{F_S}{A} = \frac{8000}{\frac{\pi}{4} \times 20^2 \times 10^{-6}} \text{Pa} = 25.48 \times 10^6 \text{Pa} = 25.48\text{MPa} < [\tau]$$

因此,该插销满足剪切强度要求。

5.9.3 挤压的实用计算

仍以上节的起重挂钩机构为例,在图 5-42(a)所示的受力分析图中,销钉的局部圆柱面

在外力 $F/2$ 的作用下发生挤压变形,此时把该局部圆柱面称为**自然挤压面**。自然挤压面上的挤压力 F_{bs} 为

$$F_{bs} = \frac{F}{2} \tag{5-21}$$

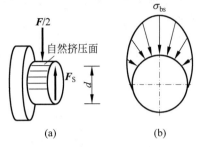

图 5-42

由于自然挤压面在挤压力的作用下发生变形,其形状是不可预估的,因此挤压力 F_{bs} 在自然挤压面上的分布是非常复杂的。即使忽略挤压变形,自然挤压面各点的挤压应力 σ_{bs} 也是不尽相同的(如图 5-42(b)所示)。

为了对连接件进行挤压强度计算,假设挤压应力在自然挤压面的挤压面积上均匀分布,因此挤压应力 σ_{bs} 为

$$\sigma_{bs} = \frac{F_{bs}}{A_{bs}} \tag{5-22}$$

式中,A_{bs} 为自然挤压面的挤压面积。

因此,连接件的**挤压强度条件**为

$$\sigma_{bs} = \frac{F_{bs}}{A_{bs}} \leqslant [\sigma_{bs}] \tag{5-23}$$

其中,$[\sigma_{bs}]$ 为材料的许用挤压应力,它也是经过实验得到的。一般地,对于塑性材料,$[\sigma_{bs}]$ 取 $(1.7\sim2.0)[\sigma]$;对于脆性材料,$[\sigma_{bs}]$ 取 $(0.9\sim1.5)[\sigma]$。

如前所述,自然挤压面在挤压力作用下会发生较大的变形,其挤压面积 A_{bs} 是很难通过计算得到的。因此,式(5-22)中的挤压面积 A_{bs} 一般不用自然挤压面来计算,而是用挤压投影面积来表示。**挤压投影面积**则是将自然挤压面的面积在垂直于挤压力方向的平面上的投影后的面积(图 5-43)。

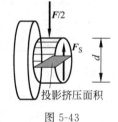

图 5-43

由图 5-43 可知,挤压投影面积比自然挤压面面积小,因此用挤压投影面积计算得到的挤压应力 σ_{bs} 比用自然挤压面面积得到的挤压应力大,这说明用挤压投影面积进行挤压强度校核偏于安全。因此,我们用挤压投影面积代替自然挤压面面积来进行挤压强度计算与校核,满足工程要求。

例 5-12 如图 5-44 所示的传动轴,直径 $d=50\text{mm}$,齿轮与轴用平键连接,传递的力偶矩 $M_e=720\text{N}\cdot\text{m}$。键材料的许用切应力 $[\tau]=100\text{MPa}$,许用挤压应力 $[\sigma_{bs}]=250\text{MPa}$。试选择平键,并校核强度。

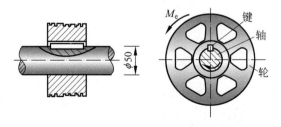

图 5-44

解 取轴键组合为研究对象进行受力分析(图 5-45(a))。列出如下平衡方程：
$$\sum M_O = 0, \quad F \times d/2 - M_e = 0$$

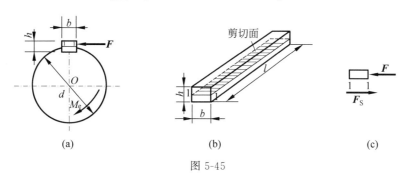

图 5-45

得
$$F = 2M_e/d = 28.8 \text{kN}$$

根据轴径、传递的力偶矩查设计手册，得到平键的尺寸为 $b \times h \times l = 16\text{mm} \times 10\text{mm} \times 45\text{mm}$(宽×高×长)。

首先，进行剪切强度校核。由图 5-45(a)和图 5-45(b)可知，剪切面面积为 $A = b \times l$。利用截面法，沿着 1—1 剪切面截取平键的上面一部分，得到图 5-45(c)所示的受力分析图，根据静力学平衡方程，可得剪切面上的剪力 $F_S = F = 28.8 \text{kN}$。

从而有
$$\tau = \frac{F_S}{A_S} = \frac{F}{bl} = \frac{28800}{16 \times 45 \times 10^{-6}} \text{Pa} = 40 \times 10^6 \text{Pa} = 40 \text{MPa} < [\tau]$$

故可知，选择得到的平键满足剪切强度要求。

接着，进行挤压强度校核。由图 5-46 可知，挤压面面积为
$$A_{bs} = \frac{h}{2} \times l$$

由图 5-45(a)可得施加在挤压面上的挤压力 $F_{bs} = F = 28.8 \text{kN}$。故有
$$\sigma_{bs} = \frac{F_{bs}}{A_{bs}} = \frac{2F}{hl} = \frac{2 \times 28800}{10 \times 45 \times 10^{-6}} \text{Pa} = 128 \times 10^6 \text{Pa}$$
$$= 128 \text{MPa} < [\sigma_{bs}]$$

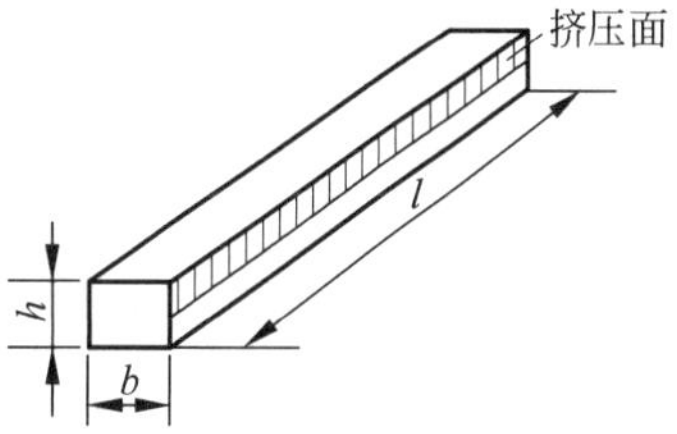

图 5-46

从而可知，选择得到的平键满足挤压强度要求。

综上，可知选择得到的平键可以满足正常工作的要求。因此，在一般情况下按设计规范选取的键均能正常工作，通常不需再进行强度校核。

习题

5-1 试求图示各杆中 1—1、2—2 和 3—3 截面的轴力，并作各杆的轴力图。

5-2 图示中的 AB 段为等截面实心圆杆，外径 $d_1 = 20\text{mm}$；BC 段为等截面空心圆杆，外径 $D_2 = 30\text{mm}$，内径 $d_2 = 10\text{mm}$。试求 AB 段和 BC 段的横截面正应力。

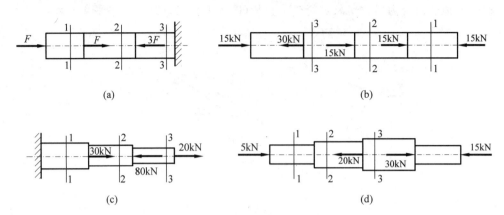

题 5-1 图

5-3 图示为阶梯杆，$F_1=10\text{kN}$，$F_2=30\text{kN}$，$F_3=20\text{kN}$，$L_1=L_2=2\text{m}$，$A_1=400\text{mm}^2$，$A_2=300\text{mm}^2$；AB 段杆的弹性模量 $E_1=200\text{GPa}$，BC 段杆的弹性模量 $E_2=220\text{GPa}$。试求：(1)AB 段的轴向正应变 ε_{AB}；(2)AC 段的轴向变形量。

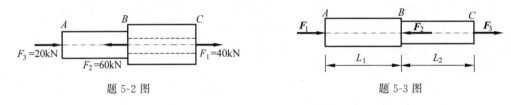

题 5-2 图　　　　　　　　　题 5-3 图

5-4 图示的桁架中，杆 AB 的横截面面积为 $A_1=400\text{mm}^2$，杆 BC 的横截面面积为 $A_2=500\text{mm}^2$，两杆的材料相同，许用应力 $[\sigma]=180\text{MPa}$。铰 B 上作用一水平方向的集中力 $F=100\text{kN}$，试校核该桁架的强度。

5-5 图示为钢质的阶梯形直杆。已知：$E=200\text{GPa}$，$[\sigma]=135\text{MPa}$。(1)试求杆件内的最大正应力；(2)校核该阶梯形直杆的强度。

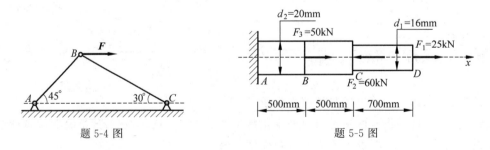

题 5-4 图　　　　　　　　　题 5-5 图

5-6 阶梯直杆如题 5-5 图所示，试求该杆的总伸长 ΔL。

5-7 用塑性材料制成的实心等截面圆杆，两端承受轴向拉力 $F=80\text{kN}$，已知该圆杆的材料屈服极限 $\sigma_s=245\text{MPa}$，安全因数 $n_s=1.7$。试确定该圆杆的直径 d。

5-8 图示结构中，物块 D 通过绳索悬挂在空中。设 BC 是两条钢索，每根截面积为 250mm^2，$[\sigma_1]=120\text{MPa}$；空心圆杆 AC 的外径为 45mm，内径为 35mm，$[\sigma_2]=125\text{MPa}$。求物块重量的许可值 $[P]$。

5-9 板件的两端承受轴向拉力 $F=20\text{kN}$ 作用,板件材料的许用应力 $[\sigma]=140\text{MPa}$。试求该板件横截面的最大轴向正应力,并校核该板件强度。

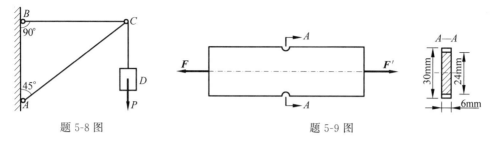

题 5-8 图　　　　题 5-9 图

5-10 图示为低碳钢的拉伸应力-应变曲线,(1)写出低碳钢拉伸过程经历的四个阶段,并说明各阶段的变形特点;(2)σ_p、σ_e、σ_s 和 σ_b 分别表示材料的哪些性能?(3)线段 Og' 和 $g'g$ 分别表示材料的何种正应变?

5-11 桁架中,杆 1 的横截面面积为 $A_1=200\text{mm}^2$,$E_1=200\text{GPa}$;杆 2 的横截面面积为 $A_2=200\text{mm}^2$,$E_2=210\text{GPa}$;在节点 B 处作用有铅垂方向的载荷 $F=20\text{kN}$。设杆 1 的原长为 1m,试求 B 点的水平和铅垂方向位移。

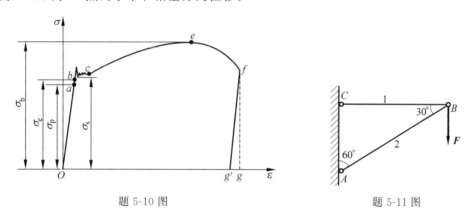

题 5-10 图　　　　题 5-11 图

5-12 图示为铸铁柱,其轴向压力为 $F=50\text{kN}$,弹性模量 $E=130\text{GPa}$。若不计重力,试求该铸铁柱的轴向变形量。

5-13 某方形截面直杆受力如图所示,材料许用应力为 $[\sigma]=100\text{MPa}$,弹性模量 $E=200\text{GPa}$。(1)画出杆件的轴力图;(2)指出危险杆段的位置,并按照强度条件初步设计方形截面的边长 b;(3)结合所设计出的最小截面尺寸,计算杆件 AB 段的变形量。

5-14 图示为冲压机的曲柄滑块机构,滑块 B 冲压工件时连杆 AB 接近于水平位置,承受的冲压力 $F=1480\text{kN}$。设连杆 AB 的横截面为矩形截面,截面的高宽比为 $h/b=1.2$,材料的许用应力 $[\sigma]=80\text{MPa}$,试确定连杆 AB 的横截面尺寸。

5-15 图示为阶梯杆,$F_1=30\text{kN}$,$F_2=50\text{kN}$,$F_3=20\text{kN}$,$l_1=l_2=800\text{mm}$,$A_1=2A_2=200\text{mm}^2$,$\mu=0.25$,$E=200\text{GPa}$。试求:(1)杆 AC 的轴向变形量 Δl_{AC};(2)AB 杆段的轴向应变 ε_{AB} 和横向

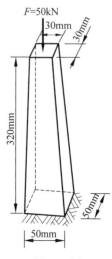

题 5-12 图

应变 ε'_{AB}。

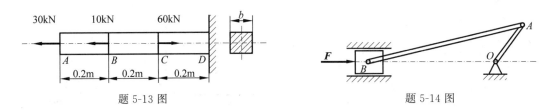

题 5-13 图　　　　　　　　　　　题 5-14 图

5-16 图示为合金钢试样，试样直径 $d=20\text{mm}$，标距 $l=200\text{mm}$，在轴向压力 $F=20\text{kN}$ 的作用下，测得试验段伸长 $\Delta l=0.064\text{mm}$，直径缩短 $\Delta d=0.0018\text{mm}$。试计算合金钢的弹性模量 E 和泊松比 μ。

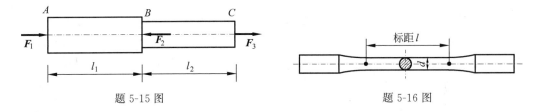

题 5-15 图　　　　　　　　　　　题 5-16 图

5-17 图示为连接结构的螺栓，拧紧时的轴向变形量为 $\Delta l=0.08\text{mm}$。已知螺栓各参数为：$d_1=7\text{mm}$, $d_2=5.8\text{mm}$, $d_3=6\text{mm}$, $l_1=6\text{mm}$, $l_2=26\text{mm}$, $l_3=10\text{mm}$, $E=200\text{GPa}$, $[\sigma]=450\text{MPa}$。(1)试求预紧力 F；(2) 校核该螺栓的强度。

5-18 图示的铆接接头承受轴向载荷作用（$F=40\text{kN}$），板厚 $t=12\text{mm}$，板宽 $b=90\text{mm}$，铆钉直径 $d=30\text{mm}$。板件和铆钉的材料相同，许用正应力 $[\sigma]=165\text{MPa}$，许用切应力 $[\tau]=120\text{MPa}$，许用挤压应力 $[\sigma_{bs}]=320\text{MPa}$，试校核该铆接接头的强度。

5-19 图示为销钉连接结构，作用力 $F=80\text{kN}$，销钉直径 $d=28\text{mm}$, $t=30\text{mm}$，销钉的许用切应力 $[\tau]=60\text{MPa}$，许用挤压应力 $[\sigma_{bs}]=160\text{MPa}$。试校核销钉的强度。若强度不够，试设计销钉的直径。

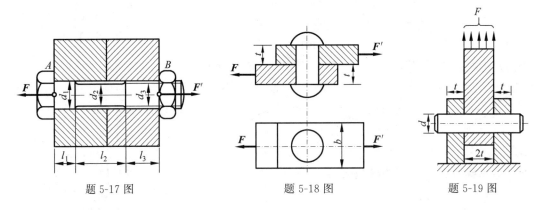

题 5-17 图　　　　　　题 5-18 图　　　　　　题 5-19 图

5-20 图示为木榫接头，已知作用力 $F=40\text{kN}$，试求榫接头的剪切和挤压应力。

5-21 图示为带轮传动系统，传动轴的直径 $d=60\text{mm}$，带轮与轴用平键连接，传递的力

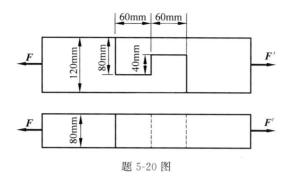

题 5-20 图

偶矩 $M=1.2\mathrm{kN \cdot m}$。平键尺寸为 $18\mathrm{mm}\times 11\mathrm{mm}\times 50\mathrm{mm}$(宽×高×长),材料的许用切应力 $[\tau]=100\mathrm{MPa}$,许用挤压应力 $[\sigma_{bs}]=250\mathrm{MPa}$。试校核该平键的强度。

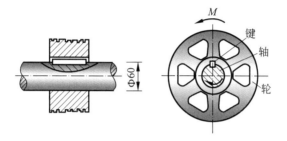

题 5-21 图

5-22 图示的接头板宽 $b=80\mathrm{mm}$,板厚 $\delta=10\mathrm{mm}$,铆钉直径 $d=16\mathrm{mm}$。板件与铆钉的材料相同,材料的许用正应力 $[\sigma]=160\mathrm{MPa}$,许用切应力 $[\tau]=120\mathrm{MPa}$,许用挤压应力 $[\sigma_{bs}]=340\mathrm{MPa}$。试求该接头的许用轴向载荷 $[F]$。

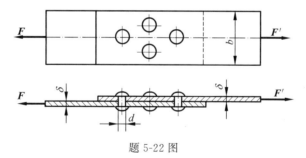

题 5-22 图

第 6 章

扭转

6.1 扭转的概念与工程实例

在工程机械和土木结构中,有很多构件发生扭转变形。那么构件发生扭转变形,其受到的外力和扭转变形会有什么特点呢? 以汽车的转向轴为例(图 6-1(a)),当汽车要转向时,驾驶员的左、右手分别在方向盘上施加大小相等、方向相反的一对力,使方向盘发生旋转,同时转向轴则受到来自转向器的阻力偶矩,从而使转向轴发生变形。此时转向轴的受力如图 6-1(b)所示,在外力偶的作用下,转向轴发生的就是**扭转变形**。

除了上述实例以外,还有很多构件发生扭转变形,如电动机的输出轴、拆装汽车轮胎的扳手(图 6-2)、汽车的传动轴、水轮机主轴[①]等,这些构件的外形都是直杆,在工作时均有相同的受力特点:受到一对大小相等、转向相反,力偶的作用面垂直于轴线的力偶作用。在此对外力偶的作用下,构件各横截面均绕轴线发生相对转动,这就是**扭转变形**的变形特点。后续把发生扭转变形的杆称为**扭转轴**。

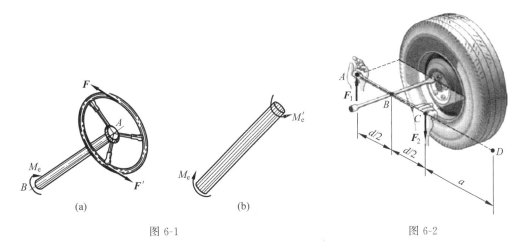

图 6-1　　　　　　　　　　　　图 6-2

本章主要以**圆轴**为研究对象,首先研究圆轴扭转变形时的内力、应力和变形的求解方法。在此基础上,进一步研究扭转变形轴的强度与刚度计算。最后对非圆截面杆的扭转变

---

① 水轮机主轴是将水轮机转轮与发电机转子相连,传递扭矩的轴。水轮机是把水流的能量转换为旋转机械能的动力机械,它属于流体机械中的透平机械。早在公元前 100 年前后,中国就出现了水轮机的雏形——水轮,用于提灌和驱动粮食加工器械。

形作简单介绍。

6.2 外力偶矩的求解与扭矩

为了研究扭转变形轴的应力和变形,首先需要将作用在扭转轴的外力偶矩和内力求解出来。

6.2.1 外力偶矩的计算

根据静力学知识可知,作用在扭转轴上的外力偶矩可以通过力系的简化得到。但是很多情况下,作用在传动轴上的外力偶矩并没有直接给出来,而是标出传动轴的额定传递功率及转速。因此,需要通过一定的计算式将扭转轴所受的外力偶矩计算出来。

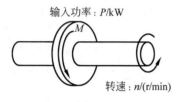

图 6-3

如图 6-3 所示,传动轴的输入功率为 P(单位:kW),转速为 n(单位:r/min)。那么一秒钟内输入给传动轴的功为 $W=1\times(P\times1000)$,传动轴的旋转位移为

$$\varphi = \frac{2\pi n}{60}$$

此时,外力偶矩 M 在该旋转位移上所做的功为

$$W' = M\varphi = M \times \frac{2\pi n}{60}$$

不计其他能量损失,根据功的互等定理,$W=W'$,经过一系列运算,最后可得外力偶矩 M、输入功率 P 与转速 n 之间的关系为

$$\{M\}_{\text{N·m}} = 9549 \times \frac{\{P\}_{\text{kW}}}{\{n\}_{\text{r/min}}} \tag{6-1}$$

6.2.2 扭矩与扭矩图

1. 扭矩的概念

在外力偶矩的作用下,扭转轴发生扭转变形,该扭转轴的内力称为**扭矩**。

2. 扭矩的计算

如图 6-4(a)所示,圆轴在一对外力偶矩 M 的作用下,发生扭转变形。为了分析该扭转轴的内力,应用截面法,在轴的任一截面 n—n 截面将该轴分为两段,取左段为研究对象(图 6-4(b))。为了保证该轴段的平衡,n—n 截面上的内力必简化为一个合力偶 T。由静力学平衡方程:

$$\sum M_x = 0, \quad T - M = 0$$

得

$$T = M$$

式中,T 为扭转轴 n—n 截面上的扭矩。

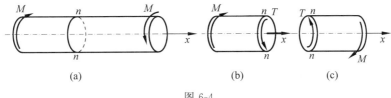

图 6-4

若取右段为研究对象(图 6-4(c)),那么也可以求得 $T=M$。所以不管以扭转轴的左段还是右段为研究对象,得到扭矩的大小相等,但是扭矩矢量的方向相反。为了保证上述两种情况得到的扭矩大小和符号都相同,下面对扭矩的正负号进行规定:利用右手螺旋法则,规定 4 个手指指向沿扭矩转动的方向,大拇指指向即为扭矩 T 的矢量方向;**若扭矩的矢量方向远离截面,则该扭矩为正;若矢量方向指向截面,则该扭矩为负**。根据此符号规定,图 6-4(b)和图 6-4(c)中的扭矩 T 的矢量方向均远离 n—n 截面,都是正的。这刚好符合应用截面法计算扭转轴的扭矩时设正法的要求,即设横截面上扭矩的矢量方向远离横截面,扭矩为正。

例 6-1 传动轴如图 6-5 所示,转速 $n=500\mathrm{r/min}$,主动轮 B 输入功率 $P_B=10\mathrm{kW}$,A、C 为从动轮,输出功率分别为 $P_A=4\mathrm{kW}$,$P_C=6\mathrm{kW}$。试计算该轴的扭矩。

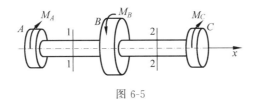

图 6-5

解 (1) 外力偶矩的计算
利用式(6-1),可得

$$M_A = 9549\frac{P_A}{n} = 9549 \times \frac{4}{500} \mathrm{N\cdot m} = 76.4\mathrm{N\cdot m}$$

$$M_B = 9549\frac{P_B}{n} = 9549 \times \frac{10}{500} \mathrm{N\cdot m} = 191\mathrm{N\cdot m}$$

$$M_C = 9549\frac{P_C}{n} = 9549 \times \frac{6}{500} \mathrm{N\cdot m} = 114.6\mathrm{N\cdot m}$$

(2) 计算各段的扭矩

由于该传动轴上作用了三个外力偶矩,因此将三个外力偶矩的作用面作为分段面,将该传动轴分为 AB 和 BC 两段。

AB 段的扭矩计算:在 AB 轴段上任取 1—1 截面,取该截面的左段轴为研究对象。根据设正法,可得 1—1 截面上的扭矩方向如图 6-6(a)所示。由平衡方程

$$\sum M_x = 0, \quad T_1 - M_A = 0$$

得

$$T_1 = M_A = 76.4\mathrm{N\cdot m}$$

BC 段的扭矩计算:在 BC 轴段上任取 2—2 截面,取该截面的左段轴为研究对象

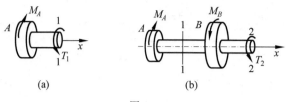

图 6-6

(图 6-6(b))。由平衡方程

$$\sum M_x = 0, \quad T_2 - M_A + M_B = 0$$

得

$$T_2 = M_A - M_B = (76.4 - 191)\text{N} \cdot \text{m} = -114.6\text{N} \cdot \text{m}$$

3. 扭矩图

为了便于显示沿轴线各横截面上的扭矩，以横轴表示横截面的位置，纵轴表示相应横截面上的扭矩，组成的图线称为**扭矩图**。下面通过例子说明扭矩图的作图步骤。

例 6-2 如图 6-7(a)所示的传动轴，已知 B 轮的输入功率为 60kW，A、C、D 轮的输出功率分别为 20kW、10kW、30kW，轴的转速为 400r/min。试画出该轴的扭矩图。

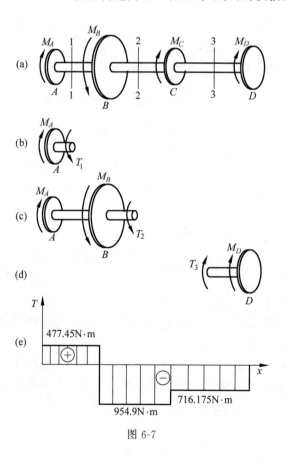

图 6-7

解 (1) 外力偶矩的计算

$$M_A = 9549\frac{P_A}{n} = 477.45\text{N} \cdot \text{m}, \quad M_B = 9549\frac{P_B}{n} = 1432.35\text{N} \cdot \text{m}$$

$$M_C = 9549\frac{P_C}{n} = 238.725\text{N} \cdot \text{m}, \quad M_D = 9549\frac{P_D}{n} = 716.175\text{N} \cdot \text{m}$$

(2) 计算各段的扭矩

由于该传动轴上作用了四个外力偶矩,因此将此四个外力偶矩的作用面作为分段面,将该轴分为 AB、BC 和 CD 三段。

AB 段的扭矩:在 AB 轴段上任取 1—1 截面,取该截面的左段轴为研究对象(图 6-7(b))。由平衡方程

$$\sum M_x = 0, \quad T_1 - M_A = 0$$

得

$$T_1 = M_A = 477.45\text{N} \cdot \text{m}$$

BC 段的扭矩:在 BC 轴段上任取 2—2 截面,取该截面的左段轴为研究对象(图 6-7(c))。由平衡方程

$$\sum M_x = 0, \quad T_2 - M_A + M_B = 0$$

得

$$T_2 = M_A - M_B = -954.9\text{N} \cdot \text{m}$$

CD 段的扭矩:在 CD 轴段上任取 3—3 截面,取该截面的右段轴为研究对象(图 6-7(d))。由平衡方程

$$\sum M_x = 0, \quad -T_3 - M_D = 0$$

得

$$T_3 = -M_D = -716.175\text{N} \cdot \text{m}$$

(3) 画扭矩图

根据上述计算得到的各段扭矩值,作扭矩图(图 6-7(e))。从图中可以看出,该传动轴的最大扭矩发生在 BC 段,最大扭矩为 $|T_{max}| = 954.9\text{N} \cdot \text{m}$。

从例 6-2 画扭矩图的过程可以发现,由于应用了设正法,得到的扭矩是带正负号的。若扭矩是正的,则画在扭矩图纵坐标轴的正半轴上;反之,则画在纵坐标轴的负半轴上。同时,在传动轴上的外力偶矩作用面处,扭矩图会发生突变,扭矩突变的幅值等于此处外力偶矩的大小。如在 M_B 的作用面处,扭矩的突变幅值为 1436.35N·m,此突变幅值与轮 B 的外力偶矩 M_B 的大小相等。

6.2.3 快速计算扭矩的方法

为了简化扭矩的计算过程,下面介绍一下快速计算扭矩的方法。

快速计算扭矩的方法:**扭转轴横截面上的扭矩等于横截面一侧所有外力偶矩的代数和;当外力偶矩的矢量方向远离横截面时,该外力偶矩对横截面的扭矩贡献正扭矩,反之贡献负扭矩。**

下面用例 6-1 来检验一下上述提出的快速计算轴力方法的有效性。

1—1 截面上的扭矩 T_1 等于 1—1 截面左侧所有外力偶矩的代数和。由图 6-6(a)可知，T_1 的大小等于 M_A 的大小，再由 A 端面的外力偶矩 M_A 的矢量方向远离 1—1 截面，可得 $T_1 = M_A = 76.4 \text{Nm}$。

2—2 截面上的扭矩 T_2 等于 2—2 截面左侧所有外力偶矩的代数和。由 A 端面的外力偶矩 M_A 的矢量方向远离 2—2 截面，B 截面的外力偶矩 M_B 的矢量方向指向 2—2 截面，再根据快速计算扭矩的方法，可得 $T_2 = M_A - M_B = (76.4 - 191) \text{N} \cdot \text{m} = -114.6 \text{N} \cdot \text{m}$。

与例 6-1 应用截面法计算得到的结果相比，可知上述利用快速计算扭矩的方法计算得到的扭矩结果完全相同。

6.3 切应力互等定理与剪切胡克定律

为后续讨论扭转变形轴的强度和刚度问题作铺垫，本节以薄壁圆筒为研究对象，研究扭转变形轴切应力的特点、切应力与切应变之间的物理关系。

6.3.1 薄壁圆筒扭转时横截面上的应力

为了研究薄壁圆筒扭转时横截面上的应力分布情况，现做如下试验。

如图 6-8(a)所示为薄壁圆筒，在未加载的圆筒外表面上画出圆周线和纵向平行线。然后在该圆筒左右两端施加大小相等、方向相反、作用面与圆筒轴线垂直的一对外力偶矩 M，此时圆筒发生扭转变形(图 6-8(b))。变形后，在圆筒外表面可以观察到如下现象：

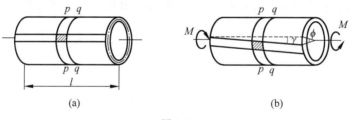

图 6-8

(1) 圆周线大小、形状不变，各圆周线间距离不变(如图 6-8 中的圆周线 $\overset{\frown}{pp}$ 和 $\overset{\frown}{qq}$)；各横截面绕着轴线发生相对转动。

(2) 纵向平行线仍然保持为直线且相互平行，只是倾斜了一个角度 γ。

由(1)可知，圆筒沿轴线和圆周线上的长度没有发生变化，这意味着圆筒沿着轴向并没有内力的作用，因此在圆筒的横截面上不存在着正应力。为了保持扭转变形后的平衡和圆周线大小、形状不变，圆筒的横截面上存在与横截面平行、与圆周线相切的切应力，该切应力对应的剪力对轴线的矩与外力偶矩 M 形成平衡的内力系相等，且由(2)知横截面上各点沿圆周的切应力相同。由于筒壁很薄，圆筒的外表面和内表面的切应力相差极小，因此可以假设切应力沿壁厚均匀分布。

利用 $q-q$ 横截面将该薄壁圆筒分为两部分，取左段为研究对象(图 6-9)，此时为了保持平衡，$q-q$ 横截面上的切应力分布如图 6-9(a)所示。

设圆筒的筒壁厚度为 δ，平均半径为 R_0，在横截面上取一微面，微面的圆心角为 $d\theta$，那么该微面的面积为 $dA = R_0 \delta d\theta$，作用在微面上的合力为 $dF_S = \tau dA = \tau R_0 \delta d\theta$。该合力对轴

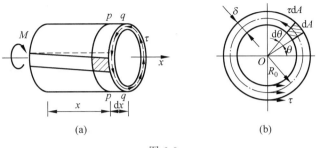

图 6-9

线的矩为 $\mathrm{d}T = R_0 \mathrm{d}F_S = \tau R_0^2 \delta \mathrm{d}\theta$。那么，横截面所有微面上的合力对轴线的矩的合成等于截面上的扭矩，可计算得

$$T = \int_A \mathrm{d}T = \int_0^{2\pi} \tau R_0^2 \delta \mathrm{d}\theta = 2\pi \tau R_0^2 \delta \tag{6-2}$$

根据平衡关系，横截面上的扭矩 T 等于圆筒左端面作用的外力偶矩 M。再由式(6-2)，可得横截面上的切应力 τ 为

$$\tau = \frac{T}{2\pi R_0^2 \delta} = \frac{M}{2\pi R_0^2 \delta} \tag{6-3}$$

6.3.2 切应力互等定理

用横截面与纵向截面在薄筒上取出一个长为 $\mathrm{d}x$、宽为 δ、高为 $\mathrm{d}y$ 的单元体，即图 6-9(a)中阴影部分，如图 6-10(a)所示。由于扭转薄筒的横截面上只存在切应力，因此左、右两侧面的切应力大小相等、方向相反。前表面与后表面为薄筒的外、内自由表面，所以该两个表面上不存在应力。为了保证单元体的平衡，单元体上、下表面必存在大小相等、方向相反的切应力，形成一个力偶（其力偶矩为 $\tau' \mathrm{d}x \delta \mathrm{d}y$），与左、右两侧面切应力形成的力偶（其力偶矩为 $\tau \delta \mathrm{d}y \mathrm{d}x$）相平衡。由平衡方程 $\sum M_z = 0$，得

$$-\tau \delta \mathrm{d}y \mathrm{d}x + \tau' \mathrm{d}x \delta \mathrm{d}y = 0$$
$$\tau' = \tau \tag{6-4}$$

上式表明，在单元体的两个互相垂直的截面上，切应力必然成对存在，且数值相等，二者方向均垂直于该交线且共同指向或背离该交线，这称为**切应力互等定理**。由于单元体的各个截面上只有切应力而没有正应力，因此把这种情况称为**纯剪切**。值得一提的是，切应力互等定理不仅适用于纯剪切，也适用于非纯剪切情况。

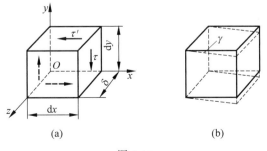

图 6-10

6.3.3 剪切胡克定律

图 6-10(a)所示的单元体在切应力的作用下,单元体的相对侧面发生微小错动,使原来相互垂直的两个棱边的夹角发生了微小的改变,这个改变量 γ 称为**切应变**(图 6-10(b))。通过薄壁圆筒的扭转实验,可得材料的切应力 τ 与切应变 γ 的变化曲线(图 6-11)。实验结果表明,当切应力不超过材料的剪切比例极限 τ_p 时,切应力 τ 与切应变 γ 之间成正比关系,这个关系称为**剪切胡克定律**,如下式:

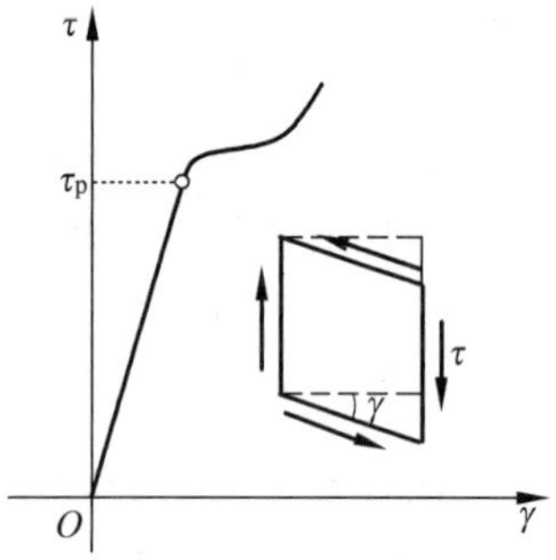

$$\tau = G\gamma \tag{6-5}$$

式中,G 为**切变模量**(单位:GPa),是材料的一个弹性常数,需要由试验测定。实验结果显示,对于各向同性材料,三个弹性常数:弹性模量 E、切变模量 G、泊松比 μ 之间存在如下关系:

$$G = \frac{E}{2(1+\mu)} \tag{6-6}$$

上式说明各向同性材料只有两个独立的弹性常数。

图 6-11

6.4 圆轴扭转的应力与变形

上节推导薄壁圆筒的切应力计算式(6-3)时,我们假设横截面上的切应力沿壁厚均匀分布,但是对于非薄壁圆轴或实心圆轴的扭转变形,横截面上的切应力的分布并非如此,因此式(6-3)不能适用于非薄壁圆轴或实心圆轴扭转时横截面的切应力计算。所以本节将针对实心圆轴的扭转,研究其横截面的切应力分布及计算。同时,对该实心圆轴扭转时的变形进行分析。

6.4.1 圆轴扭转横截面上切应力的推导

与 6.3.1 节类似进行试验,试验前在圆轴的表面画出圆周线和纵向平行线。然后在圆轴的左、右两个端面上施加两个大小相等、方向相反的外力偶矩 M,使圆轴发生扭转变形(图 6-12)。结果发现:①圆周线大小及形状不变,各圆周线间距离不变,这说明各横截面仍保持平面,相邻两截面间距不变,仅发生绕轴线的相对转动;②纵向平行线仍然保持为直线且相互平行,只是倾斜了一个角度 γ。类似于薄壁圆筒的扭转变形,可以把实心圆轴的扭转看成许多薄壁

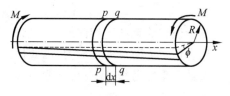

图 6-12

圆筒扭转变形的叠加,因此可知圆筒沿轴线和圆周线上的长度没有发生变化,这意味着圆轴横截面上无正应力,只有切应力。

根据上述的试验现象,作如下基本假设:圆轴扭转时,横截面像刚性平面绕轴线作相对转动;扭转过程中,横截面上的半径仍保持直线。这就是**圆轴扭转的平面假设**,以该假设为基础导出的应力和变形计算公式,符合试验结果,这说明假设是正确的。

1. 变形几何关系

如图 6-13(a)所示,利用圆轴的横截面与纵向线截取一个微小楔形体 $ABCDO_1O_2$ 作为研究对象。在外力偶矩 M 的作用下,此楔形体发生扭转变形(如图 6-13(b)所示),根据扭转的平面假设,圆轴的半径在扭转过程中始终保持直线,因此原来的楔形体 $ABCDO_1O_2$ 扭转变形为楔形体 $ABC'D'O_1O_2$,且各边沿线均为直线。此时楔形体的左、右侧面绕轴线发生相对转动,转过的角度为 $\mathrm{d}\phi$,同时前表面的上、下纵线倾斜了一个角度 γ,该角度 γ 为矩形 $ABCD$ 的直角改变量,因此可以定义为圆轴表面处单元体的切应变。根据几何关系,可得

$$\gamma = \frac{\overline{DD'}}{\overline{AD}} = R\frac{\mathrm{d}\phi}{\mathrm{d}x} \tag{6-7}$$

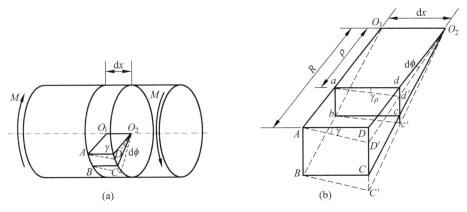

图 6-13

此时,在离轴线 O_1O_2 距离为 ρ 的位置,矩形截面 $abcd$ 也相应地变形为 $abc'd'$,那么离轴线距离为 ρ 处的切应变为

$$\gamma_\rho = \frac{dd'}{ad} = \rho\frac{\mathrm{d}\phi}{\mathrm{d}x} \tag{6-8}$$

式中,$\dfrac{\mathrm{d}\phi}{\mathrm{d}x}$ 表示**圆轴扭转的单位长度扭转角**,为一常数。

上式就是圆轴扭转时横截面上各点沿半径方向的切应变的变化规律,即圆轴上各点处的切应变与各点离轴线的距离成正比。圆轴外表面处的切应变最大,轴线上的切应变为零。

2. 物理方程

圆轴在发生扭转变形时,若工作切应力 τ 小于材料的剪切比例极限 τ_p,切应力与切应变满足剪切胡克定律,因此离轴线距离为 ρ 处的切应力 τ_ρ 和切应变 γ_ρ 存在如下关系:

$$\tau_\rho = G\gamma_\rho \tag{6-9}$$

将式(6-8)代入式(6-9),可得

$$\tau_\rho = G\rho\frac{\mathrm{d}\phi}{\mathrm{d}x} \tag{6-10}$$

上式表明,扭转圆轴横截面上任意点的切应力 τ_ρ 与该点离轴线的距离 ρ 成正比。

式(6-10)也可以写为

$$\frac{\mathrm{d}\phi}{\mathrm{d}x} = \frac{\tau_\rho}{G\rho} \tag{6-11}$$

3. 静力学关系

取 q—q 截面的左侧轴段为研究对象(图 6-14),根据平衡方程可得横截面上的扭矩 T 等于左端的外力偶矩 M。而扭转轴横截面上的扭矩 T 则为横截面上所有微面积 $\mathrm{d}A$ 上的力 $\mathrm{d}F_\mathrm{S}$ 对轴线之矩的代数和,即

$$T = \int_A \rho \mathrm{d}F_\mathrm{S} \tag{6-12}$$

离轴线距离为 ρ 处微面积 $\mathrm{d}A$ 上的力 $\mathrm{d}F_\mathrm{S}$ 为

$$\mathrm{d}F_\mathrm{S} = \tau_\rho \mathrm{d}A \tag{6-13}$$

将式(6-10)和式(6-13)代入式(6-12),得

$$T = G\frac{\mathrm{d}\phi}{\mathrm{d}x}\int_A \rho^2 \mathrm{d}A \tag{6-14}$$

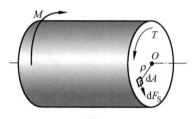

图 6-14

上式的积分项 $\int_A \rho^2 \mathrm{d}A$ 是一个只与截面形状、大小相关的几何量,称为**横截面对形心的极惯性矩**。

若令

$$I_\mathrm{p} = \int_A \rho^2 \mathrm{d}A \tag{6-15}$$

则式(6-14)可改写为

$$T = GI_\mathrm{p}\frac{\mathrm{d}\phi}{\mathrm{d}x} \tag{6-16}$$

将式(6-11)代入式(6-16),可得

$$\tau_\rho = \frac{T}{I_\mathrm{p}}\rho \tag{6-17}$$

该式即为**扭转变形圆轴横截面上任一点的切应力计算公式**。上式也可以反映扭转切应力沿横截面半径方向的线性分布规律。如图 6-15 所示为实心与空心圆截面的切应力分布。

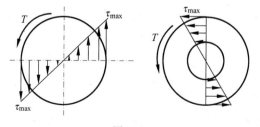

图 6-15

由图 6-15 可知,扭转圆轴的横截面上最大切应力发生在外圆周上,即 $\rho=R$ 处,此处最大的切应力为

$$\tau_{max} = \frac{T}{I_p} R \qquad (6\text{-}18)$$

令 $W_t = \dfrac{I_p}{R}$ 为**抗扭截面系数**，上式可变换为

$$\tau_{max} = \frac{T}{W_t} \qquad (6\text{-}19)$$

前面得到的扭转切应力计算式(6-17)和式(6-19)是以扭转圆轴为研究对象，在扭转平面假设的基础上，利用剪切胡克定律推导得到的。因此式(6-17)和式(6-19)只适用于工作切应力小于剪切比例极限时的扭转圆轴。

6.4.2 极惯性矩与抗扭截面系数

如要利用式(6-17)和式(6-19)来计算扭转圆轴横截面上的切应力，首先需要计算极惯性矩 I_p 和抗扭截面系数 W_t。下面介绍实心和空心圆截面的极惯性矩 I_p 和抗扭截面系数 W_t 的计算。

1. 实心圆截面

如图 6-16 所示的直径为 D 的实心圆截面，在离圆心 O 处取一厚度为 $d\rho$ 的小圆环，其微面积 $dA = 2\pi\rho d\rho$。由式(6-15)可得

$$I_p = \int_0^{D/2} \rho^2 \cdot 2\pi\rho d\rho = \frac{\pi D^4}{32} \qquad (6\text{-}20)$$

根据抗扭截面系数的定义，有

$$W_t = \frac{I_p}{R} = \frac{I_p}{D/2} = \frac{\pi D^3}{16} \qquad (6\text{-}21)$$

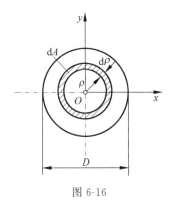

图 6-16

2. 空心圆截面

如图 6-17 所示为内径为 d、外径为 D 的空心圆截面。与实心圆截面极惯性矩的计算过程类似，可得空心圆截面的极惯性矩为

$$I_p = \int_{d/2}^{D/2} \rho^2 \cdot 2\pi\rho d\rho = \frac{\pi}{32}(D^4 - d^4) \qquad (6\text{-}22)$$

若令内、外径之比 $\alpha = d/D$，那么上式可变换为

$$I_p = \frac{\pi D^4}{32}(1 - \alpha^4) \qquad (6\text{-}23)$$

相应地，空心圆截面的抗扭截面系数为

$$W_t = \frac{I_p}{R} = \frac{I_p}{D/2} = \frac{\pi D^3}{16}(1 - \alpha^4) \qquad (6\text{-}24)$$

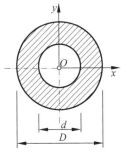

图 6-17

例 6-3 如图 6-18 所示，传动轴 AB 传递的功率 $P = 7.5\text{kW}$，转速 $n = 360\text{r/min}$，AC 段为实心圆截面，CB 段为空心圆截面。已知 $D = 3\text{cm}$，$d = 2\text{cm}$。试计算 AC 和 CB 段的最大与最小切应力。

解 (1) 计算扭矩

$$M = 9549 \frac{P}{n} = 9549 \times \frac{7.5}{360} \text{N} \cdot \text{m} = 199 \text{N} \cdot \text{m}$$

利用截面法,可得 AB 段的扭矩

$$T = M = 199 \text{N} \cdot \text{m}$$

(2) 计算极惯性矩

AC 段:

$$I_{p1} = \frac{\pi D^4}{32} = \frac{\pi \times 3^4}{32} \text{cm}^4 = 7.95 \text{cm}^4$$

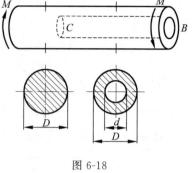

图 6-18

BC 段:

$$I_{p2} = \frac{\pi}{32}(D^4 - d^4) = \frac{\pi}{32}(3^4 - 2^4) \text{cm}^4 = 6.38 \text{cm}^4$$

(3) 计算切应力

AC 段:

最小切应力发生在轴线上,切应力为

$$\tau_{\min}^{AC} = 0$$

最大切应力发生在外圆周上,切应力为

$$\tau_{\max}^{AC} = \frac{T}{I_{p1}} \cdot \frac{D}{2} = \frac{199 \times 10^3}{7.95 \times 10^4} \times 15 \text{MPa} = 37.5 \text{MPa}$$

CB 段:

最小切应力发生在内圆周上,切应力为

$$\tau_{\min}^{CB} = \frac{T}{I_{p2}} \cdot \frac{d}{2} = \frac{199 \times 10^3}{6.38 \times 10^4} \times 10 \text{MPa} = 31.2 \text{MPa}$$

最大切应力发生在外圆周上,切应力为

$$\tau_{\max}^{CB} = \frac{T}{I_{p2}} \cdot \frac{D}{2} = \frac{199 \times 10^3}{6.38 \times 10^4} \times 15 \text{MPa} = 46.8 \text{MPa}。$$

6.4.3 圆轴扭转变形

在图 6-12 中,扭转圆轴的左、右两个端面的相对角位移 ϕ 称为**扭转角**。

由式(6-16)可得微段 dx 的扭转角为

$$d\phi = \frac{T}{GI_p} dx \tag{6-25}$$

对式(6-25)两端求积分,可得相距为 L 的两个截面 A、B 的相对扭转角

$$\phi_{AB} = \int_A^B \frac{T}{GI_p} dx \tag{6-26}$$

如果在 AB 段内,$\frac{T}{GI_p}$ 为常值,则

$$\phi_{AB} = \frac{TL}{GI_p} \tag{6-27}$$

如果在 AB 段内,扭矩、截面尺寸形状和长度不同,则须分段计算,且每段内 $\frac{T}{GI_p}$ 为常

数,则

$$\phi_{AB} = \sum \frac{T_i l_i}{(GI_p)_i} \tag{6-28}$$

式中,i 为分段数。

由式(6-27)可知,相对扭转角 ϕ_{AB} 与扭矩 T、轴长 L 成正比,与 GI_p 成反比。在扭矩 T、轴长 L 不变情况下,GI_p 越大,则 ϕ_{AB} 越小,因此把 GI_p 定义为扭转圆轴的**抗扭刚度**。

例 6-4 如图 6-18 所示,传动轴 AB 的传递功率 $P=7.5\mathrm{kW}$,转速 $n=360\mathrm{r/min}$,轴 AC 段为实心圆截面,$L_{AC}=500\mathrm{mm}$,CB 段为空心圆截面,$L_{CB}=1000\mathrm{mm}$。已知 $D=3\mathrm{cm}$,$d=2\mathrm{cm}$,$G=200\mathrm{GPa}$。试求:B 截面相对 A 截面的相对扭转角 ϕ_{AB}。

解 (1) 计算扭矩

计算过程与例 6-3 一样,可得 AC 段和 CB 段的扭矩为

$$T_{AC} = T_{CB} = T = 199\mathrm{N\cdot m}$$

(2) 计算极惯性矩

AC 段:

$$I_{p1} = \frac{\pi D^4}{32} = \frac{\pi \times 3^4}{32}\mathrm{cm}^4 = 7.95\mathrm{cm}^4$$

CB 段:

$$I_{p2} = \frac{\pi}{32}(D^4 - d^4) = \frac{\pi}{32}(3^4 - 2^4)\mathrm{cm}^4 = 6.38\mathrm{cm}^4$$

(3) 计算相对扭转角 ϕ_{AB}

由于 AB 轴中 AC 段和 CB 段的横截面不同,因此求 B 截面相对 A 截面的相对扭转角 ϕ_{AB} 时,需把 AB 轴分为 AC 和 CB 两段。

根据式(6-28),可得

$$\begin{aligned}
\phi_{AB} &= \phi_{AC} + \phi_{CB} = \frac{T_{AC}L_{AC}}{GI_{p1}} + \frac{T_{CB}L_{CB}}{GI_{p2}} \\
&= \left(\frac{199 \times 500 \times 10^{-3}}{200 \times 10^9 \times 7.95 \times 10^{-8}} + \frac{199 \times 1000 \times 10^{-3}}{200 \times 10^9 \times 6.38 \times 10^{-8}}\right)\mathrm{rad} \\
&= (6.26 \times 10^{-3} + 1.56 \times 10^{-2})\mathrm{rad} \\
&= 2.19 \times 10^{-2}\mathrm{rad}
\end{aligned}$$

6.5 扭转圆轴的强度和刚度条件

6.5.1 扭转圆轴的失效

扭转试验表明,采用不同类型的材料制成的圆轴,在足够大的外力偶矩作用下,发生扭转失效的形式是不同的。用塑性材料制成的扭转圆轴试件首先会发生屈服,在发生较大的扭转变形后,最终沿着横截面被剪断,即断裂面与轴线垂直。其失效形式一般为塑性失效,因此它的扭转极限应力为扭转屈服极限。用脆性材料制成的扭转圆轴试件,发生很小的扭转变形就会产生脆性断裂,断裂面与轴线成 45° 倾角。其失效形式一般为脆性断裂失效,所

以它的扭转极限应力为扭转强度极限。

6.5.2 扭转圆轴的强度条件

为保证扭转圆轴能够正常工作,一般要求其满足下列**扭转强度条件**：

$$\tau_{\max} = \left(\frac{T}{W_t}\right)_{\max} \leqslant [\tau] \tag{6-29}$$

即圆轴内的最大工作切应力 $\tau_{\max}$ 必须小于材料的扭转许用切应力$[\tau]$,$[\tau]$可由材料扭转极限应力除以安全因数求得。实验表明,上式中的扭转许用切应力$[\tau]$与材料的许用正应力$[\sigma]$存在着如下近似关系：

对于脆性材料,$[\tau] = (0.8 \sim 1.0)[\sigma_t]$

对于塑性材料,$[\tau] = (0.5 \sim 0.6)[\sigma]$

其中,$[\sigma_t]$为脆性材料的许用拉应力。

6.5.3 扭转圆轴的刚度条件

很多轴类零件除了需要满足扭转强度条件以外,一般要求不能有过大的扭转变形,否则将不能正常工作。因此要求轴的单位长度扭转角 ϕ' 不能超过规定的单位长度许用扭转角$[\phi']$,这就是**扭转圆轴的刚度条件**。由式(6-16)可得单位长度扭转角 ϕ' 为

$$\phi' = \frac{d\phi}{dx} = \frac{T}{GI_p} \tag{6-30}$$

上式中得到的单位长度扭转角 ϕ' 的单位为 rad/m(弧度/米),而一般单位长度许用扭转角$[\phi']$的单位为$(°)/m$(度/米)。因此,需要对式(6-30)进行单位换算,得到**扭转圆轴的刚度条件**为

$$\phi' = \frac{T}{GI_p} \cdot \frac{180°}{\pi} \leqslant [\phi'] \tag{6-31}$$

其中,各种轴类零件的单位长度许用扭转角$[\phi']$的具体数值可通过有关设计手册查到。

例 6-5 传动轴如图 6-19(a)所示,已知 $d = 4.5\text{cm}, n = 300\text{r/min}$。主动轮 A 的输入功率 $P_A = 36.7\text{kW}$,从动轮 B、C、D 的输出功率 $P_B = 14.7\text{kW}, P_C = P_D = 11\text{kW}$。轴的材料为 45 号钢,$G = 80\text{GPa}, [\tau] = 40\text{MPa}, [\phi'] = 2(°)/\text{m}$。试校核轴的强度和刚度。

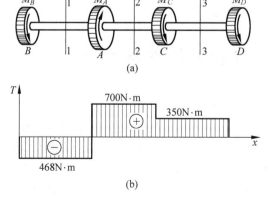

图 6-19

解 (1) 计算外力偶矩

$$M_A = 9549\frac{P_A}{n} = 9549 \times \frac{36.7}{300} \text{N} \cdot \text{m} = 1168 \text{N} \cdot \text{m}$$

$$M_B = 9549\frac{P_B}{n} = 9549 \times \frac{14.7}{300} \text{N} \cdot \text{m} = 468 \text{N} \cdot \text{m}$$

$$M_C = M_D = 9549\frac{P_C}{n} = 9549 \times \frac{11}{300} \text{N} \cdot \text{m} = 350 \text{N} \cdot \text{m}$$

(2) 画扭矩图,求最大扭矩

用截面法求得 AB、AC 和 CD 各段的扭矩分别为

$$T_1 = -M_B = -468 \text{N} \cdot \text{m}$$

$$T_2 = M_A - M_B = (1168 - 468) \text{N} \cdot \text{m} = 700 \text{N} \cdot \text{m}$$

$$T_3 = M_A - M_B - M_C = (1168 - 468 - 350) \text{N} \cdot \text{m} = 350 \text{N} \cdot \text{m}$$

根据计算得到的各段扭矩,画出如图 6-19(b)所示的扭矩图。由扭矩图可知,该传动轴中最大的扭矩发生在 AC 段,$T_{\max} = 700 \text{N} \cdot \text{m}$。

(3) 强度校核

$$\tau_{\max} = \frac{T_{\max}}{W_t} = \frac{700}{\pi \times 0.045^3/16} \text{Pa}$$

$$= 39.3 \times 10^6 \text{Pa}$$

$$= 39.3 \text{MPa} < [\tau] = 40 \text{MPa}$$

该轴满足强度条件。

(4) 刚度校核

$$\phi'_{\max} = \frac{T_{\max}}{GI_p} \times \frac{180°}{\pi} = \frac{700}{80 \times 10^9 \times \pi \times 0.045^4/32} \times \frac{180}{\pi} (°)/\text{m}$$

$$= 1.25(°)/\text{m} < 2(°)/\text{m} = [\phi']$$

该轴也满足刚度条件。

通过上述的强度和刚度校核,表明该传动轴能够正常工作。

例 6-6 已知传动轴转速 $n = 300 \text{r/min}$。主动轮 A 的输入功率 $P_A = 400 \text{kW}$,从动轮 B、C、D 的输出功率 $P_B = P_C = 120 \text{kW}$,$P_D = 160 \text{kW}$,每段长度均为 0.5m。轴材料的 $[\tau] = 30 \text{MPa}$,$[\phi'] = 0.3(°)/\text{m}$,$G = 80 \text{GPa}$。(1)设计轴的直径。(2)按所设计的直径计算相对扭转角 ϕ_{BD}。(3)将主动轮 A 和从动轮 D 交换位置,会发生什么问题?

解 (1) 设计轴径

① 计算外力偶矩:

$$M_A = 9549\frac{P_A}{n} = 9549 \times \frac{400}{300} \text{N} \cdot \text{m} = 12.74 \text{kN} \cdot \text{m}$$

$$M_B = M_C = 9549\frac{P_B}{n} = 9549 \times \frac{120}{300} \text{N} \cdot \text{m} = 3.82 \text{kN} \cdot \text{m}$$

$$M_D = 9549\frac{P_D}{n} = 9549 \times \frac{160}{300} \text{N} \cdot \text{m} = 5.10 \text{kN} \cdot \text{m}$$

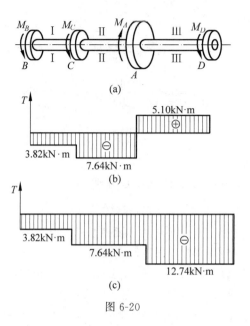

图 6-20

② 画扭矩图,求最大扭矩:

$$T_{\text{I}} = -M_B = -3.82\text{kN} \cdot \text{m}$$
$$T_{\text{II}} = -M_B - M_C = -7.64\text{kN} \cdot \text{m}$$
$$T_{\text{III}} = M_D = 5.10\text{kN} \cdot \text{m}$$

画出如图 6-20(b)所示的扭矩图。由扭矩图可知,该传动轴中最大的扭矩发生在 CA 段,

$$T_{\max} = 7.64\text{kN} \cdot \text{m}。$$

下面首先按扭转强度条件设计轴径:

$$\tau_{\max} = \frac{T_{\max}}{W_{\text{t}}} = \frac{16T_{\max}}{\pi d^3} \leqslant [\tau]$$

$$d_1 \geqslant \sqrt[3]{\frac{16T_{\max}}{\pi[\tau]}} = \sqrt[3]{\frac{16 \times 7.64 \times 10^3}{3.14 \times 30 \times 10^6}}\text{m} = 1.09 \times 10^{-1}\text{m} = 109\text{mm}$$

再按扭转刚度条件设计轴径:

$$\phi'_{\max} = \frac{T_{\max}}{GI_{\text{p}}} \times \frac{180°}{\pi} \leqslant [\phi']$$

$$d_2 \geqslant \sqrt[4]{\frac{32T_{\max}}{G\pi[\phi']} \times \frac{180°}{\pi}} = \sqrt[4]{\frac{32 \times 7.64 \times 10^3}{80 \times 10^9 \times 3.14 \times 0.3} \times \frac{180°}{3.14}}\text{m}$$
$$= 1.17 \times 10^{-1}\text{m} = 117\text{mm}$$

比较由强度和刚度条件设计得到的轴径,从安全方面考虑,取最大的直径作为传动轴的直径,因此 $d = \max(d_1, d_2) = 117\text{mm}$。

(2) 计算相对扭转角 ϕ_{BD}

由于 BC、CA 和 AD 段的扭矩均不相同,因此先要计算出各段的相对扭转角:

$$\phi_{BC} = \frac{T_{\mathrm{I}} l_{\mathrm{I}}}{GI_p} \cdot \frac{180°}{\pi} = \frac{-3.82 \times 10^3 \times 0.5 \times 32}{80 \times 10^9 \times 3.14 \times 117^4 \times 10^{-12}} \times \frac{180°}{3.14} = -0.074°$$

$$\phi_{CA} = \frac{T_{\mathrm{II}} l_{\mathrm{II}}}{GI_p} \cdot \frac{180°}{\pi} = \frac{-7.64 \times 10^3 \times 0.5 \times 32}{80 \times 10^9 \times 3.14 \times 117^4 \times 10^{-12}} \times \frac{180°}{3.14} = -0.15°$$

$$\phi_{AD} = \frac{T_{\mathrm{III}} l_{\mathrm{III}}}{GI_p} \cdot \frac{180°}{\pi} = \frac{5.10 \times 10^3 \times 0.5 \times 32}{80 \times 10^9 \times 3.14 \times 117^4 \times 10^{-12}} \times \frac{180°}{3.14} = 0.1°$$

因此

$$\phi_{BD} = \phi_{BC} + \phi_{CA} + \phi_{AD} = -0.074° - 0.15° + 0.1° = -0.124°$$

(3) 分析将主动轮 A 和从动轮 D 交换位置的情形

若两轮交换,那么该传动轴的扭矩发生变化,如图 6-20(c)所示。最大的扭矩由原来的 7.64kN·m 变成了 12.74kN·m,所以原先设计的轴径 $d=117$mm 不能用了,且重新设计得到的轴径肯定比 117mm 大得多。

综上可知,不管是齿轮传动轴还是带轮传动轴,最合理的布置应是主动轮在从动轮之间,而不应设置在轴的最外端。

6.6 其他截面轴扭转简介

前面章节主要介绍圆轴扭转时的应力和变形。但是在工程中,也常常用到非圆截面轴,如方形、椭圆形和工字形等截面轴。实验表明,这些非圆截面轴发生扭转变形与圆形截面轴扭转变形有一些不同,因此圆轴扭转的应力和变形公式不能适用于非圆截面轴的扭转。下面对非圆截面轴的扭转作简单介绍。

6.6.1 非圆截面轴的自由扭转

非圆截面轴两端受到大小相等的外力偶矩作用时发生扭转变形,横截面不再保持为平面,称为翘曲。若翘曲不受限制,这就是非圆截面轴的自由扭转。这种自由扭转轴中的任意两相邻横截面的翘曲程度完全相同,纵向纤维的长度不变,因此横截面上无正应力,只存在切应力。以矩形截面轴的自由扭转为例(图 6-21),该轴横截面上的切应力的大致分布如图 6-22 所示。由应力分布图可知,非圆截面轴扭转时,横截面边缘上各点的切应力形成与边界相切的顺流。这主要是因为横截面边界点在横截面上的切应力 τ 总可以分解为沿边界线的法向分量 τ_n 和切向分量 τ_t (图 6-23)。由于轴的纵向外表面为自由面,因此该面上的切应力 τ'_n 为零。根据切应力互等定理,此时 $\tau_n = \tau'_n = 0$。因此可知,横截面上的切应力 τ 与横截面边缘线相切,故边界上各点的切应力与边界相切。在横截面角点处(图 6-22),若有切应力,切应力又沿两边线的法线分量,但根据上面分析,角点处的切应力应等于 0。

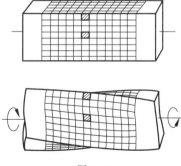

图 6-21

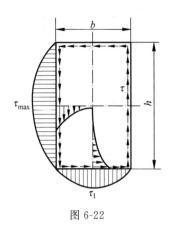
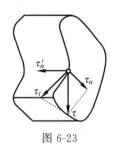

图 6-22   图 6-23

6.6.2 非圆截面轴的约束扭转

由于约束或外力的限制,非圆截面轴扭转时各横截面的翘曲程度不同,这就是非圆截面轴的约束扭转,如图 6-24 中的工字形截面轴的约束扭转。此约束扭转的非圆截面轴上相邻两截面的纵向纤维发生纵向变形,导致横截面上不仅有切应力,还存在着较大的正应力。此时横截面边界点的切应力也与边界相切。但一些矩形或椭圆形截面轴的约束扭转时,其横截面上的正应力较小,因此可近似为自由扭转横截面上的应力情况。

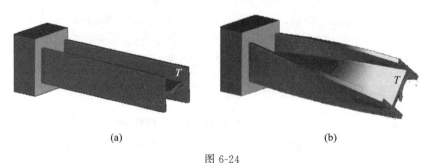

(a)   (b)

图 6-24

6.6.3 矩形截面轴横截面的切应力

对于非圆形截面轴的扭转,一般采用弹性理论进行分析。下面只针对矩形截面轴的扭转,分析横截面上的切应力分布及计算。

由如图 6-22 所示的切应力分布可知,矩形横截面上各边缘点的切应力与边界相切形成顺流,角点处的切应力为零,最大切应力 τ_{max} 发生在矩形长边的中点处,短边上的最大切应力 τ_1 也发生在短边的中点处,但数值小于 τ_{max}。由弹性力学的研究结果可知,矩形横截面上的 τ_{max} 和 τ_1 可按下列公式计算:

$$\tau_{max} = \frac{T}{\alpha h b^2} \tag{6-32}$$

$$\tau_1 = \xi \tau_{max} \tag{6-33}$$

式中,b 为短边的长度;h 为长边的长度;α、ξ 是与比值 h/b 有关的系数,具体数值可查表 6-1。

表 6-1 与矩形截面轴扭转相关的系数 α、η 和 ξ

h/b	1.0	1.2	1.5	1.75	2.0	2.5	3.0	4.0	6.0	8.0	10.0	∞
α	0.208	0.219	0.231	0.239	0.246	0.258	0.267	0.282	0.299	0.307	0.313	0.333
η	0.141	0.166	0.196	0.214	0.229	0.249	0.263	0.281	0.299	0.307	0.313	0.333
ξ	1.000	0.930	0.859	0.820	0.795	0.766	0.753	0.745	0.743	0.742	0.742	0.742

同时,矩形截面扭转轴两端面的相对扭转角 ϕ 为

$$\phi = \frac{Tl}{GI_t} \tag{6-34}$$

式中,l 为矩形截面扭转轴的长度;GI_t 为扭转轴的抗扭刚度。

扭转轴的抗扭刚度 GI_t 的具体计算公式如下:

$$GI_t = G\eta hb^3 \tag{6-35}$$

其中,η 也是与比值 h/b 有关的系数,具体数值可查表 6-1。

例 6-7 如图 6-25 所示为矩形截面轴的横截面。若该横截面上作用的扭矩 $T = 1.8 \text{kN} \cdot \text{m}$,试求该横截面上 m 和 n 点处的扭转切应力。

解 由图 6-25 可知,$h = 120 \text{mm}$,$b = 50 \text{mm}$,因此

$$\frac{h}{b} = \frac{120}{50} = 2.4$$

由表 6-1 可以查出相关的参数:当 $h/b = 2.5$ 时,$\alpha = 0.258$,$\xi = 0.766$;当 $h/b = 2.0$ 时,$\alpha = 0.246$,$\xi = 0.795$。利用线性插入法,可得当 $h/b = 2.4$ 时,

$$\alpha = 0.246 + (0.258 - 0.246) \times \frac{2.4 - 2.0}{2.5 - 2.0} = 0.256$$

$$\xi = 0.795 - (0.795 - 0.766) \times \frac{2.4 - 2.0}{2.5 - 2.0} = 0.772$$

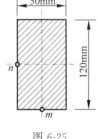

图 6-25

由式(6-32)和式(6-33),可得横截面上 m 和 n 点处的扭转切应力

$$\tau_n = \tau_{\max} = \frac{T}{\alpha hb^2} = \frac{1800}{0.256 \times 0.12 \times 0.05^2} \text{Pa} = 2.344 \times 10^7 \text{Pa} = 23.44 \text{MPa}$$

$$\tau_m = \xi \tau_{\max} = 0.772 \times 23.44 \text{MPa} = 18.10 \text{MPa}$$

习题

6-1 试求图示扭转轴各段的扭矩,并指出最大的扭矩值。

6-2 试画出题 6-1 图所示各扭转轴的扭矩图。

6-3 由电机带动的传动轴的转速 $n = 800 \text{r/min}$,电机输入功率 $P = 30 \text{kW}$。试求作用在传动轴上的外力偶矩的大小。

6-4 图示等截面传动轴以转速 $n = 250 \text{r/min}$ 作匀速转动,轮 C 为主动轮,输入功率 $P_C = 60 \text{kW}$,轮 A、B 和 D 为从动轮,输出功率分别为 $P_A = 20 \text{kW}$,$P_B = 25 \text{kW}$ 和 $P_D = 15 \text{kW}$。(1)画出该轴的扭矩图,并确定最大扭矩发生在哪段轴上;(2)如果将主动轮 C 和从动轮 D 对调,画出该轴的扭矩图,并讨论对调后对该轴的使用是否有利。

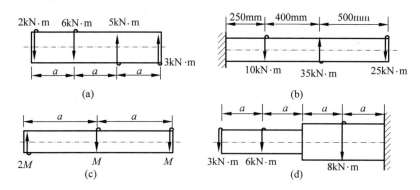

题 6-1 图

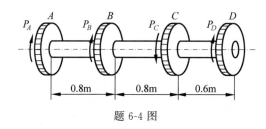

题 6-4 图

6-5 图示薄壁圆筒长 $l=2\text{m}$，平均直径 $D=80\text{mm}$，壁厚 $\delta=2\text{mm}$，$M_e=800\text{N}\cdot\text{m}$，$G=80\text{GPa}$。试求：(1)薄壁圆筒横截面外圆周上各点的切应力；(2)薄壁圆筒外表面纵向线变形后的倾角 γ；(3)薄壁圆筒右端面 B 相对于左端面 A 的扭转角 ϕ_{AB}。

6-6 图示等截面圆筒长度 $l=1\text{m}$，外径 $D=50\text{mm}$，内径 $d=46\text{mm}$，材料的弹性模量 $E=210\text{GPa}$，泊松比 $\mu=0.25$。若在薄壁圆筒两端施加外力偶矩 M，测得 A、B 两端的相对扭转角 $\phi_{AB}=0.32°$，试求作用在薄壁圆筒上的外力偶矩 M。

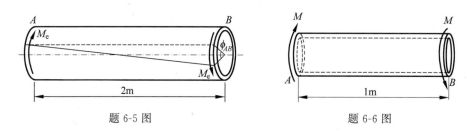

题 6-5 图　　　　　　　　题 6-6 图

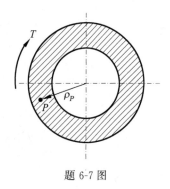

题 6-7 图

6-7 图示空心圆截面的内径 $d=30\text{mm}$，外径 $D=50\text{mm}$，扭矩 $T=1.6\text{kN}\cdot\text{m}$，点 P 离圆心 O 的距离 $\rho_P=20\text{mm}$。试求：(1)点 P 的扭转切应力；(2)该截面上最大和最小的扭转切应力。

6-8 某电机的实心传动轴的直径 $d=65\text{mm}$，承受的外力偶矩 $M_e=4.0\text{kN}\cdot\text{m}$，材料的许用切应力 $[\tau]=60\text{MPa}$。试校核该传动轴的强度。

6-9 图示传动轴的转速 $n=200\text{r/min}$，$P_A=15\text{kW}$，

$P_B=25\text{kW}, P_C=10\text{kW}$,轴的外径 $D=50\text{mm}$,内径 $d=42\text{mm}$。已知$[\tau]=80\text{MPa}, [\phi']=0.9(°)/\text{m}, G=80\text{GPa}$。试校核该轴的强度和刚度。

6-10 图示等截面实心传动轴的转速 $n=200\text{r/min}, P_1=40\text{kW}, P_2=15\text{kW}, P_3=25\text{kW}$。已知$[\tau]=70\text{MPa}, [\phi']=0.8(°)/\text{m}, G=80\text{GPa}$。试确定该传动轴的直径。

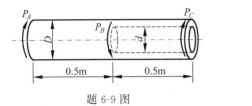
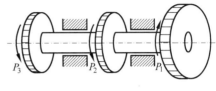

题 6-9 图   题 6-10 图

6-11 图示等截面实心圆轴的直径为 $d=60\text{mm}$,轴上装有三个齿轮。已知轮 A 的输入功率 $P_A=35\text{kW}$,轮 B 的输出功率 $P_B=20\text{kW}$。轴作匀速转动,转速 $n=200\text{r/min}$。该轴的许用切应力$[\tau]=60\text{MPa}, [\phi']=0.6(°)/\text{m}, G=200\text{GPa}$。试:(1)校核轴的强度;(2)校核轴的刚度。

6-12 图示二级齿轮减速箱中,输出轴 3 的输出功率 $P_3=30\text{kW}$,中间轴 2 的直径 $d_2=30\text{mm}$,转速 $n_2=1200\text{r/min}$,材料的许用切应力$[\tau]=50\text{MPa}$。试校核中间轴 2 的扭转强度。

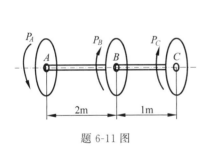
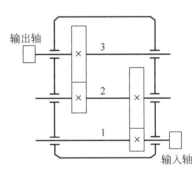

题 6-11 图   题 6-12 图

6-13 图示等截面圆轴 AC 承受扭力偶矩。试求该轴的总扭转角,并校核该轴的刚度。已知:$I_p=9.0\times10^6\text{mm}^4, G=80\text{GPa}, [\phi']=0.65(°)/\text{m}$。

6-14 图示等截面圆轴的直径 $d=50\text{mm}, G=80\text{GPa}$。若在 C 截面处作用扭力偶矩 $M=1.2\text{kN}\cdot\text{m}$,试求 A、B 端面的约束反力。

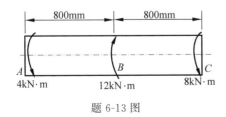
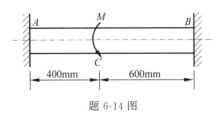

题 6-13 图   题 6-14 图

6-15 图示结构中，圆轴 AB 与套筒 CD 用刚性凸缘 E 焊接在一起，并在圆轴 AB 的截面 A 处施加一外扭力偶矩 $M=1.86\text{kN·m}$。已知圆轴 AB 的直径 $d=54\text{mm}$，许用切应力 $[\tau_1]=78\text{MPa}$，套管 CD 的外径 $D=78\text{mm}$，壁厚 $\delta=8\text{mm}$，许用切应力 $[\tau_2]=38\text{MPa}$。试校核该结构的扭转强度。

6-16 图示的钻头横截面直径 $d=25\text{mm}$，其底部受均匀阻抗力偶矩 m（单位：N·m/m）的作用。已知：钻头材料的许用切应力 $[\tau]=82\text{MPa}$，$G=85\text{GPa}$。(1)试求作用于钻头上端的许可外力偶矩 M_e；(2)求钻头在许可外力偶矩 M_e 下，上、下两端的相对扭转角 ϕ。

6-17 图示汽车的驾驶盘直径为 $D_1=540\text{mm}$，驾驶员左、右手施加给驾驶盘的最大切向力 $F=180\text{N}$，与驾驶盘相连的转向轴的许用切应力 $[\tau]=48\text{MPa}$。若转向轴为实心圆轴，试设计其直径 d_1。若转向轴为空心圆轴，内、外径之比 $d/D=0.8$，那么设计得到的内、外径各为多少？计算设计得到的等长空心圆轴与实心圆轴的质量之比。

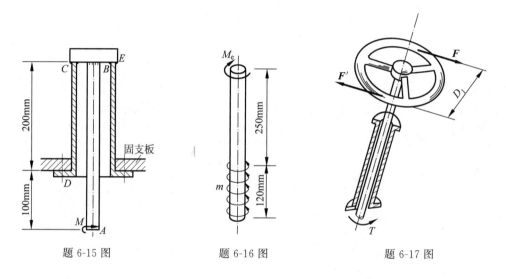

题 6-15 图   题 6-16 图   题 6-17 图

第7章 弯曲内力

7.1 弯曲的概念

弯曲变形是工程实际中常见的一种变形,也是材料力学中要重点研究的一类变形。建筑物中的横梁、家中的阳台、交通道路中的桥梁、汽车的轮轴、水利工程中的大坝、机床中的主轴等,都是以弯曲变形为主要变形的构件。在设计这些构件的过程中,如何保证其弯曲强度和弯曲刚度,是设计者需要重点考虑的问题。

杆件要产生弯曲变形,外力的作用方向应垂直于杆件轴线,如图 7-1 所示。杆件为等截面直杆,图 7-1(a)为集中力作用的情况,图 7-1(b)为分布力作用的情况,图 7-1(c)为集中力偶作用的情况。其中,力偶的方向按右手螺旋定则确定,显然也是垂直于杆轴线的。在垂向载荷的作用下,杆轴线由直线变为曲线,这就是弯曲变形的特点。对以弯曲变形为主要变形的杆件,我们称为**梁**。

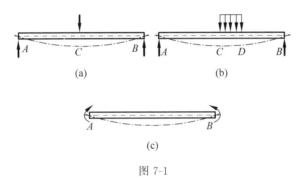

图 7-1

对于梁的弯曲变形,我们主要考虑对称弯曲的情形。所谓对称弯曲,需满足两个条件:①梁至少有一个包含轴线的纵向对称面,如矩形截面梁、圆形截面梁等;②所有外力都作用在这个纵向对称面内。这样,梁弯曲后其轴线也将在这个纵向对称面内。

7.2 静定梁

工程实际当中,受弯杆件的载荷和约束是多种多样的。载荷通常可简化为集中力、集中力偶、分布力、分布力偶几类。固定铰支座、移动铰支座和固定端是通常的约束类型,由这三种约束可形成三种形式的静定梁:**简支梁**、**外伸梁**和**悬臂梁**。只要给定外力,就可通过静力学平衡方程求取约束反力。

静定梁的确定一般可通过分析实际研究对象的受力特点和约束特点来进行。如汽车行驶在桥梁上,分析桥梁的弯曲变形(如图7-2(a)所示)。桥梁两端合理的支座布置应该是一侧限制移动,另一侧允许轴向移动,以避免由于环境温度变化引起的热胀冷缩而使得桥梁变形受阻。因此,其约束可简化为一端为固定铰支座,另一端为移动铰支座。桥梁的力学模型如图7-2(b)所示,梁的长度等于约束之间的距离,该类形式的梁称为简支梁。

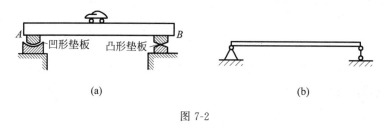

图 7-2

火车轮轴受力如图7-3所示,建立其力学模型时,同样一侧约束看作固定铰支座,另一侧约束为移动铰支座,而且注意到此时载荷作用在约束外侧,梁的长度超过约束之间的距离,这种梁称为外伸梁。

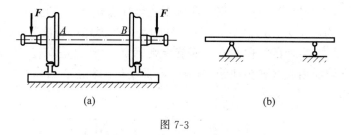

图 7-3

水利工程中的大坝受到水压力的作用(见图7-4),其约束形式为一侧固定端,另一侧自由端。这种形式的梁称为悬臂梁。

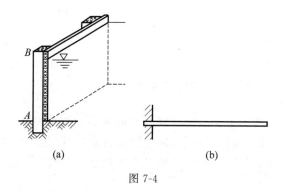

图 7-4

建立力学模型是力学研究方法中很重要的一个步骤,其方法是从生活、工程或实验中观察各种现象,从复杂的现象中抓住共性,找出反映事物本质的主要因素,略去次要因素,经过简化,把实际物体抽象为力学模型。英国物理学家开尔文(Lord Kelvin,1824—1907)曾说过:"我的目标就是要证明,如何建造一个力学模型。如果我能够成功地建立起一个模型,我就能理解它,否则我就不能理解。"

7.3 剪力和弯矩

分析梁的任意截面上的内力,可应用截面法。以一简支梁为例,如图 7-5 所示,分析距离 A 端 x 处截面内力,可知截面上有竖直方向的集中力和集中力偶。利用平衡方程可求出集中力为

$$\sum F_y = 0 \tag{7-1}$$

$$F_{RA} - F_1 - F_S(x) = 0 \tag{7-2}$$

$$F_S(x) = F_{RA} - F_1 \tag{7-3}$$

该力称为**剪力**,记为 F_S。一般而言,剪力与该截面的位置有关,因此可写成剪力方程形式 $F_S(x)$。

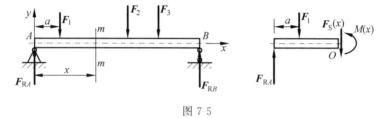

图 7-5

同理,利用平衡方程可求出截面上集中力偶,假设取该截面形心 O 为矩心,则力系对截面形心取矩:

$$\sum M_O = 0 \tag{7-4}$$

$$M(x) - F_{RA}x + F_1(x-a) = 0 \tag{7-5}$$

$$M(x) = F_{RA}x - F_1(x-a) \tag{7-6}$$

该力偶称为**弯矩**,记为 M。与剪力方程类似,截面上弯矩也与截面所处位置有关,可写成弯矩方程形式 $M(x)$。

与前面所学的轴向拉压、扭转变形类似,根据弯曲变形的特点对**内力的符号**进行规定。对于剪力,规定使得梁段顺时针转动的剪力为正,反之为负,如图 7-6 所示。

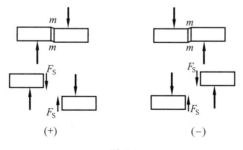

图 7-6

对于弯矩,规定使得梁段凸向下变形的弯矩为正,反之为负,如图 7-7 所示。

根据上面求解剪力和弯矩的过程可以总结出**任意截面上剪力和弯矩的快速计算法则**:
①截面上的剪力等于截面某一侧所有横向外力的代数和对横向外力的符号,规定为:截面

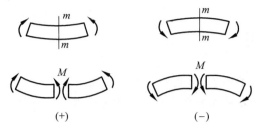

图 7-7

左侧横向力向上为正,向下为负;反之,截面右侧,横向力向上为负,向下为正。②截面上的弯矩等于截面某一侧所有外力对截面形心求力矩的代数和对力矩的符号,规定为:截面左侧所有外力对截面形心取矩,顺时针为正,逆时针为负。反之,截面右侧所有外力对截面形心取矩,逆时针为正,顺时针为负。

例 7-1 悬臂梁 AB 如图 7-8(a)所示,自由端受 $2F$ 和 M_2 作用,中间截面受 F 和 M_1 作用。1—1 截面和 2—2 截面分别在中间截面左右两侧,位置无限靠近中间截面。求 1—1 截面和 2—2 截面上的剪力和弯矩。

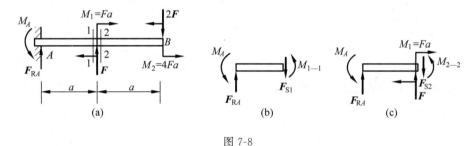

图 7-8

解 求取支反力 F_{RA} 和 M_A:

$$\sum F_y = 0, \quad F_{RA} + F = 2F, \quad F_{RA} = F$$

$$\sum M_A = 0, \quad M_A + Fa + M_2 - M_1 - 2F \cdot 2a = 0, \quad M_A = 0$$

1—1 截面在悬臂梁中间截面左侧,取截面左侧梁段进行研究(如图 7-8(b)所示),应用剪力和弯矩的快速计算法则,并根据剪力和弯矩的符号规定,可得

$$F_{S1} = F_{RA} = F$$

$$M_{1-1} = F_{RA}a - M_A = Fa$$

2—2 截面位于悬臂梁中间截面右侧,取截面左侧梁段进行研究(如图 7-8(c)所示),应用剪力和弯矩的快速计算法则,并根据剪力和弯矩的符号规定,可得

$$F_{S2} = F_{RA} + F = 2F$$

$$M_{2-2} = F_{RA}a - M_A + M_1 = 2Fa$$

7.4 剪力图和弯矩图

为反映剪力和弯矩随截面位置的变化规律,可作出剪力图和弯矩图。剪力图和弯矩图的重要意义在于:寻找剪力和弯矩的极值,它们是判断构件危险截面的重要依据。对于等

截面杆件,剪力和弯矩的最大值所在的截面就是危险截面。构件的强度和刚度计算应围绕着危险截面展开。

剪力图和弯矩图的作法有两种:第一种是列出任意截面上的剪力方程 $F_S(x)$ 和弯矩方程 $M(x)$,根据方程的形式进行作图;第二种作法可称为直接法,在确定构件上的所有外力后,可根据剪力图和弯矩图的规律直接作图。下面结合四个例题介绍第一种作图方法,即根据剪力方程 $F_S(x)$ 和弯矩方程 $M(x)$ 作图。

7.4.1 根据剪力方程和弯矩方程作剪力图和弯矩图

例 7-2 如图 7-9(a)所示,悬臂梁自由端受到一集中力 F 作用,作剪力图和弯矩图。

解 取任意截面分析,根据剪力和弯矩的快速计算法则,可得
$$F_S(x) = -F, \quad 0 < x < l$$
$$M(x) = -Fx, \quad 0 \leqslant x < l$$
显然,内力方程对应的剪力图为一平直线,弯矩图为一斜直线,如图 7-9(b)、(c)所示。

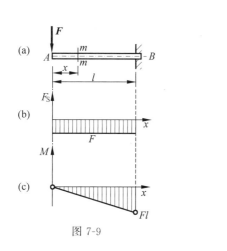

图 7-9

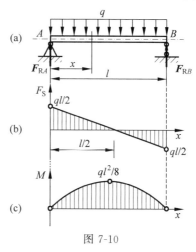

图 7-10

例 7-3 简支梁受到均布载荷作用,如图 7-10(a)所示,试作出剪力图和弯矩图。

解 首先求出支反力。根据对称性,容易得到:
$$F_{RA} = F_{RB} = \frac{1}{2}ql$$
任意截面上,剪力和弯矩为
$$F_S(x) = F_{RA} - qx = \frac{ql}{2} - qx, \quad 0 < x < l$$
$$M(x) = F_{RA}x - qx \times \frac{x}{2} = \frac{ql}{2}x - \frac{qx^2}{2}, \quad 0 \leqslant x \leqslant l$$
显然,内力方程对应的剪力图为一斜直线;弯矩图为一抛物线,极值在中间截面,大小为 $M\left(\dfrac{l}{2}\right) = \dfrac{ql^2}{8}$,如图 7-10(b)、(c)所示。

例 7-4 如图 7-11(a)所示,简支梁受到一集中力 F 作用,作剪力图和弯矩图。

解 首先求支反力:
$$\sum M_B = 0, \quad -F_{RA}l + Fb = 0, \quad F_{RA} = \frac{b}{l}F$$

$$\sum F_y = 0, \quad F_{RA} + F_{RB} - F = 0, \quad F_{RB} = \frac{a}{l}F$$

在集中力 F 作用处，左右两侧剪力方程和弯矩方程不同，应分段。左侧以 A 点为原点建立坐标轴 x_1（从左至右为正向），AC 段任意截面上的剪力和弯矩为

$$F_{S1} = F_{RA} = \frac{b}{l}F, \quad 0 < x_1 < a$$

$$M_1 = F_{RA}x_1 = \frac{b}{l}Fx_1, \quad 0 \leqslant x_1 \leqslant a$$

C 截面右侧以 B 点为原点建立坐标轴 x_2（从右至左为正向），BC 段内任意截面上的剪力和弯矩为

$$F_{S2} = -F_{RB} = -\frac{a}{l}F, \quad 0 < x_2 < b$$

$$M_2 = F_{RB}x_2 = \frac{a}{l}Fx_2, \quad 0 \leqslant x_2 \leqslant b$$

根据剪力方程和弯矩方程的形式可以看出，剪力图为平直线，弯矩图为斜直线，如图 7-11(b)、(c)所示。而且可以注意到，**在集中力作用处，剪力图产生了一个突变，弯矩图则出现了一个折曲**。

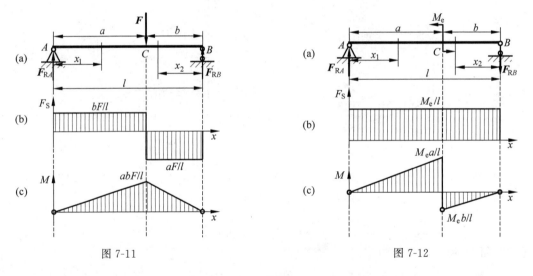

图 7-11　　　　　　　　　　　　　图 7-12

例 7-5　如图 7-12(a)所示，简支梁受到一集中力偶 M_e 作用，作剪力图和弯矩图。

解　首先求支反力。梁上作用的主动载荷为一集中力偶，显然，为平衡这一力偶，A、B 两处的支反力也应形成一力偶，转向与 M_e 相反，大小相等，有

$$F_{RA} = F_{RB} = \frac{M_e}{l}$$

在集中力偶 M_e 作用处，左右两侧剪力和弯矩方程不同，应分段。左侧以 A 点为原点建立坐标轴 x_1（从左至右为正向），AC 段任意截面上的剪力和弯矩为

$$F_{S1} = F_{RA} = \frac{M_e}{l}, \quad 0 < x_1 \leqslant a$$

$$M_1 = F_{RA}x_1 = \frac{M_e}{l}x_1, \quad 0 \leqslant x_1 < a$$

C 截面右侧以 B 点为原点建立坐标轴 x_2(从右至左为正向),BC 段内任意截面上的剪力和弯矩为

$$F_{S2} = F_{RB} = \frac{M_e}{l}, \quad 0 < x_2 \leqslant b$$

$$M_2 = -F_{RB}x_2 = -\frac{M_e}{l}x_2, \quad 0 \leqslant x_2 < b$$

根据剪力方程和弯矩方程的形式可以看出,剪力图为平直线,弯矩图为斜直线,如图 7-12(b)、(c)所示。而且可以注意到,在集中力偶作用处,**弯矩图产生了一个突变,剪力图则无变化**。

综合以上四个例子,可归纳 F_S、M 图的**基本作图步骤**如下:

(1) 用静力学平衡方程求解出支座反力。

(2) 研究 F_S、M 的分段情况:在集中力、集中力偶作用处,分布载荷的起始和终点处需分段。

(3) 根据分段情况,选择任意截面,根据剪力和弯矩的计算法则列出该截面的 F_S、M 方程。计算时,既可选用左侧的外力,也可选择右侧的外力,以简便为原则。

(4) 根据 F_S、M 方程作图,标出段端值和极值。

7.4.2 直接法作剪力图和弯矩图

直接法作图主要利用剪力图和弯矩图的规律或特点,包括:①突变规律;②微分关系;③积分关系。其中突变规律揭示了在集中力和集中力偶作用处剪力图和弯矩图的变化特点:**在集中力作用处,剪力图产生突变,突变幅度为集中力的大小,弯矩图产生折曲;在集中力偶作用处,弯矩图产生突变,突变幅度为集中力偶矩的大小,剪力图无变化**。

剪力图和弯矩图的微分关系和积分关系揭示了载荷集度、剪力和弯矩间的关系。利用该关系,不但可以便于我们快速作出内力图,而且可以帮助我们检查所作内力图的正确性。下面以一简支梁(见图 7-13)为例推导微分关系,在微分基础上可推导积分关系。

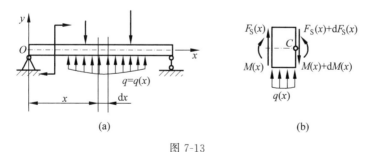

图 7-13

如图 7-13 所示,梁受到多个主动载荷作用,包括集中力、分布力和集中力偶,在任意截面引起内力,包括剪力和弯矩。不失一般性,取包含分布载荷 $q(x)$ 在内的 dx 微段作为研究对象,左右截面上的内力为:假设左侧截面上的剪力和弯矩分别为 $F_S(x)$ 和 $M(x)$,经过微段 dx 后,产生了增量 $dF_S(x)$ 和 $dM(x)$,因此右侧截面上的剪力和弯矩分别为 $F_S(x) +$

$dF_S(x)$ 和 $M(x)+dM(x)$。对该微段建立平衡方程,首先在 y 方向上投影,有

$$\sum F_y = 0, \quad F_S(x) + q(x)dx - [F_S(x) + dF_S(x)] = 0 \tag{7-7}$$

整理可得

$$\frac{dF_S(x)}{dx} = q(x) \tag{7-8}$$

其次,将力系对右侧截面形心 C 取矩可得

$$\sum M_C = 0, \quad [M(x) + dM(x)] - M(x) - F_S(x)dx - q(x)dx \cdot \frac{dx}{2} = 0 \tag{7-9}$$

忽略二阶小量 $q(x)dx \cdot \frac{dx}{2}$,整理上式可得

$$\frac{dM(x)}{dx} = F_S(x) \tag{7-10}$$

根据式(7-8)和式(7-10),容易得到二阶微分关系:

$$\frac{d^2 M(x)}{dx^2} = q(x) \tag{7-11}$$

根据式(7-8)、式(7-10)、式(7-11),可以得出剪力图和弯矩图具有如下**特点**:
(1) 在 $q=0$ 的区段,F_S 图为平直线,M 图为斜直线。
(2) 在 $q=\text{const}$ 的区段,F_S 图为斜直线,M 图为二次抛物线。
(3) 在 $F_S=0$ 的截面处,M 图有极值。
可以看出,微分关系有助于我们判断剪力图和弯矩图的形态、单调性和极值。
根据式(7-8)和式(7-10),可以得到载荷集度、剪力和弯矩的积分关系如下:

$$F_S(x_2) = F_S(x_1) + \int_{x_1}^{x_2} q(x)dx \tag{7-12}$$

$$M(x_2) = M(x_1) + \int_{x_1}^{x_2} F_S(x)dx \tag{7-13}$$

积分关系的作用在于:如果已知某区间上某一点处的剪力值和对应的载荷图面积,则另一点的剪力值可以确定。类似的,如果知道某区间上某一点处的弯矩值和对应的剪力图面积,则另一点的弯矩值可以确定。如果弯矩图是抛物线形态,在计算极值时应用积分关系显得尤为方便,此时可利用一侧剪力图面积和另一点处已知的弯矩值来计算。
利用上述的突变、微分、积分关系绘制剪力图和弯矩图的**基本步骤**为:
(1) 计算支反力。
(2) 研究 F_S、M 图的分段情况。
(3) 根据微分关系研究 F_S、M 图形态。
(4) 根据突变关系和积分关系计算 F_S、M 图的段端值。
(5) 根据曲线形态和段端值画 F_S、M 图。

例 7-6 如图 7-14(a)所示,外伸梁受到集中力、集中力偶、均布载荷作用,作剪力图和弯矩图。

解 利用平衡方程求解支反力:

$$\sum M_A = 0, \quad -10 \times 4 \times 2 - 40 + 20 \times 1 + F_{RB} \times 4 = 0, \quad F_{RB} = 25\text{kN}$$

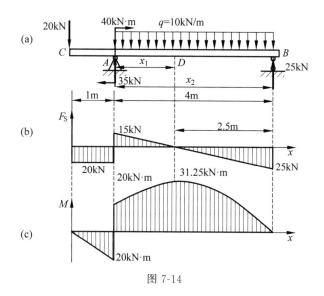

图 7-14

$$\sum F_y = 0, \quad F_{RA} + 25 - 10 \times 4 - 20 = 0, \quad F_{RA} = 35\text{kN}$$

显然,梁可分为 CA 段和 AB 段。在 CA 段,没有分布载荷 q 作用,因此剪力图为一平直线,弯矩图为一斜直线。在 AB 段,由于有均布载荷 q 作用,因此剪力图为一斜直线,相应的弯矩图应为抛物线,根据 q 的方向可知,抛物线应为凸向上的形态,即我们通常所说的抛物线开口向下。

对于段端值的计算,从左至右,剪力为:在 C 处,由于集中力 20kN 作用,剪力图产生突变,幅度为 20kN。至 A 处,由于集中力 35kN 作用,剪力图产生突变,幅度为 35kN。最右端 B 截面处,由于集中力 25kN 作用,剪力图产生突变,幅度为 25kN。在 AB 段由于弯矩图为抛物线形态,因此需要确定极值:剪力为零处,弯矩取得极值。根据积分关系式 $F_S(x_2) = F_S(x_1) + \int_{x_1}^{x_2} q(x)\mathrm{d}x$,在均布载荷情况下,

$$F_S(x_2) = F_S(x_1) + q(x_2 - x_1)$$

取 DB 区间分析,显然 $F_S(x_2) = F_{SB} = -25\text{kN}$,$F_S(x_1) = F_{SD} = 0$,因此有

$$x_2 - x_1 = \frac{F_S(x_2) - F_S(x_1)}{q} = \frac{-25}{-10}\text{m} = 2.5\text{m}$$

即 D 截面距离 B 截面 2.5m。

从左至右,弯矩的段端值变化为:由于弯矩可理解为力对点之矩,因而在起点和终点处,如果没有集中力偶的作用,弯矩为零。显然,在本例中,$M_C = M_B = 0$。A 处由于集中力偶作用,弯矩图产生突变,幅度为 40kN·m。靠近 A 截面的左侧截面(无限接近 A 截面)的弯矩可根据 CA 段剪力图面积来确定:$M_{A^{-0}} = M_C + (-20) \cdot 1 = -20\text{kN·m}$;靠近 A 截面的右侧截面(无限接近 A 截面)的弯矩可根据突变关系确定为 $M_{A^{+0}} = 20\text{kN·m}$。在 AB 段弯矩图为抛物线形态,极值可根据相应的剪力图面积确定:已知 $M_{A^{+0}} = 20\text{kN·m}$,故

$$M_D = M_{A^{+0}} + \int_{A^{+0}}^{x_1} F_S(x)\mathrm{d}x = \left(20 + \frac{1}{2} \times 15 \times 1.5\right) \text{kN} \cdot \text{m} = 31.25 \text{kN} \cdot \text{m}$$

根据以上讨论,可绘制表格来表示剪力图和弯矩图的变化规律及其内力值情况,如表 7-1 所示。

表 7-1 剪力图、弯矩图变化规律及其内力值情况

内力	C	CA 段	A^{-0}	A^{+0}	AB 段	B
F_S/kN	-20	平直线	-20	15	斜直线\	-25
M/(kN·m)	0	斜直线	-20	20	抛物线⌒	0

根据讨论结果,可绘制剪力图和弯矩图如图 7-14(b)、(c)所示。

7.5 平面刚架和曲杆的内力及内力图

除了梁,平面刚架和曲杆也是工程实际中经常会遇到的两种构件。刚架的特点为几根直杆通过刚性连接(如焊接)组合在一起。如果刚架中每根杆的轴线均在同一平面内,且载荷也在该平面内,则称该刚架为平面刚架;如果杆件轴线不是直线而是曲线,则称为曲杆。类似的,杆件轴线和载荷在同一平面的曲杆称为**平面曲杆**。

平面刚架与平面曲杆任意截面上的内力,除了与梁一样有剪力和弯矩外,往往还存在轴力。应用截面法,可求出任意截面上的剪力、弯矩和轴力。对于内力符号的规定:轴力——拉伸为正,压缩为负;剪力——使得构件顺时针转动的剪力为正,反之为负。弯矩不作符号规定,弯矩图画在受拉一侧。

例 7-7 求图 7-15(a)所示平面刚架的内力,作内力图。

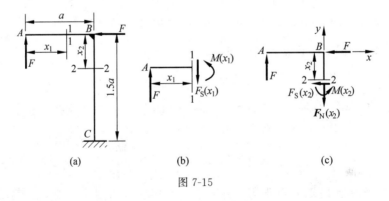

图 7-15

解 如图 7-15(b)所示对 AB 段,取左侧研究,任意截面上的内力包括剪力和弯矩,分别为

$$F_S(x_1) = F$$
$$M(x_1) = Fx_1$$

对 BC 段,取上侧包含水平段在内的部分研究,根据外力的特点,可知任意截面上的内力包括轴力、剪力和弯矩,假设截面形心为 O,则内力如下:

$$\sum F_y = 0, \quad -F_N(x_2) + F = 0, \quad F_N(x_2) = F$$

$$\sum F_x = 0, \quad -F_S(x_2) - F = 0, \quad F_S(x_2) = -F$$

$$\sum M_B = 0, \quad M(x_2) + Fx_2 - Fa = 0, \quad M(x_2) = Fa - Fx_2$$

根据内力求解结果和符号规定,可作内力图如图 7-16 所示。需要注意的是,由于刚架整体变形的连续性,弯矩在连接点处(B 处)应满足连续性条件,即 AB 段在 B 处的弯矩等于 CB 段在 B 处的弯矩。

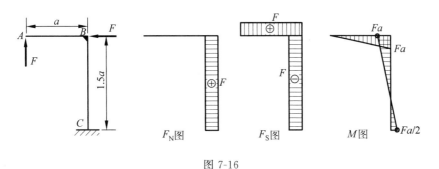

图 7-16

例 7-8 求图 7-17 所示平面曲杆的内力,作内力图。

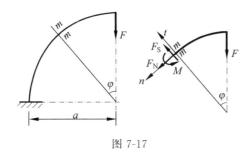

图 7-17

从自由端开始,任意取一截面,截面上内力包括轴力、剪力和弯矩。将平衡力系在自然坐标系上投影,可得平衡方程及内力(假设截面形心为 O):

$$\sum F_n = 0, \quad F_N + F\sin\varphi = 0, \quad F_N = -F\sin\varphi$$

$$\sum F_t = 0, \quad F_S - F\cos\varphi = 0, \quad F_S = F\cos\varphi$$

$$\sum M_O = 0, \quad M - Fa\sin\varphi = 0, \quad M = Fa\sin\varphi$$

根据内力求解结果和符号规定,可作出内力图如图 7-18 所示。

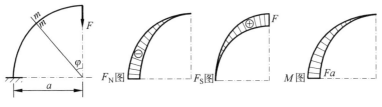

图 7-18

习题

7-1 作图示梁的剪力图和弯矩图。

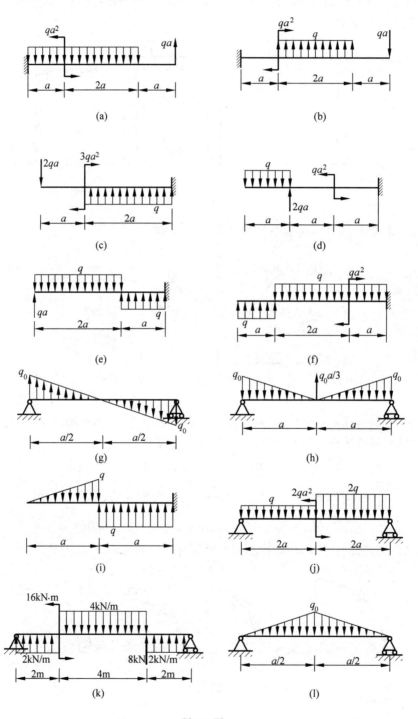

题 7-1 图

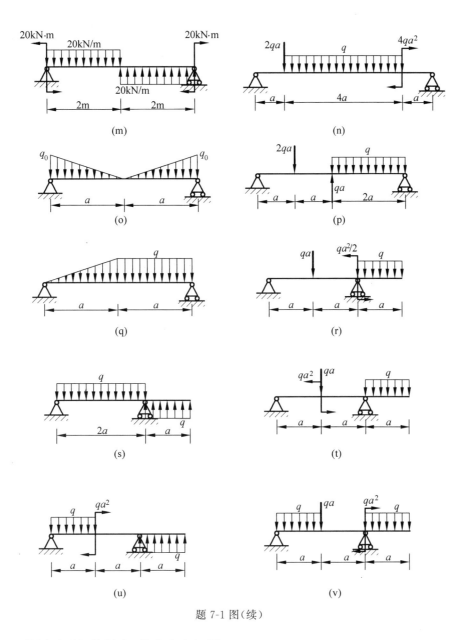

题 7-1 图(续)

7-2 作图示刚架的轴力、剪力和弯矩图。

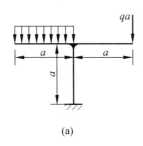

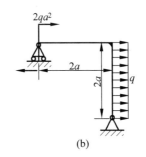

题 7-2 图

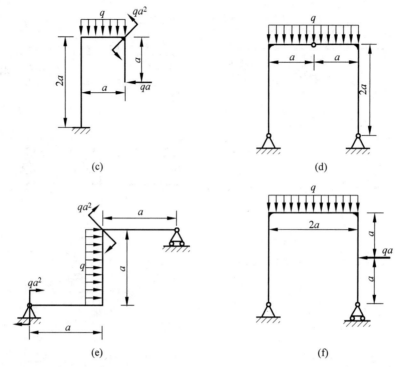

题 7-2 图(续)

7-3 梁的剪力图如图所示,作弯矩图及载荷图。已知梁上没有作用集中力偶。

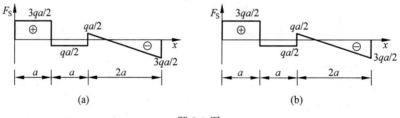

题 7-3 图

7-4 梁的剪力图如图所示,作弯矩图及载荷图。已知梁上 B 截面作用一集中力偶。

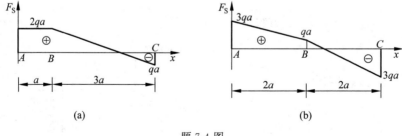

题 7-4 图

7-5 已知梁的弯矩图如图所示,作梁的载荷图和剪力图。

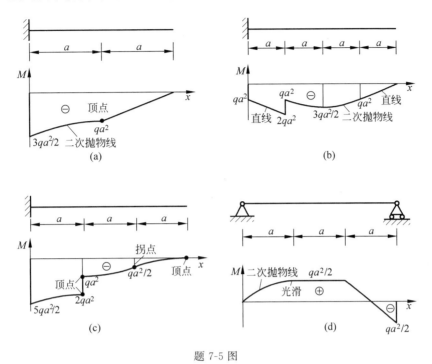

题 7-5 图

7-6 一结构由直杆 AB 和曲杆 BC 在 B 点刚接而成,支承和受载情况如图所示。作结构的剪力图和弯矩图。对于曲杆段要求先列出剪力方程和弯矩方程,然后作图。

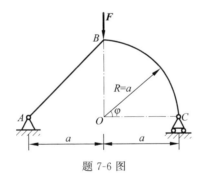

题 7-6 图

第 8 章

弯曲应力

弯曲应力是建立弯曲强度条件的重要依据。根据应力的定义可知，横截面上任一点的应力同截面上的内力相关。对于受弯构件而言，横截面上的内力有剪力和弯矩，根据剪力的方向，可以判断对应的应力应该为相切于截面的切应力；同理，根据弯矩的特点可知，对应的应力应该是垂直于截面的正应力。如果任意横截面上同时具有剪力和弯矩，则截面上应该同时有切应力和正应力。不失一般性，我们先研究简单的一种情况：截面上只有弯矩而没有剪力的弯曲，这种情况下，截面上的应力只有正应力，我们称之为纯弯曲。

8.1 纯弯曲

以一受集中力作用的简支梁为例，容易作出其剪力图和弯矩图，如图 8-1 所示。可以看出，在 AC 段和 BD 段，梁的任意截面上同时具有剪力和弯矩，而在 CD 段，梁内截面上只有弯矩作用，这种情况就称为**纯弯曲**。与之相对应，同时具有剪力和弯矩的 AC 段和 BD 段发生的弯曲则称为**横力弯曲**或**剪切弯曲**。不难想象，要实现全梁段都是纯弯曲变形，只需在梁两端施加一对集中力偶即可。

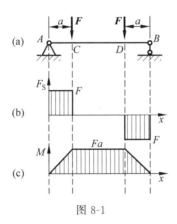

图 8-1

8.2 矩形截面梁纯弯曲试验现象及变形假设

为了分析梁横截面上的正应力，可根据梁的变形特点来进行。不失一般性，以矩形截面梁的纯弯曲试验为例，在矩形截面梁外表面画上平行的纵向线和横向线，进而在梁两端施加一对大小相等、方向相反的外力偶 M_e，引起梁的纯弯曲变形，如图 8-2 所示。

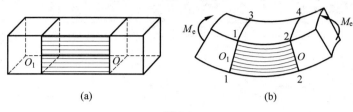

图 8-2

观察试验结果可以发现：①变形前垂直于纵向线的横向线变形后仍保持为直线，且垂直于变形后的纵向线，但彼此倾斜了一个角度；②纵向线被弯曲成曲线，但沿着横向，某一侧纵向线变形后伸长，另一侧纵向线变形后缩短，中间某层的纵向线变形前后长度保持不变。该层纤维组成的平面称为中性层，中性层与横截面的交线称为中性轴，如图 8-3 所示。

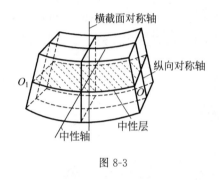

图 8-3

根据以上观察到的试验现象，不难推断：变形前的横截面，变形后仍位于同一平面，且仍垂直于变形后的纵向线，因而可以假设梁的横截面在变形过程中像刚性平面一样绕着中性轴转过了一个角度，这就是**弯曲平面假设**。

8.3 纯弯曲时横截面上的正应力

8.3.1 正应力的推导

在弯曲平面假设的前提下，横截面上的正应力可以结合变形几何关系、物理关系和静力学关系等三种关系进行推导。

1. 变形几何关系

为研究横截面上任意一点的正应力，首先研究该点处的变形，根据弯曲平面假设，可知梁横截面宽度方向变形相同，可取一纵向平面进行研究，如图 8-4 所示，假设中性层位置在

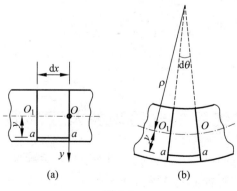

图 8-4

梁中间某处，以 O_1—O 表示，以 O 为原点建立坐标轴 y，横截面上任一点位于 a—a 层，该点到中性轴的距离为 y，取梁段中的微段 dx，变形前的梁段如图 8-4(a) 所示，变形后的梁段如图 8-4(b) 所示。根据平面假设，微段 dx 左、右两侧截面变形后仍为平面，只是产生了一个转角，假设两个平面的夹角为 $d\theta$，中性层所在平面变形后的曲率半径为 ρ，则 a—a 层纤维产生的线应变可计算如下。

变形前 a—a 层纤维的长度

$$\overline{aa} = dx = \overline{O_1O} \tag{8-1}$$

根据中性层的定义，变形前后在中性层上显然满足

$$\overline{O_1O} = \widehat{O_1O} = \rho \cdot d\theta \tag{8-2}$$

观察图 8-4(b)，变形后 a—a 层纤维的长度

$$\widehat{aa} = (\rho + y)d\theta \tag{8-3}$$

因此，a—a 层纤维的线应变为

$$\varepsilon = \frac{\widehat{aa} - \overline{aa}}{\overline{aa}} = \frac{(\rho + y)d\theta - \rho d\theta}{\rho d\theta} = \frac{y}{\rho} \tag{8-4}$$

上式给出了横截面上任意一点线应变的分布规律：在中性层曲率半径为常数的情况下，线应变与该点到中性层的距离成正比。结合胡克定律，可将这一分布规律应用到应力上。

2. 物理关系

假设横截面上最大正应力不超过比例极限，即 $\sigma_{max} \leqslant \sigma_p$。此时胡克定律成立，即 $\sigma = E\varepsilon$。将式(8-4)代入可得

$$\sigma = E\frac{y}{\rho} \tag{8-5}$$

可以看出，横截面上任意一点的正应力与该点到中性层的距离成正比。在中性层上，正应力为零，即 $\sigma = 0$；在上下边缘处，正应力达到极值，横截面上正应力分布如图 8-5(a) 所示，其中 z 为中性轴。根据 y 轴正向规定和正应力的符号规定（拉伸为正，压缩为负），容易看出，中性层以下部分受到拉应力作用，在下边缘达到极值；反之，中性层以上部分受到压应力作用，在上边缘达到极值。

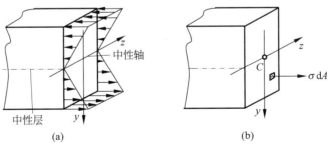

图 8-5

3. 静力学关系

在得到式(8-5)之后，正应力数值还无法计算，因为中性层的曲率半径 ρ 还未确定。为

此，需要再结合静力学关系。由图 8-5(b)可以看出，如果以截面上任意一点为中心取微元面积 dA，可以得到由正应力形成的一个合力 σdA，则整个截面上可视为作用一个平行力系，该平行力系合成的结果可能为：与 σ 平行的一个合力、对 y 轴的合力矩 M_y 以及对 z 轴的合力矩 M_z，这些合力(矩)都是截面上的内力。根据纯弯曲的特点，应用截面法分析可知，任意截面上的内力只有弯矩，且该弯矩可视为对 z 轴的合力矩，即 $M=M_z$，根据定义，

$$M = M_z = \int_A (\sigma dA) \cdot y = \int_A \left(E \frac{y^2}{\rho}\right) dA = \frac{E}{\rho} \int_A y^2 dA = \frac{E}{\rho} I_z \tag{8-6}$$

式中，$I_z = \int_A y^2 dA$ 为横截面积对 z 轴的惯性矩。

这样，中性层的曲率半径 ρ 可以由下式确定：

$$\frac{1}{\rho} = \frac{M}{EI_z} \tag{8-7}$$

将式(8-7)代入式(8-5)，不难得到正应力为

$$\sigma = \frac{M}{I_z} y \tag{8-8}$$

应用该式进行正应力计算时，需注意以下几点：

(1) 该公式的适用范围为最大正应力不超过比例极限，即：$\sigma_{max} \leqslant \sigma_p$。

(2) 该公式的推导以矩形截面梁的纯弯曲试验为前提，但是在公式推导过程中并没有用到矩形截面的性质，因此该公式适用于一切具有纵向对称轴的截面，如工字形截面梁、T 形截面梁、圆形截面梁等。

(3) 该公式的推导基于纯弯曲试验，但对于细长梁$\left(\frac{l}{h} \geqslant 5\right)$，在横力弯曲的情况下，使用该公式计算正应力，精度能达到工程要求。

在分析变形几何关系时，曾假设中性层位置在梁中间某处。实际上，根据静力分析结果，中性层的位置是可以确定的。如前所述，横截面上平行力系合成的结果有可能出现沿梁轴线方向上的合力即轴力，但在纯弯曲情况下该轴力为零。根据这一结论，可得

$$F_N = \int_A \sigma dA = \int_A \left(E \frac{y}{\rho}\right) dA = \frac{E}{\rho} \int_A y dA = 0 \tag{8-9}$$

显然，要满足这一条件，必须有

$$\int_A y dA = 0 \tag{8-10}$$

根据附录 A，静矩 $S_z = \int_A y dA$ 和形心的相互关系 $S_z = \int_y y dA = y_C A$，可以得到结论：$y_C = 0$，即中性轴通过截面的形心。这样，中性层的位置也就确定了。

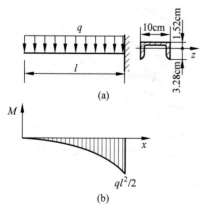

图 8-6

例 8-1 如图 8-6(a)所示，一受均布载荷的悬臂梁，其长 $l=1$m，均布载荷集度 $q=6$kN/m；梁由 10 号槽钢制成，由型钢表查得横截面的惯性矩 $I_z = 25.6$cm^4。求此梁的最大拉应力和最大压应力。

解 首先作出弯矩图,判断最大弯矩作用面。如图 8-6(b)所示,最大弯矩作用面在固定端处,其大小为

$$M_{\max} = \frac{ql^2}{2} = \frac{6000 \times 1^2}{2} \text{N} \cdot \text{m} = 3000 \text{N} \cdot \text{m}$$

根据该梁的变形特点易知,以中性层为界,上边缘处为最大拉应力作用处,下边缘处为最大压应力作用处。有

$$\sigma_{t,\max} = \frac{M_{\max}}{I_z} y_1 = \frac{3000 \times 10^3}{25.6 \times 10^4} \times 15.2 \text{MPa} = 178.125 \text{MPa}$$

$$\sigma_{c,\max} = \frac{M_{\max}}{I_z} y_2 = \frac{3000 \times 10^3}{25.6 \times 10^4} \times 32.8 \text{MPa} = 384.375 \text{MPa}$$

8.3.2 弯曲问题的几何量

式(8-8)给出了横截面上任一点处的弯曲正应力计算公式,在实际应用中,我们往往对最大正应力更为关注,因为该值是建立强度条件的依据。为此,对式(8-8)进行整理可得

$$\sigma_{\max} = \frac{M}{I_z} y_{\max} = \frac{M}{\dfrac{I_z}{y_{\max}}} = \frac{M}{W_z} \tag{8-11}$$

其中,$W_z = \dfrac{I_z}{y_{\max}}$ 称为**抗弯截面系数**。

对于简单形状的截面(如图 8-7 所示),其抗弯截面系数如下:

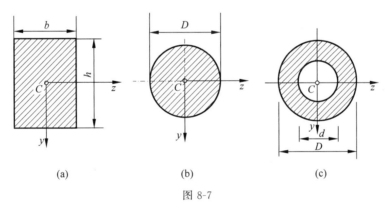

图 8-7

矩形截面:

$$W_z = \frac{bh^2}{6} \tag{8-12}$$

$$W_y = \frac{hb^2}{6} \tag{8-13}$$

圆形截面:

$$W_z = W_y = \frac{\pi D^3}{32} \tag{8-14}$$

圆环截面:

$$W_z = W_y = \frac{\pi D^3}{32}(1 - \alpha^4), \quad \alpha = \frac{d}{D} \tag{8-15}$$

8.4 弯曲正应力强度条件及应用

在计算出最大正应力后,可建立强度条件

$$\sigma_{\max} \leqslant [\sigma] \tag{8-16}$$

其中,$[\sigma]$为许用正应力。显然,利用该条件,可进行**强度校核**、**截面尺寸设计**和**许可载荷确定**等三个方面的计算。

例 8-2 如图 8-8(a)所示的等截面木梁,截面为矩形,受三个集中力作用,其中 $F=10\text{kN}$, $a=1.2\text{m}$, $[\sigma]=10\text{MPa}$, $h/b=2$,试确定梁的截面尺寸。

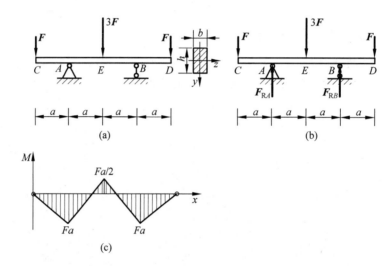

图 8-8

解 受力分析图如图 8-8(b)所示,根据对称性,容易得

$$F_{RA} = F_{RB} = \frac{5}{2}F$$

根据外力和支反力,可以作出弯矩图如图 8-8(c)所示,最大弯矩发生在 A、B 截面处,其大小为

$$M_{\max} = Fa = 12\text{kN} \cdot \text{m}$$

根据强度条件,有

$$\sigma_{\max} = \frac{M_{\max}}{W_z} = \frac{6M_{\max}}{bh^2} = \frac{6M_{\max}}{b(2b)^2} \leqslant [\sigma]$$

$$b \geqslant \sqrt[3]{\frac{3M_{\max}}{2[\sigma]}} = \sqrt[3]{\frac{3 \times 12 \times 10^6}{2 \times 10}}\text{mm} = 122\text{mm}$$

$$h = 2b = 244\text{mm}$$

最后选用 125mm×250mm 的截面。

例 8-3 如图 8-9(a)所示的辊轴为变截面梁,中段受均布载荷作用,$D=21\text{cm}$, $d=15\text{cm}$, $q=400\text{kN/m}$, $[\sigma]=100\text{MPa}$,试校核辊轴的强度。

解 首先建立相应力学模型以求取支反力。根据约束类型(两端为轴承约束)和载荷形

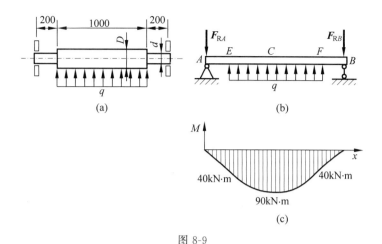

图 8-9

式,可建立如图 8-9(b)所示的简支梁模型。根据对称性,容易得到两端的支反力

$$F_{RA} = F_{RB} = \frac{1}{2} \times 400 \times 1 \text{kN} = 200 \text{kN}$$

作弯矩图,易知 AE 段、BF 段弯矩为斜直线,EF 段为抛物线。根据弯矩快速计算法则,容易确定 E 截面、F 截面和 C 截面的弯矩值:

$$M_E = M_F = F_{RA} \times l_{AE} = -40 \text{kN} \cdot \text{m}$$

$$M_C = \left(-200 \times 0.7 + 400 \times 0.5 \times \frac{0.5}{2}\right) \text{kN} \cdot \text{m} = -90 \text{kN} \cdot \text{m}$$

弯矩图如图 8-9(c)所示。可以看出,在 C 截面处,整个梁的弯矩取得极大值,但同时应该注意到,E、F 处为截面变化处,对于直径较小的 AE 和 BF 段,E、F 截面处取得最大弯矩,因此可能的危险截面为 C 和 E 或 F 处。强度校核应该在两个截面上分别进行。

首先,对于 C 截面,根据强度条件,有

$$\sigma_{\max}^{C} = \frac{M_C}{W_z} = \frac{32 M_C}{\pi D^3} = 99 \text{MPa} < 100 \text{MPa} = [\sigma]$$

其次,对于 E 或 F 截面,根据强度条件,有

$$\sigma_{\max}^{E^-0} = \sigma_{\max}^{F^+0} = \frac{32 M_E}{\pi d^3} = 121 \text{MPa} > 100 \text{MPa} = [\sigma]$$

因此,该辊轴不满足强度条件,应重新设计。

例 8-4 某桥式起重机大梁为工字形截面梁,如图 8-10(a)所示,额定起吊重量 $Q_r = 50 \text{kN}$,电葫芦自重 $G = 15 \text{kN}$,$l = 10.5 \text{m}$,$[\sigma] = 140 \text{MPa}$,$I_z = 32240 \text{cm}^4$,现拟将起重量提高到 $Q = 70 \text{kN}$,试校核梁的强度。如果强度不够,试计算可能承载的最大起重量 $Q_{\max}$。梁的自重不考虑。

解 该梁的力学模型为一简支梁,受力分析图如图 8-10(b)所示,其弯矩图如图 8-10(c)所示,最大弯矩在中间位置截面,大小为

$$M_{\max} = \frac{Q+G}{4} l = \frac{70+15}{4} \times 10.5 \text{kN} \cdot \text{m} = 223 \text{kN} \cdot \text{m}$$

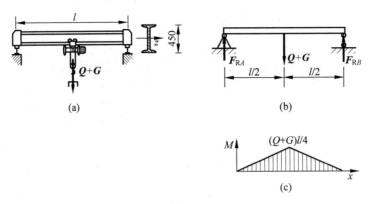

图 8-10

根据强度条件,有

$$\sigma_{max} = \frac{M_{max}}{W_z} = \frac{223 \times 10^6}{32240 \times 10^4 / 225} \text{MPa} = 155.6 \text{MPa} > 140 \text{MPa} = [\sigma]$$

因此不安全,不能将起重量提高到 $Q = 70 \text{kN}$。

根据强度条件,容易计算允许的最大弯矩为

$$M'_{max} = W_z [\sigma] = 200 \text{kN} \cdot \text{m}$$

根据弯矩和外载荷的关系

$$M'_{max} = \frac{(Q_{max} + G)l}{4}$$

容易求得许可载荷

$$Q_{max} = \frac{4M'_{max}}{l} - G = 61.2 \text{kN}$$

例 8-5 如图 8-11(a)所示为 T 字形截面梁,$I_z = 4.5 \times 10^7 \text{mm}^4$,$y_1 = 50 \text{mm}$,$y_2 = 140 \text{mm}$,梁的材料为铸铁,许用拉应力 $[\sigma_t] = 30 \text{MPa}$,许用压应力 $[\sigma_c] = 140 \text{MPa}$,试校核梁的强度。

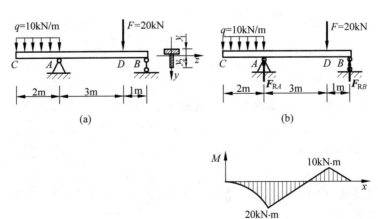

图 8-11

解 对该梁进行受力分析,如图 8-11(b)所示,根据静力学平衡方程容易求得

$$F_{RA} = 30\text{kN}, \quad F_{RB} = 10\text{kN}$$

其弯矩图如图 8-11(c)所示,可以看出,在 A 处截面负弯矩达到最大值,在 D 处正弯矩达到最大值,分别为

$$M_{\max}^+ = M_D = 10\text{kN} \cdot \text{m}$$

$$M_{\max}^- = M_A = 20\text{kN} \cdot \text{m}$$

注意到梁的截面形状不是关于中性层对称的,而且梁的材料为脆性材料,其抗拉和抗压强度不同,因此有可能出现两个危险截面,即截面 A 和截面 D,根据弯矩正负,可知截面 A 的下边缘及截面 D 的上边缘受压,截面 A 的上边缘及截面 D 的下边缘受拉,此四处即为危险点。在 D 处截面,最大拉应力和最大压应力分别为:

$$\sigma_{t,\max}^D = \frac{M_D}{I_z} y_2 = \frac{10 \times 10^6}{4.5 \times 10^7} \times 140 \text{MPa} = 31.1 \text{MPa}$$

$$\sigma_{c,\max}^D = \frac{M_D}{I_z} y_1 = \frac{10 \times 10^6}{4.5 \times 10^7} \times 50 \text{MPa} = 11.1 \text{MPa}$$

在 A 处,

$$\sigma_{t,\max}^A = \frac{M_A}{I_z} y_1 = \frac{20 \times 10^6}{4.5 \times 10^7} \times 50 \text{MPa} = 22.2 \text{MPa}$$

$$\sigma_{c,\max}^A = \frac{M_A}{I_z} y_2 = \frac{20 \times 10^6}{4.5 \times 10^7} \times 140 \text{MPa} = 62.2 \text{MPa}$$

经过比较,可以确定整个梁的最大拉应力在 D 截面上,而最大压应力在 A 截面上,且

$$\sigma_{t,\max} = 31.1 \text{MPa} > [\sigma_t] = 30 \text{MPa}$$

$$\sigma_{c,\max} = 62.2 \text{MPa} < [\sigma_c] = 140 \text{MPa}$$

尽管最大拉应力超出了许用拉应力,但

$$\frac{\sigma_{t,\max} - [\sigma_t]}{[\sigma_t]} \times 100\% = 3.7\% < 5\%$$

因此,可以认为该梁满足强度要求。

8.5 弯曲切应力

8.5.1 矩形截面梁的切应力

以矩形截面梁为例,假设为一般的横力弯曲情形,如图 8-12 所示。关于切应力分布规律,可以作如下假设:

(1) 切应力 τ 与竖直边相切,与剪力 F_S 方向一致;
(2) 切应力 τ 沿宽度方向不变,仅是高度 y 的函数。

根据上面的两个假设,结合静力学平衡方程以及截面上弯矩和剪力的微分关系,可获得横截面上切应力的计算公式。推导过程如下:

首先截取梁微段 $\mathrm{d}x$,如图 8-13(a)所示,在横力弯曲的情况下可知在左右两侧截面上同时存在剪力和弯矩,对应地,存在切应力和正应力。假设左侧截面上的弯矩为 M,则右侧截

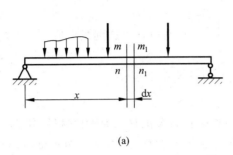 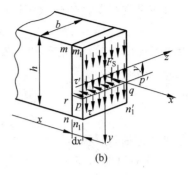

图 8-12

面上的弯矩可以表示为 $M+\mathrm{d}M$。在离中性层距离为 y 以下再截取长方体 $prnn_1\text{-}p'r'n'n_1'$ 研究,如图 8-13(b)所示。假设横截面上在距离中性层 y 处切应力为 τ,根据切应力互等定理可知在上表面上有大小相等、方向背离交线的切应力 τ' 存在,由于取微段 $\mathrm{d}x$ 研究,可以认为 τ' 在上表面上均匀分布,从而形成合力 $\tau'b\mathrm{d}x$,其方向沿 x 轴。

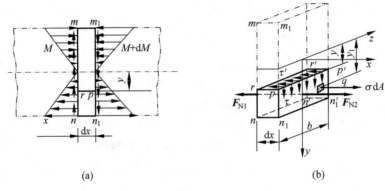

图 8-13

横截面上除了切应力,还存在正应力,在长方体 $prnn_1\text{-}p'r'n'n_1'$ 右侧截面上任意取一点研究,可以得到合力 $\sigma\mathrm{d}A$,对截面上所有微元面积上的合力 $\sigma\mathrm{d}A$ 进行合成,其结果为轴力,记为 F_{N2};同理,左侧截面上的轴力记为 F_{N1}。对长方体 $prnn_1\text{-}p'r'n'n_1'$,列 x 方向上的静力学平衡方程,可得

$$\sum F_x = 0, \quad F_{N2} - F_{N1} - \tau'b\mathrm{d}x = 0 \tag{8-17}$$

根据定义,轴力 F_{N2} 可计算为

$$F_{N2} = \int_{A_1} \sigma \mathrm{d}A \tag{8-18}$$

式中,A_1 为长方体 $prnn_1\text{-}p'r'n'n_1'$ 右侧截面 $pn_1\text{-}n_1'p'$ 的面积

注意到

$$\sigma = \frac{(M+\mathrm{d}M)}{I_z} y_1 \tag{8-19}$$

其中,y_1 为 $\mathrm{d}A$ 中心到中性轴的距离。将式(8-19)代入式(8-18)可得

$$F_{N2} = \int_{A_1} \frac{(M+\mathrm{d}M)}{I_z} y_1 \mathrm{d}A = \frac{(M+\mathrm{d}M)}{I_z} \int_{A_1} y_1 \mathrm{d}A = \frac{(M+\mathrm{d}M)}{I_z} S_z^* \tag{8-20}$$

其中，S_z^* 为长方体 $prnn_1$ 右侧截面的面积 A_1 对中性轴的静矩，也就是整个矩形截面距中性轴为 y 的横线 pq 以下部分面积对中性轴 z 的静矩。

同理，长方体 $prnn_1$ 左侧截面上的轴力为

$$F_{N1} = \int_{A_1} \frac{M}{I_z} y_1 dA = \frac{M}{I_z} \int_{A_1} y_1 dA = \frac{M}{I_z} S_z^* \tag{8-21}$$

将式(8-21)、式(8-20)代入式(8-17)可得

$$\frac{(M+dM)}{I_z} S_z^* - \frac{M}{I_z} S_z^* - \tau' b dx = 0 \tag{8-22}$$

整理得

$$\tau' = \frac{dM}{dx} \cdot \frac{S_z^*}{I_z b} \tag{8-23}$$

根据任意横截面上剪力和弯矩的微分关系，上式可进一步化为

$$\tau' = \frac{F_S S_z^*}{I_z b} \tag{8-24}$$

最后，根据切应力互等定理可得

$$\tau = \frac{F_S S_z^*}{I_z b} \tag{8-25}$$

其中，F_S 为截面上的剪力；b 为截面宽度；I_z 为整个截面关于中性轴的惯性矩；$S_z^* = S_z^*(y)$，为距中性轴为 y 的横线以下部分面积对中性轴的静矩。

应用式(8-25)，可获得矩形截面上切应力的分布规律。首先计算静矩 S_z^*，如图 8-14(a)所示，根据静矩和形心的关系，不难得到

$$S_z^* = A_1 y_C = \frac{b}{2} \left(\frac{h^2}{4} - y^2 \right) \tag{8-26}$$

其中 $A_1 = b\left(\frac{h}{2} - y\right)$，$y_C = y + \frac{1}{2}\left(\frac{h}{2} - y\right)$。

将上式代入式(8-25)可得

$$\tau = \frac{F_S}{2I_z} \left(\frac{h^2}{4} - y^2 \right) \tag{8-27}$$

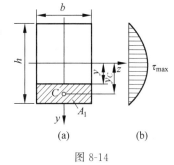

图 8-14

可见，矩形截面梁横截面上切应力的分布规律为抛物线形式，如图 8-14(b)所示。根据上式容易确定切应力极值及位置。

$$\tau_{\max} = \tau \Big|_{y=0} = \frac{F_S h^2}{8 I_z} = \frac{3 F_S}{2A} \tag{8-28}$$

$$\tau_{\min} = \tau \Big|_{y=\pm\frac{h}{2}} = 0 \tag{8-29}$$

即，截面上最大切应力在中性轴处，且可视为截面平均切应力的 1.5 倍；最小切应力在截面上下边缘处，为零。

8.5.2 工字形截面梁的切应力

工字形截面梁是工程实际中经常使用的一种梁。该梁的横截面由腹板和翼缘组成，如

图 8-15(a)所示,其中腹板承担了大部分剪力作用,在计算切应力时关于矩形截面切应力分布的两个假设仍然适用,计算公式为

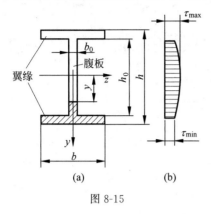

图 8-15

$$\tau = \frac{F_S S_z^*}{I_z b} \quad (8\text{-}30)$$

其中,S_z^* 为图中阴影部分面积对中性轴 z 轴的静矩,根据静矩和形心的对应关系,不难确定 S_z^*:

$$S_z^* = b\left(\frac{h}{2} - \frac{h_0}{2}\right)\left[\frac{h_0}{2} + \frac{1}{2}\left(\frac{h}{2} - \frac{h_0}{2}\right)\right] + b_0\left(\frac{h_0}{2} - y\right)\left[y + \frac{1}{2}\left(\frac{h_0}{2} - y\right)\right]$$

$$= \frac{b}{8}(h^2 - h_0^2) + \frac{b_0}{2}\left(\frac{h_0^2}{4} - y^2\right) \quad (8\text{-}31)$$

因此,切应力公式(8-30)可表示为

$$\tau = \frac{F_S}{I_z b_0}\left[\frac{b}{8}(h^2 - h_0^2) + \frac{b_0}{2}\left(\frac{h_0^2}{4} - y^2\right)\right] \quad (8\text{-}32)$$

可以看出,腹板上的切应力分布为抛物线规律,如图 8-15(b)所示。切应力最大值和最小值分别为

$$\tau_{\max} = \tau(0) = \frac{F_S}{I_z b_0}\left[\frac{bh^2}{8} - (b - b_0)\frac{h_0^2}{8}\right] \quad (8\text{-}33)$$

$$\tau_{\min} = \tau\left(\pm\frac{h}{2}\right) = \frac{F_S}{I_z b_0}\left[\frac{bh^2}{8} - \frac{bh_0^2}{8}\right] \quad (8\text{-}34)$$

由于腹板宽度和翼缘宽度相比很小,因此最大切应力和最小切应力相差不大,可以认为腹板上的切应力分布是均匀的。此外,若计算图 8-15(b)所示应力分布图的面积再乘以宽度 b_0,可以得到腹板上的总剪力 F_{S1},结果表明该值为整个截面上剪力的 95%~97%,从而说明腹板承受了截面上大部分的剪力。进一步,可以用平均切应力近似计算腹板上任意位置的切应力:

$$\tau = \frac{F_S}{h_0 b_0} \quad (8\text{-}35)$$

除了腹板上的切应力,在翼缘上也分布有切应力,而且除了有与剪力方向平行的切应力,还有与剪力方向垂直的切应力,这两种方向的切应力形成了切应力流。但是翼缘上的切应力与腹板上的切应力相比一般可以忽略不计。另一方面,根据正应力分布特点可知,在翼缘处正应力较大,因此翼缘部分主要承担弯矩的作用。

8.5.3 切应力强度条件

计算出截面上最大切应力后,可建立切应力强度条件:

$$\tau_{\max} \leqslant [\tau] \quad (8\text{-}36)$$

其中,$[\tau]$ 为许用切应力。应用上式,可对梁进行切应力强度计算。但对于细长梁而言,一般只需要进行正应力强度计算,除了以下几种情况:

(1) 在支座附近作用有较大载荷,此时支座附近剪力可能较大,而弯矩可能很小,因此需要同时进行正应力和切应力强度计算。

(2) 对于一些非标准的腹板较高且较薄的梁如工字梁而言,腹板承受绝大部分的剪力而翼缘主要承受弯矩,需要同时进行正应力和切应力的强度计算。

(3) 经焊接、铆接或胶合而成的梁,对焊缝、铆钉或胶合面等部位需进行切应力强度计算。

例 8-6 简支梁如图 8-16(a)所示,已知 $l=2\mathrm{m}$, $a=0.2\mathrm{m}$, $q=10\mathrm{kN/m}$, $F=200\mathrm{kN}$。材料的许用应力 $[\sigma]=160\mathrm{MPa}$, $[\tau]=100\mathrm{MPa}$,试选择工字钢型号。

解 根据载荷作用方式,作出剪力图和弯矩图,如图 8-16(b)、(c)所示。可以看出,集中力作用在支座附近,导致支座附近剪力较大而弯矩较小,因此需要进行切应力强度计算。此外,最大弯矩作用在中间点截面,需要进行正应力强度计算。

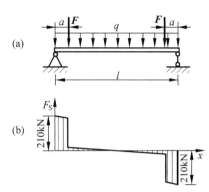

首先进行正应力强度计算。根据正应力强度条件有

$$W_z \geqslant \frac{M_{\max}}{[\sigma]} = \frac{45 \times 10^3}{160 \times 10^6} \mathrm{m}^3 = 2.81 \times 10^{-4} \mathrm{m}^3$$
$$= 281 \times 10^3 \mathrm{mm}^3$$

查型钢表,可选 22a 工字钢,对应的实际截面几何性质为

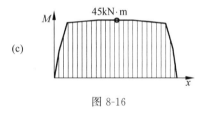

图 8-16

$$W_z = 309 \times 10^3 \mathrm{mm}^3, \quad I_z/S_{z\max}^* = 189\mathrm{mm}, \quad b_0 = 7.5\mathrm{mm}$$

在靠近支座处进行切应力强度校核,根据前面的讨论可知,截面中性轴处切应力最大,可计算得

$$\tau_{\max} = \frac{F_S S_{z\max}^*}{I_z b_0} = \frac{210 \times 10^3}{7.5 \times 10^{-3} \times 189 \times 10^{-3}} \mathrm{Pa} = 148 \times 10^6 \mathrm{Pa}$$
$$= 148 \mathrm{MPa} > 100 \mathrm{MPa} = [\tau]$$

其中,$S_{z\max}^*$ 为中性轴以下部分面积对中性轴的静矩。从结果可以看出,切应力不满足强度条件,因此需要重新选择工字钢型号,若选 25b 型,此时 $I_z/S_{z\max}^* = 213\mathrm{mm}$, $b_0 = 10\mathrm{mm}$,代入强度条件计算公式得

$$\tau_{\max} = \frac{F_S S_{z\max}^*}{I_z b_0} = \frac{210 \times 10^3}{10 \times 10^{-3} \times 213 \times 10^{-3}} \mathrm{Pa} = 98.6 \times 10^6 \mathrm{Pa}$$
$$= 98.6 \mathrm{MPa} < 100 \mathrm{MPa} = [\tau]$$

此时,梁同时满足正应力强度条件和切应力强度条件。

8.6 提高弯曲强度的措施

根据梁的强度条件可知,要提高梁的抗弯强度,应减小最大应力值。由于对细长梁而言正应力是影响梁的强度的主要因素,因此弯曲正应力强度条件可作为提高弯曲强度的主要依据,即

$$\sigma_{\max} = \frac{M_{\max}}{W_z} \leqslant [\sigma]$$

可以看出,要减小最大正应力,可以从减小最大弯矩和提高抗弯截面系数这两方面入手:①减小最大弯矩 $M_{\max}$。根据截面上弯矩的计算公式,要减小弯矩值,可通过减小外力和减小力臂来实现。②提高抗弯截面系数 W_z。简单的方法是增大截面积,但这会造成设计的经济性变差。根据截面上正应力分布的特点,可以在截面积不增加的情况下,通过合理设计截面形状达到在同样截面积的情况下 W_z 最大化。下面具体说明一些减小最大弯矩 $M_{\max}$ 和提高抗弯截面系数 W_z 的措施。

(1) 合理布置支座以减小最大弯矩 $M_{\max}$。

如图 8-17(a)所示,某简支梁受到均布载荷 q 作用,其弯矩图为一抛物线,最大弯矩为 $ql^2/8$,若将支座向内移动一段距离 a,如图 8-17(b)所示,则弯矩最大值由 $ql^2/8$ 减小为 $ql^2/8 - qla/2$。可见,在载荷不变的情况下,合理布置支座位置可以达到减小最大弯矩的目的,例如门式起重机的大梁支腿、卧式储罐和运油的槽车罐等的鞍座均略向中间移动。

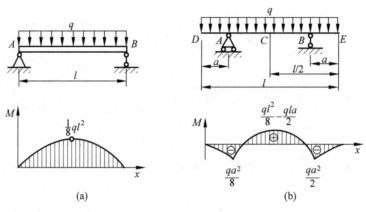

图 8-17

(2) 分散载荷以减小最大弯矩 $M_{\max}$。

如图 8-18(a)所示,某简支梁中间作用有一集中力,对应的弯矩图为一三角形,最大弯矩在中间,大小为 $FL/4$。如果在简支梁上再作用一简支梁,则对原简支梁而言,集中力变成了

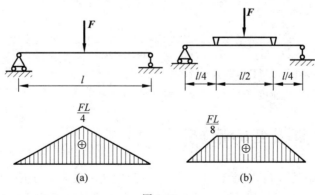

图 8-18

两个,大小为 $F/2$,相应的弯矩图如图 8-18(b)所示,可以看出最大弯矩与原作用方式相比减小了一半。

(3) 截面形状优化以提高抗弯截面系数 W_z。

根据正应力的分布规律可知,越远离中性轴,正应力越大,因此,把材料布置在远离中性轴处是合理的截面设计方式。在截面积不变的情况下,可引入 W_z/A 这一指标来衡量截面设计是否达到了以较少的材料获得较高的抗弯截面系数这一要求。显然,这一指标综合反映了经济性和安全性。如图 8-19(a)所示为一圆形截面,其抗弯截面系数与横截面积的比值为 $W_z/A=D/8=0.125D$;若将该截面换成等面积的方形截面,如图 8-19(b)所示,则其抗弯截面系数和横截面积的比值为 $W_z/A=0.148D$;同理,若换成同等面积的矩形截面,如图 8-19(c)所示,假设高宽比为 2,则计算可得抗弯截面系数和横截面积的比值为 $W_z/A=0.21D$。不难看出,从圆形截面到矩形截面,材料逐渐从靠近中性轴变成远离中性轴的布置方式,达到了在同样面积的情况下增大抗弯截面系数的目的[①]。

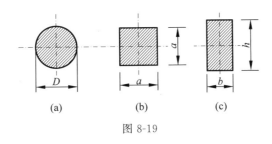

图 8-19

(4) 采用等强度梁。

除了上面介绍的截面形状优化,工程实际中,将经济性和安全性有机结合的梁的另一种设计方式是等强度梁。根据正应力的计算公式,最大正应力 σ_{max} 由最大弯矩 M_{max} 和抗弯截面系数 W_z 决定。一般而言,弯矩在不同位置的截面,其大小是不同的,如果在弯矩较大的截面位置设计较大的抗弯截面系数,而在弯矩较小的截面位置相应减小抗弯截面系数,则可以使得整个梁所有截面的最大正应力 σ_{max} 都相同,这就是所谓的等强度梁。工程实际中,这样的例子是经常遇到的,如鱼腹梁、阶梯轴等,如图 8-20 所示。

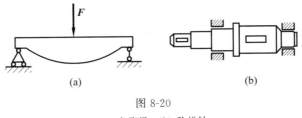

图 8-20
(a) 鱼腹梁;(b) 阶梯轴

---

① 对于梁的截面合理设计,中国北宋年间李诫所著《营造法式》(1103 年出版)一书中推荐的矩形截面梁的高宽比为 1.5。700 余年后,英国的托马斯·杨(Thomas Young,1773—1829)于 1807 年著《自然哲学与机械技术讲义》一书给出的合理高宽比理论解为 $\sqrt{2}$(强度最佳)和 $\sqrt{3}$(刚度最佳),《营造法式》中推荐的高宽比介于二者之间,令人称奇,体现了中国古代科学家的智慧。

习题

8-1 矩形截面梁的上表面受集度为 q 的水平均布载荷作用,如图所示。试导出梁横截面上切应力 τ 的计算公式,并画出切应力 τ 的方向及沿截面高度的变化规律。

8-2 图示截面梁对中性轴的惯性矩 $I_z = 291 \times 10^4 \text{mm}^4$,$y_C = 65\text{mm}$,$C$ 为形心。

(1) 画梁的剪力图和弯矩图;

(2) 求梁的最大拉应力、最大压应力和最大切应力。

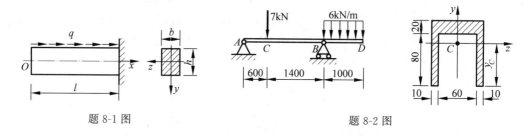

题 8-1 图　　　　　　　　　题 8-2 图

8-3 小锥度变截面悬臂梁如图所示,直径 $d_b = 2d_a$,试确定最大正应力的位置并求其大小。

8-4 图示矩形截面梁,宽度 b 不变,许用应力为 $[\sigma]$,试写出强度条件表达式。

8-5 外伸梁由圆木制成,如图所示,已知作用力 $F = 5\text{kN}$,许用应力 $[\sigma] = 10\text{MPa}$,长度 $a = 1\text{m}$,确定所需木材的最小直径 d。

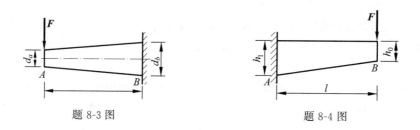

题 8-3 图　　　　　　　　　题 8-4 图

8-6 如图所示,力 F 直接作用在梁 AB 中点时,梁内的最大正应力超过许用应力 30%。当配置了辅助梁 CD 后,强度满足要求,已知梁长 $l = 6\text{m}$,试求此辅助梁的跨度 a。

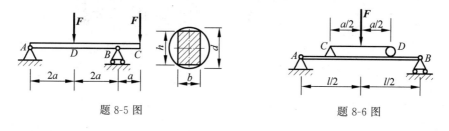

题 8-5 图　　　　　　　　　题 8-6 图

8-7 T 字形截面外伸梁如图所示,已知 $\dfrac{[\sigma]^-}{[\sigma]^+} = 3$。试求该梁最合理的外伸长度。

8-8 矩形截面梁顶面与底面受大小相等、方向相反的均布载荷 $q(\text{kN/m})$ 作用。若梁截面的正应力公式 $\sigma = My/I$ 和关于切应力沿截面宽度方向均匀分布的假设成立,试证明梁横截面上的切应力公式为：$\tau = qhS_z/(bI_z) - q/b$。

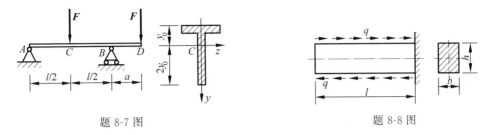

题 8-7 图　　　　　　　　　题 8-8 图

8-9　材料相同的两梁叠放，尺寸及受力如图，已知材料的弹性模量 E，许用应力 $[\sigma]$。试求：

（1）许可载荷 $[F]$；

（2）在 $[F]$ 作用下，两梁在交界面 AB 处的纵向长度之差 δ（不计梁间摩擦）。

8-10　图示简支梁，若横截面高度 h 保持不变，试根据等强度的观点确定截面宽度 $b(x)$ 的变化规律。为了保证剪切强度，该梁的最小宽度 $b_{\min}$ 应为多少？（假设材料的 $[\sigma]$、$[\tau]$ 为已知）

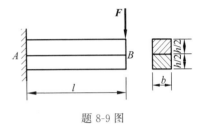

题 8-9 图

8-11　图示圆截面梁，已知材料的许用应力 $[\sigma]$ 及许用切应力 $[\tau]$，试按等强度梁确定梁的形状。

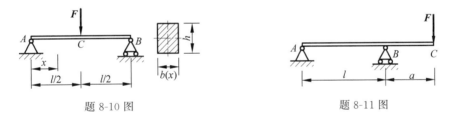

题 8-10 图　　　　　　　　　题 8-11 图

8-12　图示矩形截面木梁，$b=200\mathrm{mm}$，$h=300\mathrm{mm}$，因强度不足，在梁顶与梁底各加 $200\mathrm{mm} \times 10\mathrm{mm}$ 的钢板加固，木材与钢材的弹性模量之比 $n=E_1/E_2=1/20$，木材的许用应力 $[\sigma]=10\mathrm{MPa}$，钢的许用应力 $[\sigma]=140\mathrm{MPa}$，试求梁能承受的最大弯矩。

8-13　圆截面外伸梁，其外伸部分是空心的，梁的受力与尺寸如图所示。图中尺寸单位为 mm。已知 $F_P=10\mathrm{kN}$，$q=5\mathrm{kN/m}$，许用应力 $[\sigma]=140\mathrm{MPa}$，试校核梁的强度。

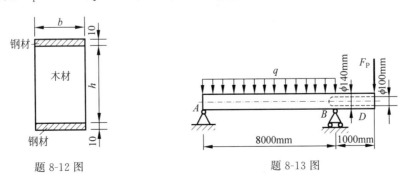

题 8-12 图　　　　　　　　　题 8-13 图

8-14 一铸铁外伸梁的受力和横截面尺寸如图所示。已知截面对 z 轴的惯性矩为 $I_z = 7.64 \times 10^6 \text{mm}^4$,铸铁材料的拉、压许用应力分别为$[\sigma_t] = 60\text{MPa}$ 和 $[\sigma_c] = 80\text{MPa}$。

(1) 绘制梁的剪力图和弯矩图;

(2) 校核此梁的弯曲正应力是否安全。

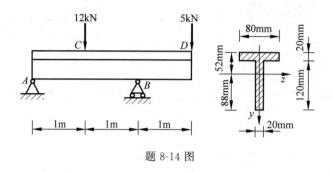

题 8-14 图

第 9 章 弯曲变形

9.1 概述

工程结构中,受弯杆件除了满足强度条件外,还应满足一定的刚度条件,即弯曲变形不能太大,否则构件不能正常工作[①]。如桥式吊梁在自重和起吊重量作用下发生弯曲变形,当变形过大时,会引起较大的振动,破坏起吊工作的平稳性,这表明刚度在设计中非常重要。前一章在研究弯曲应力时发现:梁上原为直线的轴线在纵向对称面内变成与梁的横截面垂直的光滑而连续的曲线,且横截面相对于原来位置转过了一个角度,如图 9-1 所示。显然,梁变形后轴线的曲线形状以及截面转动的角度是十分重要的,它们是衡量梁刚度好坏的重要指标。此外,它们也是建立超静定梁变形协调方程的基础。下面探讨梁的弯曲变形。

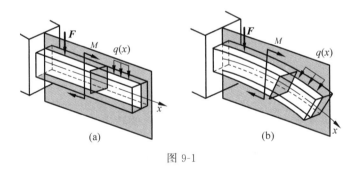

图 9-1

9.2 梁挠曲线近似微分方程

9.2.1 挠度

在线弹性小变形假设条件下,变形前的梁轴线为 x 轴,竖直向上为 y 轴,如图 9-2 所示。梁在对称弯曲情况下,其轴线由直线变为纵向对称 xy 平面内的曲线,称为挠曲线。显然,挠曲线是连续光滑曲线。

---

① 世界最著名的大桥风毁事件——1940 年美国塔科马悬索桥在风载荷作用下发生弯曲变形过大而断裂。

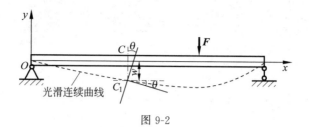

图 9-2

挠曲线上横坐标为 x 的任意点对应的纵坐标(或 y 方向的位移)w 称为该点的挠度。在小变形情况下，梁轴线上各点在 x 方向的位移往往忽略不计。显然，梁轴线上各点变形后的挠度的连线构成挠曲线方程，即

$$w = w(x) \tag{9-1}$$

一般情况下规定：挠度与 y 轴正向一致为正，与 y 轴负向一致为负。在图 9-2 所示坐标系中，向上的挠度为正。值得注意的是：①梁上坐标系可以任意选取，例如坐标原点可以放在梁轴线的任意地方；②挠曲线往往是分段函数，这样梁的坐标系可采用整体坐标系也可采用局部坐标系。

9.2.2 转角

弯曲变形中，**梁的横截面相对于原来位置转过的角度 θ 称为截面的转角**，如图 9-2 所示。从图中可以看出：转角 θ 是挠曲线的切线与 x 轴正向的夹角。即

$$\tan\theta = \frac{\mathrm{d}w(x)}{\mathrm{d}x} \tag{9-2}$$

由于梁的变形是小变形，因此梁的挠度和转角都很小，这样 $\theta \approx \tan\theta$，于是式(9-2)可写为

$$\theta = \frac{\mathrm{d}w(x)}{\mathrm{d}x} \tag{9-3}$$

式(9-3)表明转角为挠度对 x 的导数。规定：逆时针的转角为正，顺时针的转角为负。梁的挠度和转角正负号的规定在图 9-3 中画出。需要注意的是：转角和挠度必须在相同的坐标系下描述，它们是度量弯曲变形的两个基本量。

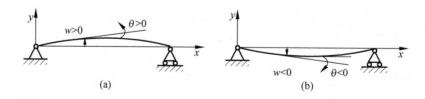

图 9-3
(a) 正的挠度和转角；(b) 负的挠度和转角

9.2.3 挠曲线近似微分方程

由上章知识知：忽略剪力对变形的影响，梁平面弯曲的曲率与弯矩之间的关系为

$$\frac{1}{\rho(x)} = \frac{M(x)}{EI_z} \tag{a}$$

由高等数学知识知,曲线 $w=w(x)$ 上任一点处的曲率为

$$\frac{1}{\rho(x)}=\pm\frac{w''(x)}{[1+w'(x)^2]^{\frac{3}{2}}} \tag{b}$$

由式(a)和式(b)知:

$$\pm\frac{w''(x)}{[1+w'(x)^2]^{\frac{3}{2}}}=\frac{M(x)}{EI_z}$$

显然,上式中的正负号取决于 M 和 $w''(x)$ 的符号。当 $M>0$ 时,由弯矩正号规定知梁的上部受压、下部受拉,此时挠曲线为凹函数。在图 9-2 所示坐标系下,$w''(x)$ 为正,从而左端取"+"。当 $M<0$ 时,梁的下部受压、上部受拉,此时挠曲线为凸函数,故 $w''(x)$ 为负,所以左端应取"+"。综合以上分析可得

$$\frac{w''(x)}{[1+w'(x)^2]^{\frac{3}{2}}}=\frac{M(x)}{EI_z} \tag{9-4}$$

式(9-4)是挠曲线的微分方程,是非线性的,它适用于弯曲变形的任何情况。但工程实际中为了求解方便,可将式(9-4)线性化。因为在小变形假设条件下,挠曲线 $w=w(x)$ 是一条光滑平坦的曲线,转角 $\theta(x)\approx w'(x)$ 很小,这样式(9-4)左端分母中 $w'(x)^2\ll 1$。于是,挠曲线方程(9-4)可近似为

$$\frac{\mathrm{d}^2 w}{\mathrm{d}x^2}=\frac{M(x)}{EI} \tag{9-5}$$

式(9-5)称为挠曲线的近似微分方程。其中,$I=I_z$ 是梁截面对中性轴的惯性矩。它适用于线弹性范围内发生小变形的平面弯曲问题,近似性体现在忽略剪力影响、忽略 $w'(x)^2$ 项及 $\theta\approx\tan\theta$。需要注意的是:若弯矩是分段函数,则挠曲线和转角都是分段函数且它们的分段数目与弯矩分段数目相同。

9.3 积分法计算弯曲变形

由梁的挠曲线近似微分方程(9-5)知:只要知道了弯矩方程,积分一次可得转角方程 $\theta(x)=w'(x)$,即

$$\theta(x)=\int\frac{M(x)}{EI}\mathrm{d}x+C \tag{9-6}$$

两边同时再积分一次可得挠曲线方程

$$w(x)=\int\left[\int\frac{M(x)}{EI}\mathrm{d}x\right]\mathrm{d}x+Cx+D \tag{9-7}$$

式(9-6)、式(9-7)分别为梁弯曲变形的转角和挠曲线积分方程,其中 C、D 为待定积分常数,其值可由边界条件、连续条件和光滑条件确定。边界条件如:固定铰支处挠度为零,即 $w=0$;滚动铰支处挠度为零,即 $w=0$;固定端处挠度和转角分别为零,即 $w=0,\theta=0$。连续条件和光滑条件是指任一点处的挠度和转角相等。若弯矩在梁上是连续函数,只需给出两个边界条件就可以确定积分常数 C 和 D;若弯矩在梁上是分段函数,不仅要列出边界条件,还需要根据分界点处的挠度相等和转角相等(连续条件和光滑条件)来求解所有的积分常数,

进而得到转角方程和挠曲线方程。

需要注意的是：在求转角方程和挠曲线方程时，也可采用局部坐标系进行求解，只是相应的弯矩 $M(x)$、抗弯刚度 EI、边界条件和连续性条件都必须在相同的局部坐标系下写出。下面通过例题说明如何用积分法求挠度和转角。

例 9-1 如图 9-4 所示，长为 l、抗弯刚度 EI 为常数的悬臂梁，自由端受 F 作用，求此梁的挠曲线方程和转角方程，并求挠度和转角的最大值。

解 建立如图 9-4 所示坐标系，弯矩方程为 $M = -F(l-x)$，代入式(9-6)和式(9-7)可得

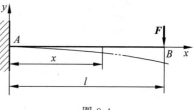

图 9-4

$$\theta(x) = \int \frac{M(x)}{EI} dx + C = \frac{1}{EI}\left(\frac{Fx^2}{2} - Flx\right) + C$$

$$w(x) = \int \theta(x) dx + D = \frac{1}{EI}\left(\frac{Fx^3}{6} - \frac{Flx^2}{2}\right) + Cx + D$$

由边界条件知

$$\theta(x)\big|_{x=0} = 0 \Rightarrow C = 0, \quad w(x)\big|_{x=0} = 0 \Rightarrow D = 0$$

可得转角方程和挠曲线方程：

$$\theta(x) = \frac{1}{EI}\left(\frac{Fx^2}{2} - Flx\right), \quad w(x) = \frac{1}{EI}\left(\frac{Fx^3}{6} - \frac{Flx^2}{2}\right)$$

最大转角和最大挠度均发生在自由端 B 截面，即 $x=l$ 处，其值分别为

$$\theta_{\max} = \theta(l) = -\frac{Fl^2}{2EI}, \quad w_{\max} = w(l) = -\frac{Fl^3}{3EI}$$

例 9-2 梁 AB 用拉杆 BD 支承，载荷及尺寸如图 9-5(a)所示，AB 的抗弯刚度 EI 和 BD 的抗拉刚度 EA 均为常数，求梁中点的挠度及支座 A 处的转角。

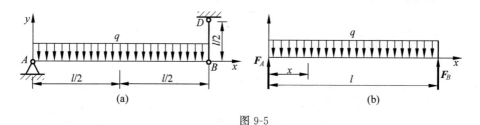

图 9-5

解 (1) 求支反力和弯矩

由于 BD 为二力杆且 AB 梁上载荷对称，容易求得

$$F_A = F_B = \frac{ql}{2}$$

在图 9-5(b)所示坐标系中，梁的弯矩方程为

$$M(x) = \frac{qx(l-x)}{2}, \quad 0 \leqslant x \leqslant l$$

(2) 求转角方程和挠曲线方程

将弯矩方程代入式(9-6)和式(9-7)可得

$$\theta(x) = \int \frac{M(x)}{EI}\mathrm{d}x + C = \frac{qx^2}{2EI}\left(\frac{l}{2} - \frac{x}{3}\right) + C$$

$$w(x) = \int \theta(x)\mathrm{d}x + D = \frac{qx^3}{12EI}\left(l - \frac{x}{2}\right) + Cx + D$$

边界条件为

$$w(0) = 0, \quad w(l) = -\Delta l = -\frac{\dfrac{ql}{2} \cdot \dfrac{l}{2}}{EA} = -\frac{ql^2}{4EA}$$

从而解得积分常数为

$$D = 0, \quad C = -\left(\frac{ql^3}{24EI} + \frac{ql}{4EA}\right)$$

将积分常数代入转角方程和挠曲线方程,可得

$$\theta(x) = \frac{qx^2}{2EI}\left(\frac{l}{2} - \frac{x}{3}\right) - \frac{ql}{4EI}\left(\frac{l^2}{6} + \frac{I}{A}\right)$$

$$w(x) = \frac{qx^3}{12EI}\left(l - \frac{x}{2}\right) - \frac{qlx}{4EI}\left(\frac{l^2}{6} + \frac{I}{A}\right)$$

(3) 求梁中点的挠度及支座处的转角

梁中点的挠度为

$$w_C = w\left(\frac{l}{2}\right) = \frac{q(l/2)^3}{12EI}\left(l - \frac{l}{4}\right) - \frac{ql^2}{8EI}\left(\frac{l^2}{6} + \frac{I}{A}\right) = -\left(\frac{5ql^4}{384EI} + \frac{ql^2}{8EA}\right) \quad (\downarrow)$$

支座处的转角为

$$\theta_A = \theta(0) = -\frac{ql^2}{4EI}\left(\frac{l^2}{6} + \frac{I}{A}\right) = -\left(\frac{ql^4}{24EI} + \frac{ql^2}{4EA}\right) \quad (\curvearrowright)$$

例 9-3 抗弯刚度 EI 为常数的简支梁上的载荷和几何尺寸如图 9-6 所示,用积分法求转角方程、挠曲线方程及 A 处的转角。

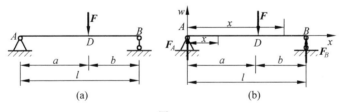

图 9-6

解 (1) 求支座反力和弯矩方程

由静力学知识,很容易解得约束反力为

$$F_A = \frac{Fb}{l}, \quad F_B = \frac{Fa}{l}$$

对于图 9-6(b)所示坐标系,可得弯矩方程为

$$M = \begin{cases} \dfrac{Fb}{l}x, & 0 \leqslant x \leqslant a \\ \dfrac{Fb}{l}x - F(x-a), & a \leqslant x \leqslant l \end{cases}$$

(2) 求转角方程和挠曲线积分方程

将弯矩方程代入转角方程和挠曲线积分方程,可得

$$\theta(x) = \begin{cases} \dfrac{1}{EI}\left(\int M\mathrm{d}x + C_1\right) = \dfrac{1}{EI}\left(\dfrac{Fbx^2}{2l} + C_1\right), & 0 \leqslant x \leqslant a \\ \dfrac{1}{EI}\left(\int M\mathrm{d}x + C_2\right) = \dfrac{1}{EI}\left[\dfrac{Fbx^2}{2l} - \dfrac{F}{2}(x-a)^2 + C_2\right], & a \leqslant x \leqslant l \end{cases}$$

$$w(x) = \int \theta(x)\mathrm{d}x = \begin{cases} \dfrac{1}{EI}\left(\dfrac{Fbx^3}{6l} + C_1 x + D_1\right), & 0 \leqslant x \leqslant a \\ \dfrac{1}{EI}\left[\dfrac{Fbx^3}{6l} - \dfrac{F}{6}(x-a)^3 + C_2 x + D_2\right], & a \leqslant x \leqslant l \end{cases}$$

(3) 确定积分常数

边界条件:

$$w(0) = 0 \Rightarrow D_1 = 0$$

$$w(l) = 0 \Rightarrow \dfrac{Fbl^3}{6l} - \dfrac{F}{6}(l-a)^3 + C_2 l + D_2 = 0$$

连续条件:

$$w(a_-) = w(a_+) \Rightarrow \dfrac{Fba^3}{6l} + C_1 a + D_1 = \dfrac{Fba^3}{6l} - \dfrac{F}{6}(a-a)^3 + C_2 a + D_2$$

$$\theta(a_-) = \theta(a_+) \Rightarrow \dfrac{Fba^2}{2l} + C_1 = \dfrac{Fba^2}{2l} - \dfrac{F}{2}(a-a)^2 + C_2$$

解得

$$C_1 = -\dfrac{Fb}{6l}(l^2 - b^2) = C_2, \quad D_1 = D_2 = 0$$

(4) 求转角方程和挠曲线方程

将所求的积分常数代入积分方程可得转角方程和挠曲线方程分别为

$$\theta(x) = \begin{cases} \dfrac{Fb}{6EIl}\left[3x^2 - (l^2 - b^2)\right], & 0 \leqslant x \leqslant a \\ \dfrac{Fb}{6EIl}\left[3x^2 - (l^2 - b^2)\right] - \dfrac{F}{2}(x-a)^2, & a \leqslant x \leqslant l \end{cases}$$

$$w(x) = \int \theta(x)\mathrm{d}x = \begin{cases} \dfrac{-Fb}{6EIl}\left[-x^3 + x(l^2 - b^2)\right], & 0 \leqslant x \leqslant a \\ \dfrac{-Fb}{6EIl}\left[-x^3 + (l^2 - b^2)x + \dfrac{l}{6}(x-a)^3\right], & a \leqslant x \leqslant l \end{cases}$$

(5) 求 A 处的转角

$$\theta_A = \theta(0) = -\dfrac{Fb(l^2 - b^2)}{6EIl} \quad (\curvearrowright)$$

由以上例题知:积分法的优点是可以求转角和挠度的普遍方程,但当只需求解某些特殊横截面的转角和挠度时,积分法就显得十分繁琐,尤其是对于梁上载荷复杂的情况(因为此种情况下弯矩分段多,挠曲线和转角的分段函数增多,积分常数也增多)。因此,为了避免积分法的繁琐,将梁上简单载荷作用下的挠曲线方程及特殊截面处的挠度和转角列入表 9-1 中,方便直接查用。

表 9-1 简单载荷作用下梁的挠度和转角（w 向上为正）

序号	梁的载荷简图	挠曲线方程	转角和挠度
1		$w = -\dfrac{M_e x^2}{2EI}$	$\theta_B = -\dfrac{M_e l}{EI}$ $w_B = -\dfrac{M_e l^2}{2EI}$
2		$w = -\dfrac{F x^2}{6EI}(3l - x)$	$\theta_B = -\dfrac{F l^2}{2EI}$ $w_B = -\dfrac{F l^3}{3EI}$
3		$w = -\dfrac{F x^2}{6EI}(3a - x),\quad 0 \leqslant x \leqslant a$ $w = -\dfrac{F a^2}{6EI}(3x - a),\quad a \leqslant x \leqslant l$	$\theta_B = -\dfrac{F a^2}{2EI}$ $w_B = -\dfrac{F a^2}{6EI}(3l - a)$
4		$w = -\dfrac{q x^2}{24EI}(x^2 + 6l^2 - 4lx)$	$\theta_B = -\dfrac{q l^3}{6EI}$ $w_B = -\dfrac{q l^4}{8EI}$
5		$w = -\dfrac{q_0 x^2}{120EIl}(10l^3 - 10l^2 x + 5l x^2 - x^3)$	$\theta_B = -\dfrac{q_0 l^3}{24EI}$ $w_B = -\dfrac{q_0 l^4}{30EI}$
6		$w = -\dfrac{M_A x}{6EIl}(l - x)(2l - x)$	$\theta_A = -\dfrac{M_A l}{3EI}$ $\theta_B = \dfrac{M_A l}{6EI}$ $w_C = -\dfrac{M_A l^2}{16EI}$（中点）
7		$w = -\dfrac{M_B x}{6EIl}(l^2 - x^2)$	$\theta_A = -\dfrac{M_B l}{6EI}$ $\theta_B = \dfrac{M_B l}{3EI}$ $w_C = -\dfrac{M_B l^2}{16EI}$（中点）
8		$w = -\dfrac{q x}{24EI}(l^3 - 2l x^2 + x^3)$	$\theta_A = -\dfrac{q l^3}{24EI}$ $\theta_B = \dfrac{q l^3}{24EI}$ $w_C = -\dfrac{5 q l^4}{384EI}$（中点）

续表

序号	梁的载荷简图	挠曲线方程	转角和挠度
9		$w=-\dfrac{q_0 x^2}{360EIl}(7l^4-10l^2x^2+3x^4)$	$\theta_A=-\dfrac{7q_0 l^3}{360EI}$ $\theta_B=\dfrac{q_0 l^3}{45EI}$ $w_C=-\dfrac{5q_0 l^4}{768EI}$
10		$w=-\dfrac{Fx}{48EI}(3l^2-4x^2),\quad 0\leqslant x\leqslant \dfrac{l}{2}$	$\theta_A=-\dfrac{Fl^2}{16EI}$ $\theta_B=\dfrac{Fl^2}{16EI}$ $w_C=-\dfrac{Fl^3}{48EI}$ (中点)
11		$w=-\dfrac{Fbx}{6EIl}(l^2-x^2-b^2),\quad 0\leqslant x\leqslant a$ $w=-\dfrac{Fb}{6EIl}\left[\dfrac{l}{b}(x-a)^3+(l^2-b^2)x-x^3\right],\quad a\leqslant x\leqslant l$	$\theta_A=-\dfrac{Fab(l+b)}{6EIl}$ $\theta_B=\dfrac{Fab(l+b)}{6EIl}$ $w_C=-\dfrac{Fb(3l^2-4b^2)}{48EI}$ （当 $a\geqslant b$ 时）

9.4 叠加法计算弯曲变形

由上节内容知：在工程中,很多情况下不需要求出整个梁的转角方程和挠曲线方程,而仅需求出某些特殊点处的转角和挠度,例如求梁中最大的转角和挠度。因此,需要用更简单的方法计算梁的弯曲变形。下面给出的叠加法就是计算梁上某些特殊点处的转角和挠度的简单方法。

在线弹性小变形条件下,挠曲线近似微分方程(9-5)是线性的。由于求解弯矩时使用梁变形前的位置关系,结果弯矩和载荷的关系也是线性的。此外,各种载荷同时作用在梁上与载荷逐一叠加作用在梁上是等效的,这样弯矩也可以叠加,进而方程(9-5)的解也可以线性叠加。即几种载荷共同作用下的梁上某截面的弯曲变形(挠度和转角)等于每种载荷单独作用下引起的同一截面弯曲变形(挠度和转角)的叠加,这种计算弯曲变形的方法称为叠加法。下面通过例题讲解叠加法的应用。

9.4.1 载荷叠加作用下梁的弯曲变形

例 9-4 图 9-7(a)所示的梁上作用有载荷 q、M 和 F,梁的抗弯刚度 EI 为常数,求中点 C 的挠度 w_C 及 B 点的挠度 w_B。

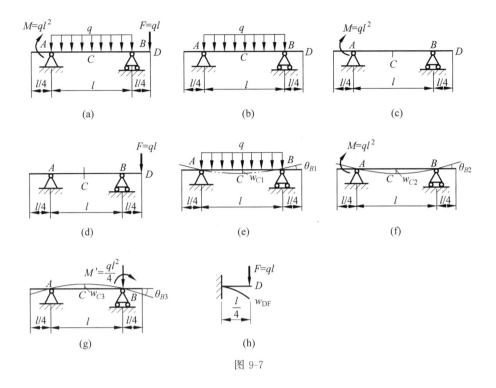

图 9-7

解 由叠加原理知：梁的变形可看作是由图 9-7(b)、(c)、(d)中单一载荷作用共同引起的。图 9-7(b)所示为均布载荷作用的简支梁，此时 C 点的挠度及 B 处的转角如图 9-7(e)所示，查表 9-1 知

$$w_{C1}=-\frac{5ql^4}{384EI} \quad (\downarrow), \quad \theta_{B1}=\frac{ql^3}{24EI} \quad (\curvearrowleft)$$

图 9-7(c)所示为集中力偶作用的外伸梁，它在梁中点的挠度及 B 处的转角等效为简支梁在支座处受集中力偶的作用，如图 9-7(f)所示，查表 9-1 知

$$w_{C2}=-\frac{Ml^2}{16EI}=-\frac{ql^4}{16EI} \quad (\downarrow), \quad \theta_{B2}=\frac{ql^3}{6EI} \quad (\curvearrowleft)$$

图 9-7(d)所示梁，在计算梁中点的挠度时，可将外伸端的集中力等效移动到支座处，而作用在支座处的集中力不会引起梁的变形，所以图 9-7(d)中梁在中点的挠度及 B 处的转角为简支梁在支座处受集中力偶作用的情况，如图 9-7(g)所示，查表 9-1 知

$$w_{C3}=\frac{M'l^2}{16EI}=\frac{ql^4}{64EI} \quad (\uparrow), \quad \theta_{B3}=-\frac{ql^3}{12EI} \quad (\curvearrowright)$$

由叠加原理知：梁中点的挠度为

$$w_C=w_{C1}+w_{C2}+w_{C3}=-\frac{5ql^4}{384EI}-\frac{ql^4}{16EI}+\frac{ql^4}{64EI}=-\frac{23ql^4}{384EI} \quad (\downarrow)$$

在计算 D 点的挠度时，可以看作是 B 处的转角引起的挠度和悬臂梁（如图 9-7(h)所示）在 F 作用下引起的挠度之和。查表 9-1 知

$$w_{DF}=-\frac{ql(l/4)^3}{3EI} \quad (\downarrow)$$

这样，

$$w_D = (\theta_{B1} + \theta_{B2} + \theta_{B3}) \times \frac{l}{4} + w_{DF} = \left(\frac{ql^3}{24EI} + \frac{ql^3}{6EI} - \frac{ql^3}{12EI}\right) \times \frac{l}{4} - \frac{ql(l/4)^3}{3EI} = \frac{5ql^4}{192EI} \quad (\uparrow)$$

值得注意的是：在计算 D 点的挠度时将其看作左侧外伸梁与悬臂梁的叠加，它属于结构的叠加。

9.4.2 梁支承为弹性支承的情况

当梁的支承为弹性支承时，梁在支撑点将发生位移，这种情况下应将弹性支座移动引起的梁的转角和挠度与载荷所引起的梁的转角和挠度进行叠加。

例 9-5 已知图 9-8(a)所示梁的抗弯刚度为 EI，弹簧刚度系数为 k，求梁中点的挠度和支座 A、B 处的转角。

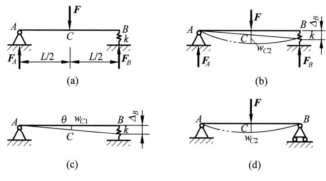

图 9-8

解 梁的变形包含两部分：①支座 B 产生一个竖向位移 Δ_B，从而引起了梁中点的挠度为 $w_{C1}(\downarrow)$，同时还引起梁所有截面转过一个角度 $\theta(\frown)$，如图 9-8(c)所示；②载荷引起梁中点的挠度为 w_{C2} 和梁支座 A、B 处的转角 θ_{A2}、θ_{B2}，如图 9-8(d)所示。这样，梁的变形可看作支座 B 存在竖向位移的无载荷作用梁和中点受集中力 F 作用的简支梁的叠加变形，如图 9-8(b)所示。

容易求出梁的支反力为

$$F_A = F_B = \frac{F}{2}$$

对于无载荷作用梁：

支座 B 的竖向位移

$$\Delta_B = -\frac{F_B}{k} = -\frac{F}{2k} \quad (\downarrow)$$

梁中点的挠度为

$$w_{C1} = \frac{\Delta_B}{2} = -\frac{F}{4k} \quad (\downarrow)$$

梁支座 A、B 处的转角为

$$\theta_{A1} = \theta_{B1} = -\theta = -\frac{|\Delta_B|}{L} = -\frac{F}{2kL} \quad (\frown)$$

对于简支梁：

梁中点的挠度为

$$w_{C2} = -\frac{FL^3}{48EI} \quad (\downarrow)$$

梁支座 A、B 处的转角为

$$\theta_{A2} = -\frac{FL^2}{16EI}(\frown), \quad \theta_{B2} = \frac{FL^2}{16EI} \quad (\frown)$$

由叠加法知，梁中点的挠度为

$$w_C = w_{C1} + w_{C2} = -\left(\frac{F}{4k} + \frac{FL^3}{48EI}\right) \quad (\downarrow)$$

梁支座 A 处的转角为

$$\theta_A = \theta_{A1} + \theta_{A2} = -\left(\frac{F}{2kL} + \frac{FL^2}{16EI}\right) \quad (\frown)$$

梁支座 B 处的转角为

$$\theta_B = \theta_{B1} + \theta_{B2} = -\frac{F}{2kL} + \frac{FL^2}{16EI} \quad (\frown)$$

9.4.3 多种因素引起所求点变形的情况

此种情况下应将各种因素引起的所求点的转角和挠度进行逐项叠加。

例 9-6 如图 9-9(a)所示，悬臂梁的抗弯刚度为 EI，梁的跨度为 l，截面 C 作用集中力 F，求自由端 B 的挠度和转角。

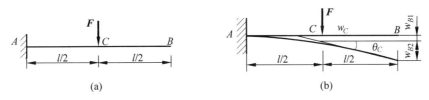

图 9-9

解 梁 CB 段中没有内力，所以该段梁没有变形。但 AC 段梁的变形将引起 CB 段梁产生挠度和转角。

如图 9-9(b)所示，B 截面的挠度和转角是 AC 段梁的变形引起的，所以 B 截面的挠度等于 C 截面的挠度引起的 B 截面的挠度 w_{B1} 和 C 截面的转角引起的 B 截面的挠度 w_{B2} 的叠加，即

$$w_{B1} = w_C = -\frac{F(l/2)^3}{3EI} = -\frac{Fl^3}{24EI} \quad (\downarrow)$$

$$w_{B2} = -\frac{l}{2}\tan\theta_C = -\frac{l}{2}\theta_C = -\frac{F(l/2)^2}{2EI} \cdot \frac{l}{2} = -\frac{Fl^3}{16EI} \quad (\downarrow)$$

$$w_B = w_{B1} + w_{B2} = -\left(\frac{Fl^3}{24EI} + \frac{Fl^3}{16EI}\right) = -\frac{5Fl^3}{48EI} \quad (\downarrow)$$

由于 CB 段梁始终保持为直线，所以 C 截面的转角就等于 B 截面的转角，即

$$\theta_B = \theta_C = -\frac{F(l/2)^2}{2EI} = -\frac{Fl^2}{8EI} \quad (\curvearrowright)$$

9.5 梁的刚度校核和提高刚度的措施

9.5.1 梁的刚度校核

为了保证梁正常工作,不仅要满足强度条件,更要满足刚度条件。这就要限制梁的最大挠度 $w_{\max}$ 和最大转角 $\theta_{\max}$(或特定截面的挠度和转角)不能超过某一规定数值。这样,梁的刚度条件为

$$w_{\max} \leqslant [w] \tag{9-8}$$

$$\theta_{\max} \leqslant [\theta] \tag{9-9}$$

式中 $[w]$ 和 $[\theta]$ 为梁的许用挠度和许用转角。在工程实际中,$[w]$ 和 $[\theta]$ 可查相关设计手册,如桥式起重机梁的许用挠度 $[w] = \frac{l}{500} \sim \frac{l}{750}$;对一般用途的轴,$[w] = \frac{3l}{10000} \sim \frac{l}{2000}$,其中 l 为跨度。值得注意的是:上述刚度条件中,挠度的刚度条件是主要的刚度条件,转角的刚度条件是次要的刚度条件。根据梁的刚度条件可求解三种题型:①校核刚度,即已知梁上的载荷、约束、材料、截面的几何尺寸、许用挠度和许用转角,校核梁的刚度是否满足;②设计截面形状,即已知梁上的载荷、约束、材料及长度、许用挠度和许用转角,依据刚度条件求截面尺寸;③求许用载荷,即已知梁的约束、材料、长度、截面几何尺寸等,依据刚度条件,求梁上载荷的最大值。

值得注意的是:在工程中,往往根据强度条件选择梁的截面,然后再对梁进行刚度校核。

例 9-7 受均布载荷 q 作用的简支梁如图 9-10 所示,已知 $l=6\text{m}$,$q=4\text{kN/m}$,$[w]=\frac{1}{400}l$,梁的材料为 22a 工字钢,其弹性模量 $E=200\text{GPa}$,试校核梁的刚度。

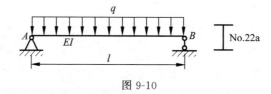

图 9-10

解 查附录表知:工字钢的惯性矩为 $I=3400\text{cm}^4$。

梁的最大挠度在梁跨度的中点,查表 9-1 知

$$w_{\max} = \frac{5ql^4}{384EI} = \frac{5 \times 4 \times 10^3 \times 6^4}{384 \times 200 \times 10^9 \times 3.4 \times 10^{-5}}\text{m} \approx 0.01\text{m}$$

$$[w] = \frac{1}{400}l = 0.015\text{m}$$

因为 $w_{\max} < [w]$,所以满足刚度要求。

9.5.2 提高弯曲刚度的措施

提高梁的弯曲刚度主要指减小梁的弯曲变形，由挠曲线的近似微分方程及积分方程知：弯曲变形与弯矩、跨度长短、支座、截面惯性矩 I（反比）和材料的弹性模量 E（反比）等有关。因此，可根据影响梁弯曲变形的因素采取以下措施提高梁的刚度。

(1) 增大梁的抗弯刚度，选择合理截面

梁的抗弯刚度为 EI，它与梁的弯曲变形成反比，因而增大梁的抗弯刚度可减小梁的弯曲变形。而增大抗弯刚度可通过增大 E 或者增大 I 或同时增大两者实现。增大 E 可提高梁的抗弯刚度，但该方法不一定经济，因为 E 大的材料一般价格较高。增大 I 提高梁的抗弯刚度是指截面的布置尽可能远离中性轴，如采用工字形、矩形①、槽形、环形或空心截面等，从而达到增加截面对中性轴的惯性矩的目的。显然，这种方法不仅提高了梁的刚度，也提高了梁的强度。

(2) 增加支座，减小跨度

梁的弯曲变形通常与梁的跨度的 n 次方成正比，这样当跨度减小时，弯曲变形将大幅度减小。例如均布载荷作用的简支梁，其最大挠度与跨度的 4 次方成正比，这样当其跨度减小为原跨度的 1/3 时，挠度减小为原来的 1/81。所以减小跨度对提高梁的刚度有明显效果。在梁的总长度不能减小的情况下，可通过增加支座减小梁的跨度，达到减小梁的挠度、提高刚度的目的。

(3) 改变载荷方式，使载荷分散或靠近支座

梁的弯曲变形与弯矩有关，弯矩越大挠度也越大，而弯矩与载荷分布密切相关。因此，降低弯矩可达到提高梁的刚度的目的。那么如何降低梁的弯矩呢？比如：如图 9-11 所示，将集中力分散成若干个小的集中力或者分散成均布载荷可减小最大弯矩值达到降低弯曲变形的效果。

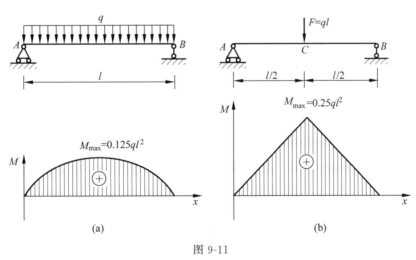

图 9-11

---

① 宋代李诫的《营造法式》中写道："凡梁之大小，各随其广分为三分，以二分为其厚。"这表明无论何种建筑物所用的梁，其断面的高宽比为 3∶2，这个数字比例是我国古代重大的力学成就之一。

9.6 超静定梁

当梁上约束反力的个数超过静力平衡独立方程个数时,约束反力不能用平衡方程全部解出,这种梁称为超静定梁或静不定梁。约束反力的个数与独立平衡方程个数之差称为超静定梁的次数。超静定梁的求解问题类似于前面拉、压、扭转超静定问题,必须补充变形协调方程才能求解。在补充变形协调方程时,首先要解除"多余约束"(多余支座)并用相应的支座反力代替,使其变为静定梁,该梁称为原超静定梁的静基。解除的多余约束处满足的变形条件(用力和位移的关系表示)就是原来系统的变形协调条件,然后再结合平衡方程便可求解该超静定梁。下面通过例题来说明超静定梁的求解。

例 9-8 如图 9-12 所示的梁上作用均布载荷 q,抗弯刚度 EI 为常数,梁的跨度为 l,求支座反力。

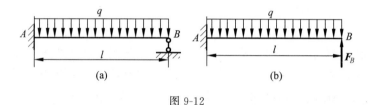

图 9-12

解 容易判断该梁为超静定梁且次数为一次,故只需列一个变形协调方程和解除一个约束。不妨视支座 B 为"多余约束",将其解除后用约束反力 F_B 代替可得静定梁如图 9-12(b)所示。此时可视为悬臂梁在 q 和 F_B 作用下的弯曲变形且在 B 处挠度为零。

由叠加法查表 9-1 可得

$$w_B = w_q + w_{F_B} = -\frac{ql^4}{8EI} + \frac{F_B l^3}{3EI} = 0$$

解得

$$F_B = \frac{3}{8}ql$$

解得 F_B 后,可由静力平衡条件求得 A 处的支反力为

$$F_A = \frac{5}{8}ql(\uparrow), \quad M_A = -\frac{ql^2}{8}(\curvearrowright)$$

习题

9-1 已知图示梁的抗弯刚度 EI 为常数,试用积分法求自由端的挠度和转角。

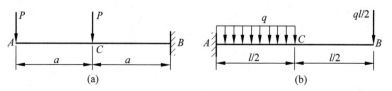

题 9-1 图

9-2 已知图示梁的抗弯刚度 EI 为常数，试用积分法求端截面转角、跨度中点的挠度和最大挠度。

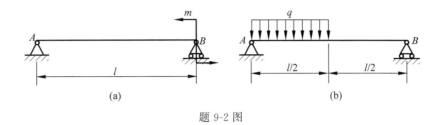

题 9-2 图

9-3 抗弯刚度 EI 为常数的悬臂梁上作用有三角形分布的载荷集度如图所示，用积分法求梁的挠曲线方程和最大挠度。

9-4 如图所示，已知 q、l 梁的抗弯刚度 EI 为常数，试用叠加法求 C 处的挠度和 B 处的转角。

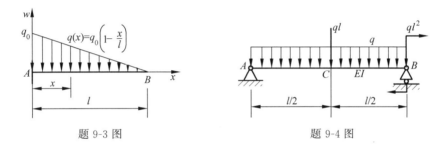

题 9-3 图　　　　　　题 9-4 图

9-5 已知图示悬臂梁上作用均布载荷 q，抗弯刚度 EI 为常数，试用叠加法求 θ_C 和 w_C。

9-6 图示阶梯形悬臂梁的自由端作用一集中力 F，两段长度均为 a，弹性模量均为 E，惯性矩之间的关系为 $I_2 = 2I_1$，求自由端的挠度。

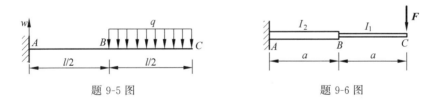

题 9-5 图　　　　　　题 9-6 图

9-7 抗弯刚度 EI 为常数的简支梁所受载荷及尺寸如图所示，运用叠加原理求中点 C 的挠度和 A、B 处的转角。

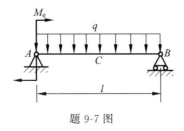

题 9-7 图

9-8 分别运用积分法及叠加法求图示抗弯刚度 EI 为常数的简支梁中点 C 的挠度和 A、B 处的转角。

9-9 如图所示为一空心圆杆,已知 $l=400\text{mm}$,$a=0.1\text{m}$,内径 $d=40\text{mm}$,外径 $D=80\text{mm}$,$E=210\text{GPa}$,$F_1=1\text{kN}$,$F_2=2\text{kN}$,$[w]_C=0.00001$,$[\theta]_B=0.001\text{rad}$,试校核杆的刚度。

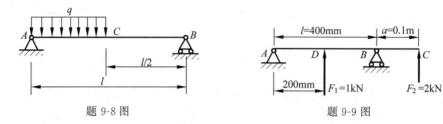

题 9-8 图   题 9-9 图

9-10 如图所示简支梁上作用力偶 M_2,$l=2\text{m}$,$E=200\text{GPa}$,其横截面形状为正方形且边长为 50mm,$[w]=5\text{mm}$,$[\sigma]=150\text{GPa}$,求最大许可力偶 M_2。

9-11 抗弯刚度 EI 为常数的超静定梁如图所示,求 C 截面处的挠度。

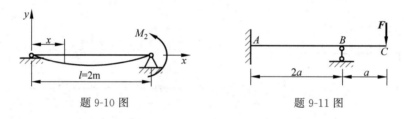

题 9-10 图   题 9-11 图

9-12 抗弯刚度 EI 为常数的超静定梁如图所示,求支座处的约束反力。

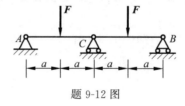

题 9-12 图

第10章 应力状态分析和强度理论

本章首先介绍应力状态的概念,然后着重介绍平面应力状态分析,而后介绍广义胡克定律,最后介绍四种常用强度理论。

10.1 应力状态概述

本节介绍研究应力状态的原因、应力状态的基本概念、描述一点应力状态的基本方法和应力状态的分类。

10.1.1 研究应力状态的原因

从前几章所研究的轴向拉压、扭转、弯曲等基本变形的强度问题中可知,这些受力构件横截面上的危险点处只有正应力或切应力,且容易计算出来。同时,由于杆件材料的机械性质可通过实验来确定,进而可得到相应的极限应力,所以据此可建立起相应的强度条件:

$$\sigma_{max} \leqslant [\sigma] \quad \text{或} \quad \tau_{max} \leqslant [\tau]$$

由此可以解决杆件基本变形的强度问题。前述基本变形中大部分仅研究横截面上的应力情况,然而在工程实际中,某些情况下材料并不沿横截面破坏。例如,低碳钢的拉伸试验,当进入屈服阶段后在与杆轴线成 $45°$ 方向出现了滑移线,这个滑移线是由于与杆轴线成 $45°$ 的斜截面上的切应力导致的,说明低碳钢在轴向拉伸时破坏不会发生在横截面上;铸铁圆截面杆扭转时,沿 $45°$ 螺旋面发生断裂破坏。上述现象表明,杆件的破坏还与斜截面上的应力有关,因此仅研究横截面应力是不够的。

再者,在工程实际中,还常常会遇到一些较复杂的受力、破坏以及强度问题。如各种机器中的传动轴,它们在工作时会同时发生扭转和弯曲两种基本变形;石油钻机中的钻杆在钻井时将同时发生压缩和扭转两种基本变形。对这些构件而言,其横截面上不仅有正应力,还有切应力。此时能不能分别对正应力和切应力进行强度计算呢?实践证明是不能的,此时必须考虑正应力和切应力的综合影响。

通过对基本变形进行研究可知,同种基本变形在同一横截面上不同点处的应力是不一样的(除轴向拉伸与压缩基本变形外),或过同一点不同方位面上的应力也不同,这就是应力的点的概念和应力的面的概念,我们描述应力时一般需要指出是哪个面上哪点处应力或哪点朝哪个方向面上的应力。

综上所述,人们需要研究受力构件上一点在各个方向面上应力的变化情况及其规律,这就是**应力状态分析**。所谓**一点的应力状态**，就是通过受力构件内一点的所有截面上的应力集合。

总之，无论是基本变形还是组合变形的构件，都必须分析点的应力状态，才能得到构件的破坏形式和破坏原因，为建立适于各种变形的构件的强度条件提供理论依据。应力状态分析不仅可以为各种变形情况下构件的强度计算建立理论基础，而且，在研究金属材料的强度问题时，在采用试验方法测定构件应力的分析中，以及在弹性力学、断裂力学、岩石力学和地质力学等学科中都有极为广泛的应用。

10.1.2 应力状态的研究方法

由于构件内的应力分布一般是不均匀的，所以分析受力构件内一点处应力状态时，不宜截取构件的整个截面，而是围绕该点截取一个微小的正六面体，对此在讨论纯剪切的概念时曾经介绍过。因为我们研究的是一点的应力状态，单元体每对平行的两个平面间的距离趋于零，这里的平面是指过该点的两个外法线方向相反的截面，其应力大小相等、方向相反（即认为应力变化比较缓慢，可看作不变），同时由于该单元体是一个各边长度均无限小的正六面体，故认为单元体各个面上的应力是均匀分布的，这样，单元体三个互相垂直截面上的应力就为该点三个正交截面上的应力，这就是一点的应力状态。该单元体称为**点的单元体**。

当物体受静力作用时，如其整体是平衡的，从中截取出来的单元体一定也是平衡的。可用截面法将单元体假想地切开并分为两部分，考虑其中任一部分的平衡状态，就可求得所截的截面上的应力，由于单元体本身为无限微小的正六面体，所以所切截面上的应力认为过该点处其中一个截面上的应力。若用任意截面截取该单元体，截面上的应力均可通过平衡计算得到，即可得到过该点处所有截面上的应力，这就是该点的应力状态。所以点的单元体上的应力完全确定了一点的应力状态。这就是用截面法研究应力状态的基本方法——围绕该点截取一微小单元体来研究其上的应力情况。

应注意，表示一点的应力状态可截取该点处不同方位的单元体，但为确定各斜截面上的应力，所截取的三对正交截面应为运用材料力学理论能确定其上应力的截面。由于基本变形部分大量研究了横截面上的应力，因此首先取一对截面为杆件的横截面，另两对截面应为与横截面垂直，且其应力可求的纵向截面。例如，图 10-1(a)所示的轴向拉伸杆件，横截面上各点的应力均相同，我们任取一点 A 来分析。为了分析 A 点处的应力状态，可以围绕 A 点取一微小单元体，单元体的其中一对截面应为横截面，另外一对截面应为纵向截面，第三对截面为前后平面，如图 10-1(c)所示。显然，此单元体只在垂直于杆件轴线的横截面上有正应力 $\sigma_x = \dfrac{P}{A}$，而在其他截面上都没有应力。对于图 10-2(a)所示的扭转圆轴，其外表面各点的切应力最大，在圆轴表面上任取一点 B 来分析，同样围绕 B 点取单元体，如图 10-2(c)所示，则在垂直于轴线的横截面上有切应力 $\tau_{xy} = \dfrac{T}{W_t}$，而在上、下纵平面上，由切应力互等定理可知，存在与 τ_{xy} 大小相等但符号相反的切应力 τ_{yx}。

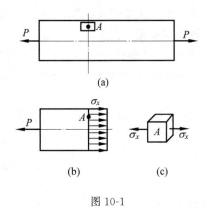

图 10-1

如图 10-3(a) 所示的受对称力作用的简支梁,其危险截面位于两力间的横截面上,且危险截面的上、下边缘处应为该梁的危险点,取下边缘处 C 点来分析,围绕 C 点取一微小单元体,由于横截面上该处仅有正应力 $\sigma_x = \dfrac{M}{W}$,所以单元体的其中一对截面应为横截面,另外一对截面应为纵向截面和底面,第三对截面为前后平面,取出的单元体如图 10-3(c) 所示,则该单元体仅在垂直于轴线的横截面上有正应力,其余各面上均没有应力。如图 10-4(a) 所示的产生扭转与弯曲组合变形的圆轴,其危险点在两力间横截面的上、下边缘处,取上边缘 D 点来分析,同样由于横截面上的应力容易得到,所以单元体的一对截面应取为横截面,另外两对截面应为与横截面垂直的径向纵截面和内外圆周面,则其单元体及其应力状态如图 10-4(c) 所示,其左、右横截面上有弯曲产生的正应力 $\sigma_x = \dfrac{M}{W}$ 和扭转产生的切应力 $\tau_{xy} = \dfrac{T}{W_t}$,而在前后面上的切应力情况根据切应力互等定理确定,有 $\tau_{xy} = \tau_{yx}$。

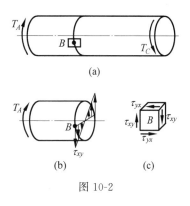

图 10-2

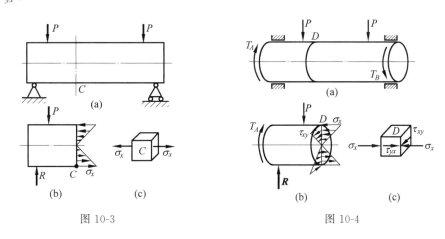

图 10-3　　　　　　　　　　图 10-4

若某点单元体各个面上的应力均为已知,则此单元体称为该点的**原始单元体**。

10.1.3　应力状态的分类

在前面各例中取出的 B 和 D 两个单元体上,都有一个共同的特点,就是单元体各平面上的应力都平行于单元体的某一对平面,而在这一对平面上却没有应力,这样的应力状态称为**平面应力状态**,也称为**二向应力状态**。其中图 10-1(c) 和图 10-3(c) 所示的单元体只在一对平面上有正应力作用,而其他两对平面上都没有应力,这样的应力状态称为**单向应力状态**。但因单向应力状态问题的分析和计算与平面应力状态没有很大的差别,因而可以将其纳入平面应力状态的范围中讨论,作为平面应力状态的一种特殊情况。

若围绕构件内一点所截取的单元体,不管取向如何,在其三对平面上都有应力作用,则这种应力状态称为**空间应力状态**,也称为**三向应力状态**。例如,承受内压的厚容器壁内各点就处于三向应力状态(图 10-5)。滚珠与轴承圈的接触点也处于三向应力状态(图 10-6)。

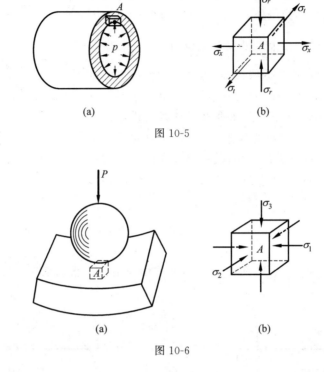

图 10-5

图 10-6

有时还将单向应力状态称为**简单应力状态**,将二向应力状态和三向应力状态统称为**复杂应力状态**。

10.2 平面应力状态分析

平面应力状态是工程实际中最常遇到的一种应力状态。图 10-7(a)所示的单元体为平面应力状态最一般的情况。通过上节描述可知,围绕受力构件的某点截取出来的单元体三对平面上的受力均为已知,本节将在此基础上分析过该点处任意斜截面上的应力,确定过该点所有截面中的最大正应力和最大切应力。

10.2.1 斜截面上的应力

设从受力构件中某点处截取一原始单元体,如图 10-7(a)所示,已知与 x 轴垂直的平面上的正应力为 σ_x,切应力为 τ_{xy};与 y 轴垂直的平面上的正应力为 σ_y,切应力为 τ_{yx};切应力 τ_{xy}(或 τ_{yx})通常用两个下标表示,其中第一个下标 x(或 y)表示切应力作用平面法线的方向,第二个下标 y(或 x)则表示切应力在该截面上的方向平行于 y 轴(或 x 轴)。与 z 轴垂直的平面上无应力作用。现求过该点平行于 z 轴的任意斜截面上的应力。

因为二向应力状态的单元体与 z 轴垂直的平面上应力为零,故此时单元体向 xy 平面上投影可得图 10-7(b)。以 α 表示单元体上任一垂直于 xy 平面的斜截面 ef 的外法线 n 与 x 轴的夹角,并沿 ef 将单元体假想地截开,将单元体分为两部分,取左半部分的楔形体 eaf

为研究对象,楔形体斜截面 ef 上的应力通常有正应力 σ_α 和切应力 τ_α,如图 10-7(c)所示,现利用平衡关系来求斜截面上的应力 σ_α 和 τ_α。

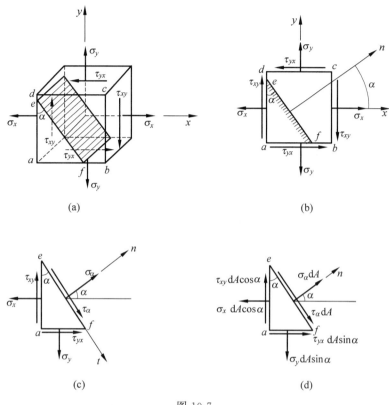

图 10-7

由于作用在单元体各平面上的应力是单位面积上的内力,所以不能直接用来列出楔形体的平衡方程,只有将应力乘以其作用面的面积后,才能考虑作用在楔形体上各力之间的平衡关系。为此,令斜截面 ef 的面积为 dA,则 ea 面和 af 面的面积分别为 $dA\cos\alpha$ 和 $dA\sin\alpha$。楔形体 eaf 在全部外力作用下(图 10-7(d))必将处于平衡状态。为简便起见,把作用于楔形体 eaf 上的力投影到截面 ef 的外法线 n 方向和斜截面的切线 t 方向(图 10-7(c)),可得平衡方程为

$$\sum F_n = 0, \quad \begin{array}{l} \sigma_\alpha dA + (\tau_{xy} dA\cos\alpha)\sin\alpha - (\sigma_x dA\cos\alpha)\cos\alpha + \\ (\tau_{yx} dA\sin\alpha)\cos\alpha - (\sigma_y dA\sin\alpha)\sin\alpha = 0 \end{array}$$

由切应力互等定理知 $\tau_{xy} = \tau_{yx}$,代入上式,经整理后可得

$$\sigma_\alpha = \sigma_x \cos^2\alpha + \sigma_y \sin^2\alpha - 2\tau_{xy}\sin\alpha\cos\alpha \tag{10-1}$$

同理,由平衡条件

$$\sum F_t = 0, \quad \begin{array}{l} \tau_\alpha dA - (\tau_{xy} dA\cos\alpha)\cos\alpha - (\sigma_x dA\cos\alpha)\sin\alpha + \\ (\sigma_y dA\sin\alpha)\cos\alpha + (\tau_{yx} dA\sin\alpha)\sin\alpha = 0 \end{array}$$

可得

$$\tau_\alpha = (\sigma_x - \sigma_y)\sin\alpha\cos\alpha + \tau_{xy}(\cos^2\alpha - \sin^2\alpha) \tag{10-2}$$

又由三角函数关系:

$$\begin{cases} \cos^2\alpha = \dfrac{1+\cos2\alpha}{2} \\ \sin^2\alpha = \dfrac{1-\cos2\alpha}{2} \\ 2\sin\alpha\cos\alpha = \sin2\alpha \end{cases}$$

代入(10-1)、(10-2)两式,经整理后得到

$$\sigma_\alpha = \frac{\sigma_x+\sigma_y}{2} + \frac{\sigma_x-\sigma_y}{2}\cos2\alpha - \tau_{xy}\sin2\alpha \tag{10-3}$$

$$\tau_\alpha = \frac{\sigma_x-\sigma_y}{2}\sin2\alpha + \tau_{xy}\cos2\alpha \tag{10-4}$$

利用式(10-3)和式(10-4),就可以根据单元体上的已知应力 σ_x、σ_y、τ_{xy},求得原始单元体上任意给定的斜截面上的正应力 σ_α 和切应力 τ_α。

利用式(10-3)和式(10-4)进行计算时,还应注意符号的规定:**正应力以拉应力为正,压应力为负;切应力以绕其单元体内部任意一点顺时针转向时为正,反之为负;对于夹角 α,则规定从 x 轴转到斜截面的外法线 n 方向时,逆时针转的角度为正,反之为负**。例如在图 10-7 中,σ_x、σ_y、τ_{xy}、σ_α、τ_α 和 α 角均为正,而 τ_{yx} 为负。

此外,还须注意上述两式的适用条件:斜截面必垂直于 xy 平面;不仅适用于 z 平面为无应力的二向应力状态,而且适用于该面上只有正应力,而无切应力的情况,因为此正应力沿 xy 平面无分量,不会影响 σ_α、τ_α 表达式的推导结果。

还须指出,单元体的任两互相垂直平面上的正应力随平面所在的方位角不同而不同,**但是它们之和则保持不变,为恒定值**。这个关系建议读者自己证明。

10.2.2 极值正应力、主应力及其位置的确定

由式(10-3)和(10-4)可以看出,斜截面上的应力 σ_α 和 τ_α 是 α 的连续函数,因此可以利用高等数学中求极值的方法来确定该点的最大应力值及其位置。

令

$$\frac{d\sigma_\alpha}{d\alpha} = 0$$

由式(10-3)对 α 求导可得

$$\frac{d\sigma_\alpha}{d\alpha} = \frac{\sigma_x-\sigma_y}{2}(-2\sin2\alpha) - \tau_{xy}(2\cos2\alpha) = -2\left(\frac{\sigma_x-\sigma_y}{2}\sin2\alpha + \tau_{xy}\cos2\alpha\right) = 0$$

由此得

$$\frac{\sigma_x-\sigma_y}{2}\sin2\alpha + \tau_{xy}\cos2\alpha = 0 \tag{10-5}$$

当然并不是任何 α 值都满足式(10-5)。设当 $\alpha=\alpha_0$ 时能使式(10-5)成立,即有

$$\frac{\sigma_x-\sigma_y}{2}\sin2\alpha_0 + \tau_{xy}\cos2\alpha_0 = 0 \tag{10-6}$$

由此可得

$$\tan2\alpha_0 = -\frac{2\tau_{xy}}{\sigma_x-\sigma_y} \tag{10-7}$$

由此式可以求出两个解 $\alpha_0\left(-\dfrac{\pi}{4}\leqslant\alpha_0\leqslant\dfrac{\pi}{4}\right)$ 和 $\alpha_0+\dfrac{\pi}{2}$，它们确定出两个互相垂直的平面，其中一个是最大正应力所在的平面，而另一个是最小正应力所在的平面。对比式(10-4)和式(10-6)可见，满足式(10-6)的 α_0 及 $\alpha_0+\dfrac{\pi}{2}$ 恰好使 τ_α 等于零。也就是说，**在切应力等于零的平面上，正应力取最大值或最小值**。通常将单元体上切应力为零的平面称为**主平面**，而将主平面上的正应力称为**主应力**。也就是说，**主应力就是最大或最小的正应力**。

值得注意的是，由式(10-7)求得的两个角 α_0 和 $\alpha_0+\dfrac{\pi}{2}$ 并没有明确它们分别与哪个主应力相对应。可以证明(证明从略)，当 $\sigma_x\geqslant\sigma_y$ (**按代数值**)时，α_0 对应最大正应力 $\sigma_{\max}$ 的方位，而 $\alpha_0+\dfrac{\pi}{2}$ 对应最小正应力 $\sigma_{\min}$ 的方位；若 $\sigma_x<\sigma_y$，则相反。

由式(10-7)可得

$$\begin{cases}\cos 2\alpha_0=\pm\dfrac{\sigma_x-\sigma_y}{\sqrt{(\sigma_x-\sigma_y)^2+\tau_{xy}^2}}\\ \sin 2\alpha_0=\pm\dfrac{2\tau_x}{\sqrt{(\sigma_x-\sigma_y)^2+4\tau_{xy}^2}}\end{cases}$$

将上式代入式(10-3)，可得两个极值正应力的大小，经整理后得

$$\left.\begin{array}{r}\sigma_{\max}\\ \sigma_{\min}\end{array}\right\}=\dfrac{\sigma_x+\sigma_y}{2}\pm\sqrt{\left(\dfrac{\sigma_x-\sigma_y}{2}\right)^2+\tau_{xy}^2} \tag{10-8}$$

在平面应力状态中，单元体上没有应力作用的平面(没有切应力作用)也是一个主平面，如图 10-7(a)所示，单元体垂直于 z 轴的平面也是主平面，其主平面上的正应力恰好为零，它与另外两个主平面也相互垂直，通过式(10-8)还可计算出两个主应力。所以，一般情况下，受力构件内任何一点处均应有三个主应力，通常用 σ_1、σ_2、σ_3 表示，并且按代数值的大小顺序排列，即 $\sigma_1\geqslant\sigma_2\geqslant\sigma_3$。对二向应力状态，其中一个主应力为零。例如，若按式(10-8)求得的两个主应力均为正值，则 $\sigma_1=\sigma_{\max}$，$\sigma_2=\sigma_{\min}$，此时 $\sigma_3=0$；若求得的两个主应力中一个为正值，另一个为负值，则 $\sigma_1=\sigma_{\max}$，$\sigma_3=\sigma_{\min}$，此时 $\sigma_2=0$；若求得的两个主应力都是负值，则 $\sigma_2=\sigma_{\max}$，$\sigma_3=\sigma_{\min}$，此时 $\sigma_1=0$。

推广到空间应力状态，应用弹性力学知识可以证明，在受力构件内的任意一点处，总可以截出一个由三对互相垂直的主平面组成的单元体，称为**主单元体**，因此一点的应力状态也常用该点处的三个主应力来表示，而且这种表示方法更为简单。

为了研究问题方便，常常还可按主应力情况将应力状态分为如下三类：

(1) 单向应力状态 只有一个主应力不为零的应力状态称为**单向应力状态**。如图 10-1(c) 和图 10-3(c) 所示的两个单元体 A 和 C 就处于单向应力状态。

(2) 二向应力状态 有两个主应力不为零的应力状态称为**二向应力状态**或**平面应力状态**。如图 10-2(c) 和图 10-4(c) 所示的两个单元体 B 和 D，它们都处于二向应力状态。

(3) 三向应力状态 三个主应力都不为零的应力状态称为**三向应力状态**或**空间应力状态**。例如图 10-5(b) 和 10-6(b) 所示的应力状态均为三向应力状态。

10.2.3 最大切应力及其位置的确定

为求一点处的最大切应力，只要令

$$\frac{\mathrm{d}\tau_\alpha}{\mathrm{d}\alpha} = 0$$

将式(10-4)代入上式可得

$$\frac{\mathrm{d}\tau_\alpha}{\mathrm{d}\alpha} = (\sigma_x - \sigma_y)\cos2\alpha - 2\tau_{xy}\sin2\alpha = 0 \tag{10-9}$$

设当 $\alpha = \alpha_1$ 时，可使式(10-9)成立，则有

$$\tan2\alpha_1 = \frac{\sigma_x - \sigma_y}{2\tau_{xy}} \tag{10-10}$$

同理，由式(10-10)可求得两个解 α_1 和 $\alpha_1 + 90°$，从而可以确定两个相互垂直的平面，上面分别作用着最大和最小切应力。由式(10-10)可以算得

$$\begin{cases} \sin2\alpha_1 = \pm \dfrac{\sigma_x - \sigma_y}{\sqrt{(\sigma_x - \sigma_y)^2 + 4\tau_{xy}^2}} \\ \cos2\alpha_1 = \pm \dfrac{2\tau_{xy}}{\sqrt{(\sigma_x - \sigma_y)^2 + 4\tau_{xy}^2}} \end{cases}$$

将上式代入式(10-4)，经整理后，可得最大和最小切应力为

$$\left.\begin{matrix}\tau_{\max} \\ \tau_{\min}\end{matrix}\right\} = \pm\sqrt{\left(\frac{\sigma_x - \sigma_y}{2}\right)^2 + \tau_{xy}^2} \tag{10-11}$$

若将式(10-8)中的两式相减后除以2，亦可得

$$\left.\begin{matrix}\tau_{\max} \\ \tau_{\min}\end{matrix}\right\} = \pm\frac{\sigma_{\max} - \sigma_{\min}}{2} \tag{10-12}$$

比较式(10-7)和式(10-10)可见

$$\tan2\alpha_0 = -\frac{1}{\tan2\alpha_1}$$

所以可得

$$2\alpha_1 = 2\alpha_0 \pm 90° \quad \text{或} \quad \alpha_1 = \alpha_0 \pm 45°$$

这表明，α_1 与 α_0 相差 45°，即最大和最小切应力所在平面与主平面各成 45°角，由最大正应力作用平面顺时针旋转 45°到最小切应力作用面，逆时针旋转 45°至最大切应力作用面，且最大和最小切应力分别作用在相互垂直的平面上，大小相等、转向相反，符合切应力互等定理。

必须注意，此处所得到的最大和最小切应力，只是与主应力为零所在平面(前面讨论的单元体的前后面)相垂直的所有截面上切应力中的最大值和最小值，常称为面内极值切应力，并不一定是整个单元体的空间中所有斜截面上的最大和最小切应力，即空间极值切应力，对此将在下节介绍。

10.2.4 三向应力状态的最大切应力

在受力构件中一点处取一主单元体，如图 10-8 所示，且 $\sigma_1 \geqslant \sigma_2 \geqslant \sigma_3$。现在讨论三向应

力状态下该点的最大切应力。

先来分析与主应力 σ_2 相平行的各斜截面上的切应力。为此,用一平行于 σ_2 的平面假想地将单元体截开,取其中一个棱柱体为研究对象。则因该棱柱体的上、下表面面积相等,且应力同为 σ_2,故其上、下两面上的合力互相平衡而不会对斜截面上应力产生影响。即平行于 σ_2 的各斜截面上的应力只与 σ_1 和 σ_3 有关。因此可以应用平面应力状态下的式(10-12)求得平行于 σ_2 的各斜截面上的最大切应力为

$$\tau_{13} = \frac{\sigma_1 - \sigma_3}{2} \tag{10-13}$$

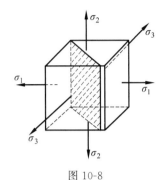

图 10-8

而且,τ_{13} 所在平面与 σ_1 或 σ_3 所在平面均成 $45°$ 角。同理,可分别求得平行于 σ_1 及 σ_3 各斜截面上的最大切应力为

$$\tau_{23} = \frac{\sigma_2 - \sigma_3}{2} \quad \text{及} \quad \tau_{12} = \frac{\sigma_1 - \sigma_2}{2} \tag{10-14}$$

于是,比较(10-13)、(10-14)两式后可知空间应力状态最大切应力应为

$$\tau_{\max} = \tau_{13} = \frac{\sigma_1 - \sigma_3}{2} \tag{10-15}$$

因此,在以后求任何单元体上的空间最大切应力 $\tau_{\max}$ 时,就用式(10-15),而不用式(10-11)或式(10-12)。

10.2.5 平面应力状态的几种特殊情况

1. 单向应力状态

如图 10-1(c)和图 10-3(c)所示单元体,其单元体受力均为单向应力状态,为求该单元体任意斜截面上的应力,仍可利用式(10-3)和式(10-4),令两式中的 $\sigma_x = \sigma$,$\sigma_y = \tau_{xy} = 0$,从而得到

$$\sigma_\alpha = \frac{\sigma}{2}(1 + \cos 2\alpha) = \sigma \cos^2 \alpha$$

$$\tau_\alpha = \frac{\sigma}{2} \sin 2\alpha$$

此两式是计算单向应力状态的斜截面上应力公式。上面两式与轴向拉压斜截面上的应力公式一致,这是因为轴向拉压构件内部任意截取出的单元体均为单向应力状态。由以上两式可知,当 $\alpha = 0°$ 时,可得极值正应力 $\sigma_{\max} = \sigma$(当 $\sigma < 0$,为 $\sigma_{\min}$),而 $\tau_\alpha = 0$;当 $\alpha = \pm 45°$ 时,有极值切应力 $\tau_{\max} = \frac{\sigma}{2}$,$\tau_{\min} = -\frac{\sigma}{2}$,而正应力 $\sigma_{45°} = \sigma_{-45°} = \frac{\sigma}{2}$。即单向应力状态的特点是:只有一个主应力不等于零;极值切应力作用面与主应力作用面成 $45°$ 角,其上的极值切应力绝对值和正应力值均等于主应力的一半。

应当注意,如按极值切应力方位截取单元体,其四个斜截面上除作用极值切应力外还有正应力,看起来似乎是一般平面应力状态,但实际上却是单向应力状态,如纯弯曲和轴向拉压构件,不管如何截取单元体,其应力状态均应为单向应力状态。

2. 纯剪切应力状态

第 6 章中曾讨论,薄壁圆筒受扭转变形时按一对横截面、一对内外壁面和一对纵截面

等三对正交平面围绕一点从受力圆筒中截取出一个微小单元体,其应力状态如图 10-9 所示,单元体仅在四个侧面上受切应力作用,内外壁面上不受力(即为主平面),该单元体处于纯剪切应力状态。为了得到此单元体任意斜截面上的应力计算公式,可令式(10-3)和式(10-4)中的 $\sigma_x = \sigma_y = 0, \tau_{xy} = \tau$,从而得到

$$\sigma_\alpha = -\tau \sin 2\alpha$$
$$\tau_\alpha = \tau \cos 2\alpha$$

由以上两式可知,当 $\alpha = \pm 45°$ 时,正应力 σ_α 有极值 $\sigma_{max} = \tau, \sigma_{min} = -\tau$,而 $\tau_\alpha = 0$;当 $\alpha = 0°$ 或 $90°$(此两个平面即为横截面和纵平面)时,切应力 τ_α 有极值 $\tau_{max} = \tau, \tau_{min} = -\tau$,而此时正应力为零,即纯剪切应力状态的特点是:极值切应力作用面上正应力为零(此为特例),主平面与纯剪切面成 $45°$ 角,其上的主应力值 $\sigma_1 = -\sigma_3 = |\tau|$。纯剪切应力状态的主单元体如图 10-9 所示。

根据上述分析和材料的机械性质,可以解释不同材料制成的圆轴在扭转时破坏形式不同的原因:因为低碳钢等塑性材料的抗拉与抗压强度相同,而抗剪强度比抗拉(压)强度低,故其扭转破坏时是沿横截面被剪断的;铸铁等脆性材料的抗拉强度比抗剪强度低,比抗压强度更低,故其扭转破坏时是沿其法线与轴线成 $45°$ 角的斜截面被拉断的,如图 10-10 所示。

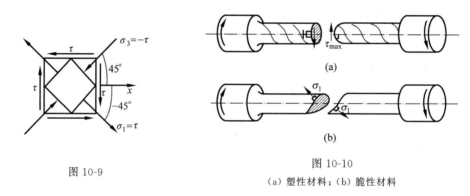

图 10-9

图 10-10
(a) 塑性材料;(b) 脆性材料

3. 面内均拉或均压应力状态

若所截取一点处的应力状态如图 10-11 所示,单元体上的应力为 $\sigma_x = \sigma_y = \sigma, \tau_{xy} = 0$,则由式(10-4)可得任一斜截面上的切应力均为零(即都是主平面),且由式(10-3)得各斜截面上的正应力均等于 σ,即该点处于面内均拉(当 $\sigma > 0$),或面内均压(当 $\sigma < 0$)的平面应力状态。例如受均匀内压作用的薄壁球形容器中各点处应力状态就是面内均拉应力状态。

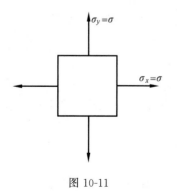

图 10-11

例 10-1 已知构件内一点的应力状态如图 10-12 所示,(1)求图中指定斜截面上的正应力和切应力;(2)求单元体的主应力及其方向,并画出主单元体;(3)确定该单元体的最大切应力。

解 (1)由图上可知 $\sigma_x = 40 \text{MPa}, \sigma_y = -20 \text{MPa}, \tau_{xy} = $

-10MPa；$\alpha = -60°$。代入式(10-3)和式(10-4)可得

$$\sigma_\alpha = \left[\frac{40-20}{2} + \frac{40+20}{2}\cos(-60°\times 2) - (-10)\sin(-60°\times 2)\right]\text{MPa}$$

$$= -13.67\text{MPa}$$

$$\tau_\alpha = \left[\frac{40+20}{2}\sin(-60°\times 2) + (-10)\cos(-60°\times 2)\right]\text{MPa}$$

$$= -20.98\text{MPa}$$

(2) 求主应力及主平面

将相关数据代入式(10-8)，得两个主应力之值为

$$\left.\begin{array}{l}\sigma_{\max}\\ \sigma_{\min}\end{array}\right\} = \frac{\sigma_x + \sigma_y}{2} \pm \sqrt{\left(\frac{\sigma_x - \sigma_y}{2}\right)^2 + \tau_{xy}^2}$$

$$= \left[\frac{40-20}{2} \pm \sqrt{\left(\frac{40+20}{2}\right)^2 + (-10)^2}\right]\text{MPa} = \begin{cases} 41.62\text{MPa} \\ -21.62\text{MPa} \end{cases}$$

由此可知，该单元体的三个主应力为 $\sigma_1 = 41.62\text{MPa}$，$\sigma_2 = 0$，$\sigma_3 = -21.62\text{MPa}$。

确定主方向。由式(10-7)得

$$\tan 2\alpha_0 = -\frac{2\tau_{xy}}{\sigma_x - \sigma_y} = -\frac{2\times(-10)}{40+20} = \frac{1}{3}$$

由此求出

$$2\alpha_0 = 18°26'6'', \quad \alpha_0 = 9°13'3''$$

因为 $\sigma_x > \sigma_y$，故 α_0 为 σ_1 与 x 轴之间的夹角，由此画出主单元体如图10-13所示。

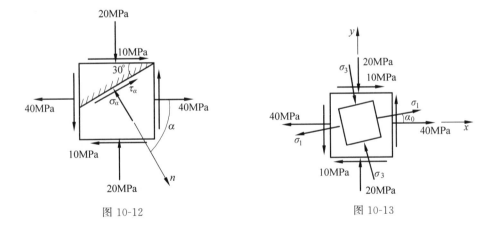

图 10-12　　　　　　　　　　图 10-13

(3) 求最大切应力

由式(10-15)得最大切应力为

$$\tau_{\max} = \frac{\sigma_1 - \sigma_3}{2} = \frac{41.62 - (-21.62)}{2}\text{MPa} = 31.62\text{MPa}$$

例 10-2 如图10-14(a)所示简支梁，跨度 l 为 3.6m，承受均布载荷 $q = 5\text{kN/m}$，构件几何尺寸如图，横截面尺寸如图10-14(b)所示。(1)计算横截面 m—m 上点 A 处在斜截面 n—n 上应力的大小和方向，已知横截面上 A 点处的切应力为 0.156MPa；(2)求其主应力；

(3) 求最大切应力。

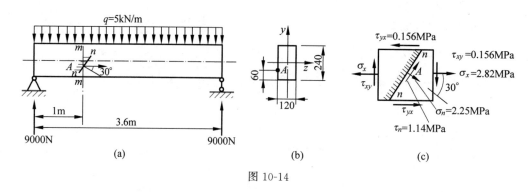

图 10-14

解 (1) 计算横截面 $m-m$ 上的内力
两端支座反力分别向上,均为

$$F_R = \frac{ql}{2} = \frac{5000\text{N/m} \times 3.6\text{m}}{2} = 9000\text{N}$$

所以,横截面 $m-m$ 上的剪力为

$$F_S = 9000\text{N} - 5000\text{N/m} \times 1\text{m} = 4000\text{N}(正剪力)$$

弯矩为

$$M = 9000\text{N} \times 1\text{m} - \frac{1}{2} \times 5000\text{N/m} \times (1\text{m})^2 = 6500\text{N} \cdot \text{m}(正弯矩)$$

(2) 计算横截面 $m-m$ 上点 A 的应力

$$\sigma_x = \frac{M}{I_z}y = \frac{6500\text{N} \cdot \text{m} \times 6\text{m} \times 10^{-2}}{\dfrac{12\text{m} \times (24\text{m})^3 \times 10^{-8}}{12}} = 2.82\text{MPa}$$

$$\tau_{xy} = 0.156\text{MPa}$$

在点 A 处用三对相互正交的平面截取出单元体,其中取一对横截面,所以点 A 处应力状态如图 10-14(c) 所示。由图可知:$\sigma_x = 2.82\text{MPa}, \sigma_y = 0\text{MPa}, \tau_{xy} = 0.156\text{MPa}$。

(3) 计算斜截面 $n-n$ 上的应力
此处 $\alpha = -30°$,于是有

$$\sigma_\alpha = \frac{\sigma_x + \sigma_y}{2} + \frac{\sigma_x - \sigma_y}{2}\cos2\alpha - \tau_{xy}\sin2\alpha$$

$$= \left[\frac{2.82}{2} + \frac{2.82}{2}\cos(-30° \times 2) - 0.156\sin(-30° \times 2)\right]\text{MPa} = 2.25\text{MPa}$$

$$\tau_\alpha = \frac{\sigma_x - \sigma_y}{2}\sin2\alpha + \tau_{xy}\cos2\alpha$$

$$= \left[\frac{2.82}{2}\sin(-30° \times 2) + 0.156\cos(-30° \times 2)\right]\text{MPa} = -1.14\text{MPa}$$

(4) 求主应力
将相关数据代入式(10-8),得两个主应力之值为

$$\left.\begin{array}{c}\sigma_{\max}\\ \sigma_{\min}\end{array}\right\} = \frac{\sigma_x+\sigma_y}{2} \pm \sqrt{\left(\frac{\sigma_x-\sigma_y}{2}\right)^2+\tau_{xy}^2} = \left[\frac{2.82}{2} \pm \sqrt{\left(\frac{2.82}{2}\right)^2+0.156^2}\right] \text{MPa} = \begin{cases} 2.83\text{MPa}\\ -0.01\text{MPa}\end{cases}$$

故三个主应力分别为

$$\sigma_1 = 2.83\text{MPa}, \quad \sigma_2 = 0, \quad \sigma_3 = -0.01\text{MPa}$$

(5) 确定主应力方向

由式(10-7)得

$$\tan 2\alpha_0 = -\frac{2\tau_{xy}}{\sigma_x-\sigma_y} = -\frac{2\times 0.156}{2.82} = -0.11$$

于是得

$$2\alpha_0 = -6.28°, \quad \alpha_0 = -3.14°$$

因为 $\sigma_x > \sigma_y$,故 $\alpha_0 = -3.14°$ 为 σ_1 与 x 的夹角,据此画出主单元体。

(6) 求最大切应力

由式(10-15)求得最大切应力为

$$\tau_{\max} = \frac{\sigma_1-\sigma_3}{2} = \frac{2.83-(-0.01)}{2}\text{MPa} = 1.42\text{MPa}$$

此算例为 $\sigma_y=0$ 的二向应力状态,该应力状态是工程实际中经常遇到的一种应力状态。例如在梁的弯曲变形中,梁的上、下边缘各点处于单向应力状态,中性层上各点则处于纯剪切应力状态,而其余各点均处于 $\sigma_y=0$ 的二向应力状态。弯曲、扭转组合变形和拉伸(或压缩)、扭转组合变形的构件的危险点上,其应力状态也是 $\sigma_y=0$ 的二向应力状态。

例 10-3 如图 10-15(a)所示,薄壁圆管受扭转和拉伸同时作用。已知圆管的平均直径 $D=50\text{mm}$,壁厚 $\delta=2\text{mm}$。外加力偶的力偶矩 $M_e=600\text{N}\cdot\text{m}$,轴向载荷 $F_P=20\text{kN}$。设薄壁管截面的扭转截面系数可近似取为 $W_t=\dfrac{\pi D^2 \delta}{2}$。求:(1)圆管表面上过 A 点与圆管母线夹角为 $30°$ 的斜截面上的应力;(2)A 点主应力和最大切应力。

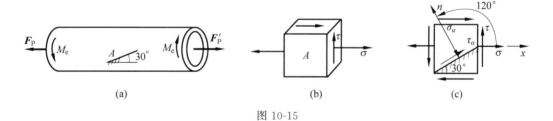

图 10-15

解 (1) 围绕 A 点用一对横截面、一对径向纵截面和一对薄壁圆管的内外壁面从薄壁圆管中截取出单元体,其应力状态如图 10-15(b)所示。

(2) 确定单元体各个截面上的应力

$$\sigma = \frac{F_P}{A} = \frac{F_P}{\pi D \delta} = \frac{20\text{kN}}{\pi \times 50\text{mm} \times 2\text{mm}} = 63.7 \times 10^6 \text{Pa} = 63.7\text{MPa}$$

$$\tau = \frac{M_e}{W_t} = \frac{2M_e}{\pi D^2 \delta} = \frac{2 \times 600\text{N}\cdot\text{m}}{\pi \times (50\text{mm})^2 \times 2\text{mm}} = 76.4 \times 10^6 \text{Pa} = 76.4\text{MPa}$$

(3) 计算斜截面上的应力

将图 10-15(b)投影转化为平面应力状态,如图 10-15(c)所示。由图可知:$\sigma_x = \sigma = 63.7 \text{MPa}$,$\sigma_y = 0 \text{MPa}$,$\tau_{xy} = -\tau = -76.4 \text{MPa}$,此处 $\alpha = 120°$,于是有

$$\sigma_\alpha = \frac{\sigma_x + \sigma_y}{2} + \frac{\sigma_x - \sigma_y}{2}\cos2\alpha - \tau_{xy}\sin2\alpha$$

$$= \left[\frac{63.7 + 0}{2} + \frac{63.7 - 0}{2}\cos(2 \times 120°) - (-76.4)\sin(2 \times 120°)\right] \text{MPa}$$

$$= -50.3 \text{MPa}(压应力)$$

$$\tau_\alpha = \frac{\sigma_x - \sigma_y}{2}\sin2\alpha + \tau_{xy}\cos2\alpha$$

$$= \left[\frac{63.7 - 0}{2}\sin(2 \times 120°) + (-76.4)\cos(2 \times 120°)\right] \text{MPa}$$

$$= 10.7 \text{MPa}(\cap)$$

(4) 求主应力

将相关数据代入式(10-8),得两个主应力为

$$\left.\begin{array}{r}\sigma_{\max}\\ \sigma_{\min}\end{array}\right\} = \frac{\sigma_x + \sigma_y}{2} \pm \sqrt{\left(\frac{\sigma_x - \sigma_y}{2}\right)^2 + \tau_{xy}^2}$$

$$= \left[\frac{63.7 + 0}{2} \pm \frac{1}{2}\sqrt{(63.7 - 0)^2 + 4(-76.4)^2}\right] \text{MPa}$$

$$= \begin{cases} 114.6 \text{MPa} \\ -50.9 \text{MPa} \end{cases}$$

故三个主应力分别为

$$\sigma_1 = 114.6 \text{MPa}, \quad \sigma_2 = 0, \quad \sigma_3 = -50.9 \text{MPa}$$

(5) 确定最大切应力

由式(10-15)求得最大切应力为

$$\tau_{\max} = \frac{\sigma_1 - \sigma_3}{2} = \frac{114.6 - (-50.9)}{2} \text{MPa} = 82.75 \text{MPa}$$

10.3 广义胡克定律[①]

在研究轴向拉伸或压缩时,曾得到在线弹性范围内的应力与应变间的关系为

$$\sigma = E\varepsilon \quad 或 \quad \varepsilon = \frac{\sigma}{E} \tag{10-16}$$

这就是胡克定律。同时还得出横向应变为

$$\varepsilon' = -\mu\varepsilon = -\mu\frac{\sigma}{E} \tag{10-17}$$

在纯剪切情况下,实验结果表明,当切应力不超过剪切比例极限时,切应力和切应变之

---

① 在胡克之前 1500 年,我国就有力和变形成正比的记载。东汉经学家郑玄(127—200)对《考工记·弓人》中"量其力,有三均"作了这样的注释:"假令弓力胜三石,引之中三尺,驰其弦,以绳缓摄之,每加物一石,则张一尺。"

间的关系服从剪切胡克定律。即

$$\tau = G\gamma \quad \text{或} \quad \gamma = \frac{\tau}{G} \tag{10-18}$$

10.3.1 主应力表示的广义胡克定律

现在讨论复杂应力状态下应力与应变间的关系。假设从受力构件中取出一空间主单元体如图 10-16(a)所示，计算在 σ_1、σ_2、σ_3 共同作用下，该单元体各棱边的线应变。

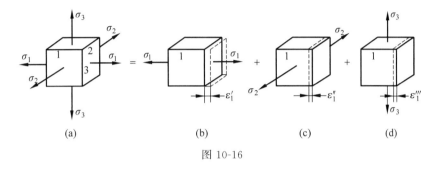

图 10-16

若只考虑 σ_1 单独作用下（如图 10-16(b)所示），引起 σ_1 方向棱边的变形，其线应变应为

$$\varepsilon'_1 = \frac{\sigma_1}{E}$$

而在 σ_2 和 σ_3 单独作用下（如图 10-16(c)和(d)所示），在 σ_1 方向引起的线应变分别为

$$\varepsilon''_1 = -\mu \frac{\sigma_2}{E} \quad \text{和} \quad \varepsilon'''_1 = -\mu \frac{\sigma_3}{E}$$

材料为线弹性和各向同性条件下，根据叠加原理，可得在 σ_1、σ_2、σ_3 同时作用下，单元体沿 σ_1 方向的总线应变为

$$\varepsilon_1 = \varepsilon'_1 + \varepsilon''_1 + \varepsilon'''_1 = \frac{\sigma_1}{E} - \mu \frac{\sigma_2}{E} - \mu \frac{\sigma_3}{E} = \frac{1}{E}[\sigma_1 - \mu(\sigma_2 + \sigma_3)]$$

同理，可得另外两个主应力 σ_2 和 σ_3 方向的总线应变公式，因此最后得

$$\begin{cases} \varepsilon_1 = \frac{1}{E}[\sigma_1 - \mu(\sigma_2 + \sigma_3)] \\ \varepsilon_2 = \frac{1}{E}[\sigma_2 - \mu(\sigma_3 + \sigma_1)] \\ \varepsilon_3 = \frac{1}{E}[\sigma_3 - \mu(\sigma_1 + \sigma_2)] \\ \gamma_{xy} = \gamma_{yz} = \gamma_{zx} = 0 \end{cases} \tag{10-19}$$

式(10-19)就是三向应力状态下，以主应力表示的**广义胡克定律**。该式只有在应力不超过比例极限 σ_p（塑性材料）或强度极限 σ_b（脆性材料）时才能成立。在图 10-16 中，虽然假设 σ_1、σ_2、σ_3 均为拉应力，但实际上 σ_1、σ_2、σ_3 均为代数值，即 σ_1、σ_2、σ_3 也可为负值（压应力），或为零。若由公式求得的线应变 ε_1、ε_2、ε_3 为正值，则表明变形是伸长，负值则表明变形是缩短。而且三个应变值也是按代数值的大小顺序排列的，即 $\varepsilon_1 \geqslant \varepsilon_2 \geqslant \varepsilon_3$。显然，$\varepsilon_1$ 是所有不同方向线应变中的最大值，即

$$\varepsilon_1 = \varepsilon_{\max} \tag{10-20}$$

10.3.2 广义胡克定律的一般形式

在最普遍的情况下描述一点的应力状态,如图10-17所示,由于相对平面上应力分量相同,所以需要9个应力分量,即三个相互正交平面上,每个平面有一个正应力和两个切应力。根据切应力互等定理,τ_{xy} 和 τ_{yx}、τ_{yz} 和 τ_{zy}、τ_{xz} 和 τ_{zx} 数值都分别相等。这样,原来的9个应力分量中独立的就只有6个,分别是 σ_x、σ_y、σ_z、τ_{xy}、τ_{yz}、τ_{xz}。该应力状态可看作是三组单向应力状态和三组纯剪切的组合。对于各向同性材料,当变形很小且在线弹性范围内时,线应变只与正应力有关,而与切应力无关,切应变只与切应力有关。这样只需将式(10-19)中各变量下标1、2、3相应改为 x、y、z,即得线应变 ε_x、ε_y、ε_z 与正应力 σ_x、σ_y、σ_z 之间的关系:

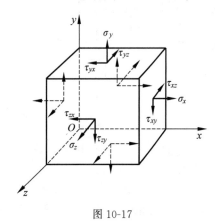

图 10-17

$$\begin{cases} \varepsilon_x = \dfrac{1}{E}[\sigma_x - \mu(\sigma_y + \sigma_z)] \\ \varepsilon_y = \dfrac{1}{E}[\sigma_y - \mu(\sigma_z + \sigma_x)] \\ \varepsilon_z = \dfrac{1}{E}[\sigma_z - \mu(\sigma_x + \sigma_y)] \end{cases} \quad (10\text{-}21)$$

切应变和切应力之间仍然满足式(10-18)所表示的关系,且与正应力分量无关。这样,在 xy、yz、zx 三个面内的剪应变分别是

$$\gamma_{xy} = \frac{\tau_{xy}}{G}, \quad \gamma_{yz} = \frac{\tau_{yz}}{G}, \quad \gamma_{zx} = \frac{\tau_{zx}}{G} \quad (10\text{-}22)$$

式(10-21)和式(10-22)统称为一般三向应力状态下的广义胡克定律。

10.3.3 平面应力状态的广义胡克定律

在平面应力状态下,设 $\sigma_z = 0$,$\tau_{xz} = 0$,$\tau_{yz} = 0$,将其代入式(10-21)和式(10-22)可得

$$\begin{cases} \varepsilon_x = \dfrac{1}{E}(\sigma_x - \mu\sigma_y) \\ \varepsilon_y = \dfrac{1}{E}(\sigma_y - \mu\sigma_x) \\ \varepsilon_z = -\dfrac{\mu}{E}(\sigma_x + \sigma_y) \\ \gamma_{xy} = \dfrac{\tau_{xy}}{G} \end{cases} \quad (10\text{-}23)$$

若用主应力表示平面应力状态下的广义胡克定律,设 $\sigma_3 = 0$,代入式(10-19)可得

$$\begin{cases} \varepsilon_1 = \dfrac{1}{E}(\sigma_1 - \mu\sigma_2) \\ \varepsilon_2 = \dfrac{1}{E}(\sigma_2 - \mu\sigma_1) \\ \varepsilon_3 = -\dfrac{\mu}{E}(\sigma_1 + \sigma_2) \end{cases} \quad (10\text{-}24)$$

由上式可知,在平面应力状态下,当 $\sigma_3=0$ 时,其相应的主应变 $\varepsilon_3\neq 0$。

广义胡克定律是实验力学的理论基础,在工程实际中运用较广。

例 10-4 已知一圆轴承受轴向拉伸及扭转的联合作用,如图 10-18(a)所示。为了测定拉力 F 和力矩 M,可在圆轴外表面 K 点处沿轴向及与轴向成 45°方向测出线应变而得到两端的受力,现已知测得该点处轴向应变 $\varepsilon_0=500\times 10^{-6}$,图示 45°方向的应变为 $\varepsilon_u=400\times 10^{-6}$。若已知轴的直径 $D=100\mathrm{mm}$,弹性模量 $E=200\mathrm{GPa}$,泊松比 $\mu=0.3$,试求 F 和 M 的值。

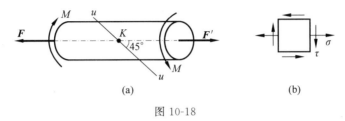

图 10-18

解 (1) 计算应力

K 点处应力状态如图 10-18(b)所示,其截面上应力为

$$\sigma=\frac{F_\mathrm{N}}{A}=\frac{F}{A}$$

$$\tau=\frac{M}{W_\mathrm{t}}=\frac{M}{\dfrac{\pi D^3}{16}}$$

(2) 应用广义胡克定律

由于图示应力状态为二向应力状态,即 $\sigma_z=0,\tau_{xz}=0,\tau_{yz}=0$,且由图示可知 $\sigma_x=\sigma=\dfrac{F}{A},\sigma_y=0,\tau_{xy}=\tau=\dfrac{M}{\dfrac{\pi D^3}{16}}$,则将数据代入式(10-23)可得

$$\varepsilon_x=\varepsilon_0=500\times 10^{-6}=\frac{1}{E}(\sigma_x-\mu\sigma_y)=\frac{F}{EA}$$

解得 $F=E\varepsilon_0 A=785\mathrm{kN}$,且 $\sigma_x=\sigma=E\varepsilon_0=100\mathrm{MPa}$。

(3) 计算力矩 M

已知 K 点处与轴线成 45°方向的应变 $\varepsilon_u=400\times 10^{-6}$,即 $\varepsilon_{-45°}=\varepsilon_u=400\times 10^{-6}$,应用广义胡克定律,将其代入式(10-23)可得

$$\varepsilon_{-45°}=\varepsilon_u=400\times 10^{-6}=\frac{1}{E}(\sigma_{-45°}-\mu\sigma_{45°})$$

式中 $\sigma_{-45°}$ 和 $\sigma_{45°}$ 是两个相互正交斜截面上的正应力值。将相关数据代入式(10-3)得

$$\sigma_{-45°}=\frac{\sigma_x+\sigma_y}{2}+\frac{\sigma_x-\sigma_y}{2}\cos 2\alpha-\tau_{xy}\sin 2\alpha$$

$$=\frac{\sigma}{2}+\frac{\sigma}{2}\cos 2\times(-45°)-\tau\sin 2\times(-45°)=\frac{\sigma}{2}+\tau$$

$$\sigma_{45°} = \frac{\sigma_x + \sigma_y}{2} + \frac{\sigma_x - \sigma_y}{2}\cos 2\alpha - \tau_{xy}\sin 2\alpha$$

$$= \frac{\sigma}{2} + \frac{\sigma}{2}\cos 2 \cdot 45° - \tau\sin 2 \cdot 45° = \frac{\sigma}{2} - \tau$$

则

$$\varepsilon_{-45°} = \varepsilon_u = 400 \times 10^{-6} = \frac{1}{E}\left[\frac{\sigma}{2} + \tau - \mu\left(\frac{\sigma}{2} - \tau\right)\right]$$

由于 $\sigma = 100\text{MPa}$,代入上式后可得到 $\tau = \dfrac{M}{\dfrac{\pi D^3}{16}} = 34.6\text{MPa}$,所以 $M = 6.79\text{kN} \cdot \text{m}$。

10.4 强度理论

10.4.1 强度理论的概念

前面几章中,曾介绍了构件在轴向拉伸(压缩)、扭转和弯曲时的强度计算,并建立了相应的强度条件。例如,对于轴向拉伸(或压缩)和弯曲,其强度条件可以写成

$$\sigma_{\max} \leqslant [\sigma]$$

而对于剪切和扭转,其强度条件可以写成

$$\tau_{\max} \leqslant [\tau]$$

这里的许用应力 $[\sigma]$ 和 $[\tau]$,是用材料的极限应力 σ_u(或 τ_u)除以适当的安全系数 n 得到的。各种材料因强度不足引起的失效现象不同,因此其极限应力也不同。在静载条件下,塑性材料以发生屈服现象、出现塑性变形为失效的标志,一般情况下取屈服极限 σ_s(或 τ_s)为极限应力;而脆性材料的失效现象则是突然断裂,取强度极限 σ_b(或 τ_b)为极限应力。这些极限应力可由简单试验测定获得,这是因为在轴向拉伸(或压缩)和弯曲时,杆内危险点均处于单向应力状态,而在剪切和扭转时,杆内危险点处于纯剪切应力状态。综上所述,在简单应力状态下,失效状态或强度条件都是以试验为基础的。

但在工程实际中,很多受力构件上的危险点并不是简单地处于单向应力状态或纯剪切应力状态,而是处于复杂应力状态,此时材料的失效与三个主应力有关,已不能采用将构件内的应力直接与极限应力比较的方法来确定构件的强度了。对于这类复杂应力状态下的构件,如何建立它的强度条件呢?这时如果仍像轴向拉压构件那样,还想直接通过试验来确定材料的极限应力,那么就得按照三个主应力 σ_1、σ_2、σ_3 的各种不同比值组合的应力状态进行一一试验,以此来测定材料在各种复杂应力状态下的极限应力值。但由于在复杂应力状态下主应力的组合有无穷多个,而且为实现各种应力状态所需的试验设备和试验方法也较为复杂,因此,要完全重现实际中遇到的各种复杂应力状态的试验是不切合实际的,也办不到。于是人们不得不从考察材料破坏的原因着手研究其强度条件。人们根据长期的实践和大量的试验结果,分析研究材料破坏的现象,探索总结材料的破坏规律,通过推理,逐渐形成了这样的认识:认为材料的破坏是由某一个因素(如应力、应变或应变能密度等)所引起的,对于同一种材料的构件,无论处于何种应力状态,当导致它们破坏的这一共同因素达到某一个极限值,构件就会破坏。因此,可以通过简单拉伸的试验来确定这个共同因素的极限值,从而

建立复杂应力状态下的强度条件。总之,在长期的生产实践中,人们通过对材料破坏现象的观察和分析,进行归纳总结,经过推理,从而对材料破坏的原因提出各种不同的假说,通常将这些假说称为**强度理论**。

事实上,尽管破坏现象比较复杂,但经过分析归纳,总结出强度不足引起的破坏现象主要是屈服和断裂两种。因此,相应的强度理论也就分为两类,一类是关于脆性断裂的强度理论,另一类是关于塑性屈服的强度理论。

10.4.2 四种常用强度理论

从强度理论的发展史来看,早在17世纪时,人们生产生活中大量使用的材料主要是砖、石和铸铁等脆性材料,而这些材料的破坏形式主要是脆性断裂,因此关于脆性断裂的强度理论最早被提出来,常见的有**最大拉应力理论**和**最大伸长线应变理论**。到了19世纪,由于生产实际需要,随着科学技术的进步,在工程实际中,像铜、低碳钢等这类塑性材料的应用越来越多,人们对材料发生塑性屈服的物理实质有了较多认识后,才提出了关于塑性屈服的强度理论,主要有**最大切应力理论**和**畸变能密度理论**。本节重点介绍上述四种强度理论,这些理论都适用于常温、静载条件,且材料必须满足均匀、连续、各向同性等要求。

当然强度理论远不止这四种,而且经常是适用于某种材料的强度理论,并不适用于另一种材料;在某种条件下适用的理论,却又不适用于另一条件。因此,现有的各种强度理论还不能圆满地解决所有破坏问题,近年来,随着生产的发展和新材料的出现,在这方面仍然有待发展,还会产生新的强度理论。

1. 最大拉应力理论

这一理论是17世纪中叶由伽利略首先提出来的,后来经修正得到,也常被称为**第一强度理论**。该理论认为,**最大拉应力是引起材料断裂的主要因素**,即无论材料处于何种应力状态,只要构件危险点处的最大拉应力 $\sigma_{\max}=\sigma_1$ 达到与材料性质有关的某一极限值时,材料就会发生断裂失效。因为最大拉应力的极限值与应力状态无关,所以就可以用单向拉伸试验确定这一极限值。在单向拉伸条件下,只有 $\sigma_1\neq 0$,而 $\sigma_2=\sigma_3=0$,并且当 σ_1 达到材料的强度极限 σ_b 时,材料就发生断裂。于是,根据这一理论,对任何应力状态,只要最大拉应力 σ_1 达到 σ_b,材料就会断裂。故此,可得断裂失效的条件为

$$\sigma_1 = \sigma_b \tag{10-25}$$

再将极限应力 σ_b 除以安全系数 n_b 就得到许用应力 $[\sigma]$,所以可得第一强度理论建立的强度条件为

$$\sigma_1 \leqslant [\sigma] \tag{10-26}$$

试验表明,这个理论对于铸铁、陶瓷等脆性材料较为适合。如铸铁等脆性材料在单向拉伸时,断裂均发生在拉应力最大的横截面上;圆杆类脆性材料在扭转时,断裂也发生在拉应力最大的斜截面上,这些破坏都与最大拉应力理论相符。在拉应力占主导的应力状态,该理论较为符合。但这一理论没有考虑其他两个主应力的影响,因此对有些应力状态将不适用。显然,对没有拉应力的应力状态也无法适用。

2. 最大伸长线应变理论

这一理论是在1682年由马里奥特首先提出的,后来经过修正得到,又被称为**第二强度**

理论。该理论认为，**最大伸长线应变是引起材料断裂的主要因素**，也就是说，无论材料处于何种应力状态，只要构件危险点处的最大伸长线应变 $\varepsilon_{max}=\varepsilon_1$ 达到与材料性质有关的某一极限值 ε_u 时，就会引起材料的断裂失效。既然最大伸长线应变的极限值 ε_u 与应力状态无关，于是就可以用单向拉伸试验确定出这一极限值。因材料在脆性断裂前的变形很小，可设材料在破坏前服从胡克定律，所以在单向拉伸时，最大伸长线应变的极限值为 $\varepsilon_u=\dfrac{\sigma_b}{E}$。因此根据这一理论，对任何应力状态，只要最大伸长线应变 ε_1 达到 $\varepsilon_u=\dfrac{\sigma_b}{E}$，材料就会断裂。故此可得材料断裂失效的条件为

$$\varepsilon_1=\varepsilon_u=\frac{\sigma_b}{E} \tag{10-27}$$

由广义胡克定律知空间应力状态下，上式中的主应变应为

$$\varepsilon_1=\frac{1}{E}[\sigma_1-\mu(\sigma_2+\sigma_3)]$$

将此式代入式(10-27)，材料断裂失效的条件可整理为

$$\sigma_1-\mu(\sigma_2+\sigma_3)=\sigma_b \tag{10-28}$$

再将上式中的极限应力 σ_b 除以安全系数 n_b，就得到许用应力 $[\sigma]$，故此可得第二强度理论的强度条件为

$$\sigma_1-\mu(\sigma_2+\sigma_3)\leqslant[\sigma] \tag{10-29}$$

用石料和混凝土等脆性材料做轴向压缩试验时，在横截面上裂开，其法向即为最大伸长应变方向，与这一理论基本符合。铸铁在拉伸与压缩二向应力状态下，且压缩应力超过拉伸应力较多时，试验结果也与这一理论接近。不过按照这一理论，如材料处于二向受压应力状态，其强度应与单向受压不同，但混凝土、花岗岩和砂岩的试验资料表明，两种情况的强度并无明显差别。还应该注意到，按照这一理论，铸铁在二向拉伸时比单向拉伸更安全，但试验结果并不能证实这一点，对这种情况，应用第一强度理论比较接近试验结果。

3. 最大切应力理论

这一理论是在1773年由库仑首先提出的，后来又被称为**第三强度理论**，是针对塑性屈服失效的。该理论认为，**最大切应力是引起材料发生屈服的主要因素**。也就是说，无论材料处于何种应力状态，只要构件中危险点处的最大切应力 τ_{max} 达到与材料性质有关的某一极限值 τ_u 时，材料就发生屈服失效。按此理论，材料的破坏条件为

$$\tau_{max}=\tau_u \tag{10-30}$$

由前面式(10-15)知：

$$\tau_{max}=\frac{\sigma_1-\sigma_3}{2}$$

既然最大切应力的极限值与应力状态无关，那么就可以通过单向拉伸试验确定这一极限值。当材料单向拉伸屈服时，$\sigma_1=\sigma_s$，$\sigma_2=\sigma_3=0$，将此代入式(10-15)可得屈服时极限值为

$$\tau_u=\frac{\sigma_s}{2} \tag{10-31}$$

于是不论对任何应力状态，将式(10-15)和式(10-31)代入式(10-30)可得

$$\frac{\sigma_1-\sigma_3}{2}=\tau_u=\frac{\sigma_s}{2}$$

或写成

$$\sigma_1-\sigma_3=\sigma_s \tag{10-32}$$

考虑安全系数 n_s 后，可得到按第三强度理论建立的强度条件为

$$\sigma_1-\sigma_3\leqslant[\sigma] \tag{10-33}$$

这一理论与试验符合较好，比较满意地解释了塑性材料的屈服现象。例如，低碳钢拉伸时，沿与轴线成 45°的方向出现滑移线，是材料内部沿这一方向滑移的痕迹，沿这个方向的斜面上的切应力也恰为最大。该理论的缺点是未考虑第二主应力 σ_2 的影响，而试验表明，第二主应力 σ_2 对材料的屈服存在一定影响。另外对三向等值拉伸情况，按这个理论来分析，材料将永远不会发生失效，这也与实际情况不符。

4. 畸变能密度理论

这一理论是在 1904 年由波兰胡贝尔提出，1913 年德国范米塞斯、1925 年美国亨寄作了进一步发展并加以解释，也称为**第四强度理论**，它也是针对塑性屈服失效的。

构件在外力作用下，其形状和体积均会发生变化，与此同时，构件因这些变化而在其内部积蓄了能量，称为**应变能**，通常将构件单位体积内所积蓄的应变能称为**比能**(**也称为应变能密度**)。因而，可将比能分为**形状改变比能**(因形状改变，**也称为畸变能密度**)和**体积改变比能**(因体积改变，**也称为体积改变能密度**)两部分，且三向应力状态下畸变能密度的表达式为

$$u_f=\frac{1+\mu}{6E}[(\sigma_1-\sigma_2)^2+(\sigma_2-\sigma_3)^2+(\sigma_3-\sigma_1)^2] \tag{10-34}$$

畸变能密度理论认为，**引起材料发生屈服的主要因素是畸变能密度**。即无论材料处于何种应力状态，只要畸变能密度 u_f 达到与材料性质有关的某一极限值 u_f^u 时，就会引起材料的屈服失效。按此理论，材料的屈服失效条件为

$$u_f=u_f^u \tag{10-35}$$

既然极限值 u_f^u 与应力状态无关，那么就可通过单向拉伸试验获得材料塑性屈服时的应力极限值即屈服应力，此时为单向应力状态，且有 $\sigma_1=\sigma_s,\sigma_2=\sigma_3=0$，而后再代入式(10-34)即可得到畸变能密度的极限值为

$$u_f^u=\frac{1+\mu}{6E}(2\sigma_s^2) \tag{10-36}$$

将(10-34)、(10-36)两式代入式(10-35)即得

$$(\sigma_1-\sigma_2)^2+(\sigma_2-\sigma_3)^2+(\sigma_3-\sigma_1)^2=2\sigma_s^2 \tag{10-37}$$

或

$$\sqrt{\frac{1}{2}[(\sigma_1-\sigma_2)^2+(\sigma_2-\sigma_3)^2+(\sigma_3-\sigma_1)^2]}=\sigma_s \tag{10-38}$$

考虑安全系数 n_s 后，就得到按第四强度理论建立的强度条件为

$$\sqrt{\frac{1}{2}[(\sigma_1-\sigma_2)^2+(\sigma_2-\sigma_3)^2+(\sigma_3-\sigma_1)^2]}\leqslant[\sigma] \tag{10-39}$$

对于塑性材料,如钢、铜、铝等,这个理论比第三强度理论更符合试验结果。在单向应力状态下,第三和第四强度理论的强度条件是一致的;而在其他应力状态下,无论三个主应力数值如何,可以证明第三强度理论的强度条件不等号左侧总大于第四强度理论的强度条件不等号左侧,在纯剪切应力状态差别最大,可达15%。但这个理论也存在类似第三强度理论所具有的缺陷。

综合上述四个强度理论的强度条件,可以将它们写成下面的统一形式:

$$\sigma_{rd} \leqslant [\sigma] \tag{10-40}$$

此处$[\sigma]$为根据单向拉伸试验确定的材料的许用拉应力;σ_{rd}为**相当应力**,是各种应力状态下三个主应力按不同强度理论而形成的某种组合。对于不同强度理论,σ_{rd}分别为

$$\begin{cases} \sigma_{r1} = \sigma_1 \\ \sigma_{r2} = \sigma_1 - \mu(\sigma_2 + \sigma_3) \\ \sigma_{r3} = \sigma_1 - \sigma_3 \\ \sigma_{r4} = \sqrt{\dfrac{1}{2}[(\sigma_1-\sigma_2)^2+(\sigma_2-\sigma_3)^2+(\sigma_3-\sigma_1)^2]} \end{cases} \tag{10-41}$$

图 10-19 具体给出了强度理论的解释流程图。将强度理论应用于工程实际中复杂应力状态下的强度计算时,应按下述几个步骤进行:

(1) 首先进行整体受力分析、内力分析,确定构件的危险截面;

(2) 对危险截面进行分析,确定危险点,并提取危险点的应力状态,对危险点应力状态进行分析,确定三个主应力(图 10-19(a));

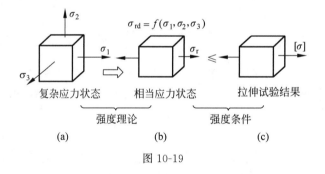

图 10-19

(3) 选用适当的强度理论,算出相应的相当应力,把复杂应力状态转换为等效的单向应力状态(图 10-19(b));

(4) 确定材料的许用应力,将其与危险点的相当应力进行对比(图 10-19(c)),从而对构件进行强度计算。

10.4.3 四种常用强度理论的选择和应用

一般来说,受力构件处于复杂应力状态时,在常温、静载的条件下,脆性材料多数发生脆性断裂,所以通常采用最大拉应力理论或最大伸长线应变理论。由于最大拉应力理论较为简单,所以比最大伸长线应变理论使用得更为广泛。通常情况下,塑性材料的破坏形式多为塑性屈服破坏,所以应该采用最大切应力理论或畸变能密度理论,前者应用比较简单,后者可以得到较为经济的截面尺寸。

根据不同的材料类型选择强度理论，在多数情况下是合适的。但是，材料的脆性和塑性不是绝对的，材料的破坏形式不仅与材料本身的性质有关，还与材料的应力状态有很大关系。同一材料在不同应力状态也可能有不同的破坏形式，也就是说不同应力状态将影响材料的破坏形式。很多试验证明，在三向拉应力相近的应力状态下，即使是塑性材料也会发生脆性断裂，因此此时不论材料是脆性材料还是塑性材料，都会发生脆性断裂失效，应采用第一强度理论。但是，若材料处于三向压应力相近的应力状态（如大理石在各侧面上受压缩），即使是脆性材料，却表现为有较大的塑性，因此此时不论是脆性材料还是塑性材料，都会发生塑性屈服失效，应采用第三或第四强度理论。综上所述，在特殊情况下必须按照可能发生的破坏形式来选择适宜的强度理论，并对构件进行强度计算。

除了上述介绍的四种强度理论外，还有综合实验结果而建立的**莫尔强度理论**、以两个较大切应力之和判断材料破坏的**双切应力强度理论**而发展成的**统一强度理论**[①]等，受篇幅影响就不一一介绍了。

下面以受内压作用的薄壁圆筒为例，说明强度理论在强度计算中的应用。

例 10-5 用 A3 钢制成的蒸汽锅炉如图 10-20(a)所示。若已知锅炉壁厚 $t=10\text{mm}$，内径 $D=1\text{m}$；蒸汽压力 $p=3\text{MPa}$；材料的许用应力 $[\sigma]=160\text{MPa}$，试校核其强度。

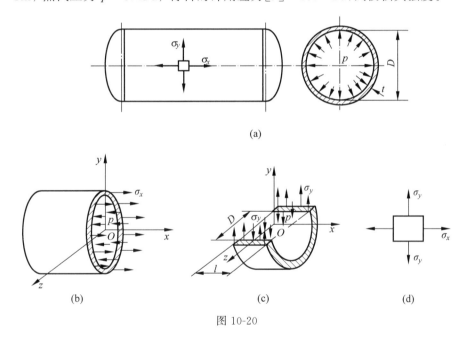

图 10-20

解 工程上，通常将这类壁厚 t 远小于它的直径 $D\left(一般规定 t\leqslant\dfrac{D}{10}\right)$ 的构件称为**薄壁容器**或**薄壁圆筒**，如蒸汽锅炉、液压缸等。若忽略它的自重及其内部流体的重量，则在其内压力作用下，其筒壁只产生轴向伸长和周向胀粗的变形。可见，在筒壁的横截面和过轴线的

[①] 中国学者**俞茂宏**于 1961 年首次原创性地提出双切应力强度理论，经过 30 年后他又将其发展形成一个统一的广义双剪强度理论体系，突破了现有的单一强度理论模式，于 1991 年正式建立了一个有统一力学模型、统一建模方程、统一表达式而又适用各类材料的**统一强度理论**，破解了强度理论的世界性难题，使中国人的理论第一次写入基础力学教科书。**双眼几近失明的他**，仍在秘书帮助下编著《塑性力学三部曲》和《岩土学三部曲》的中文版和英文版共计 12 本书。

纵向截面上,只有拉应力而无切应力。此外,因筒壁很薄,故可假定应力沿壁厚均匀分布。

设轴向应力为 σ_x,为求 σ_x,用一横截面假想地将筒截开,并取左部分连同其内气体或液体为研究对象,如图 10-20(b)所示。则由静力平衡方程

$$\sum F_x = 0, \quad \sigma_x \pi D t - p \frac{\pi}{4} D^2 = 0$$

得

$$\sigma_x = \frac{pD}{4t} = \frac{3 \times 10^6 \times 1}{4 \times 1 \times 10^{-2}} \text{Pa} = 75 \times 10^6 \text{Pa} = 75 \text{MPa}$$

设圆筒筒壁在纵向截面上的周向应力为 σ_y,仍用截面法求之。为此,在距两端大于 D 以上任意处,用相距为 l 的两横截面从筒上截出一段后,再用一通过轴线的水平纵向截面将其截开,取下部分连同其内气体或液体为研究对象,如图 10-20(c)所示,则由静力平衡方程

$$\sum F_y = 0, \quad 2\sigma_y t l - pDl = 0$$

得

$$\sigma_y = \frac{pD}{2t} = \frac{3 \times 10^6 \times 1}{2 \times 1 \times 10^{-2}} \text{Pa} = 150 \times 10^6 \text{Pa} = 150 \text{MPa}$$

由于 $D \gg t$,由上两式可知,圆筒内的压力 p 远小于 σ_x 或 σ_y,因而垂直于筒壁的径向应力很小,可忽略不计,如果在筒壁上按通过直径的纵向截面、横向截面和筒内外壁来截取出一个单元体,则此单元体处于平面应力状态,如图 10-20(d)所示,于是有

$$\sigma_1 = \sigma_y = 150 \text{MPa}, \quad \sigma_2 = \sigma_x = 75 \text{MPa}, \quad \sigma_3 \approx 0$$

对 A3 钢这类塑性材料,通常采用第四强度理论,因此。由式(10-40)知

$$\sigma_{r4} = \sqrt{\frac{1}{2}[(\sigma_1 - \sigma_2)^2 + (\sigma_2 - \sigma_3)^2 + (\sigma_3 - \sigma_1)^2]}$$
$$= \sqrt{\frac{1}{2}[(150 - 75)^2 + (75 - 0)^2 + (0 - 150)^2]} \text{MPa}$$
$$= 129.9 \text{MPa} < [\sigma] = 160 \text{MPa}$$

所以锅炉强度足够。

也可以用第三强度理论校核,由式(10-33)知

$$\sigma_{r3} = \sigma_1 - \sigma_3 = (150 - 0)\text{MPa} = 150 \text{MPa} < [\sigma] = 160 \text{MPa}$$

可见,从第三强度理论看也满足强度要求。

例 10-6 如图 10-21(a)所示,一实心铸铁圆轴两端受扭力偶矩 $M = 540 \text{N·m}$ 的作用,材料的抗拉极限应力 $\sigma_b = 139 \text{MPa}$,求圆轴发生破坏的临界半径 R。

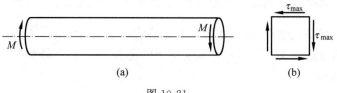

图 10-21

解 (1)确定危险截面和危险点

因圆轴为等截面直杆,且仅受两端的外力偶矩作用,各横截面扭矩相等,且为 $T = M$,故

各横截面均为危险截面。危险点应在各横截面的圆周边各点处，其应力状态应为纯剪切应力状态，如图 10-21(b)所示。

(2) 计算危险点处主应力

由扭转可知，横截面上最大扭转切应力应为

$$\tau_{max} = \frac{TR}{\frac{\pi}{32}(2R)^4} = \frac{540}{\frac{\pi}{2}R^3} = \frac{343.8}{R^3}$$

由于为纯剪切应力状态，由 10.2.5 节可知三个主应力分别为

$$\sigma_1 = -\sigma_3 = \tau_{max} = \frac{343.8}{R^3}, \quad \sigma_2 = 0$$

(3) 选择强度理论，计算相当应力

因铸铁是脆性材料，且构件危险点处于平面应力状态，最大压应力值未超过最大拉应力值，所以采用最大拉应力理论，相当应力为 $\sigma_{r1} = \sigma_1$，破坏条件为 $\sigma_1 = \sigma_b$。

(4) 确定圆轴破坏的临界半径

将 σ_1 代入破坏条件，可得

$$\sigma_1 = \frac{343.8\text{N}\cdot\text{m}}{R^3} = \sigma_b = 139 \times 10^6 \text{N/m}^2$$

由上式计算得到

$$R = \sqrt[3]{\frac{343.8\text{N}\cdot\text{m}}{139 \times 10^6 \text{N/m}^2}} = 1.35 \times 10^{-2} \text{m} = 13.5\text{mm}$$

即：使该铸铁圆轴发生脆性断裂破坏的临界半径为 13.5mm。

习题

10-1 一直径为 $d = 2$cm 的 A3 钢拉伸试件，当与试件轴线成 45°角的斜截面上的切应力 $\tau = 150$MPa 时，试件表面上出现滑移线，试求此时试件所受到的拉力 P。

10-2 在拉杆的某一斜截面上，正应力和切应力均为 50MPa，试求此拉杆上的最大正应力和最大切应力。

10-3 试求图示各单元体指定斜截面 m—m 上的正应力和切应力，并在单元体上表示出来。

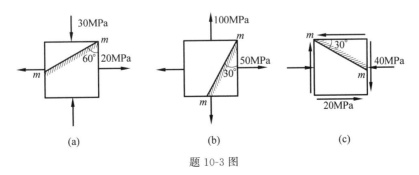

题 10-3 图

10-4 以绕带焊接成的圆管,焊缝为螺旋线,如图所示。管的内径为 300mm,壁厚为 1mm,内压 $p=0.5$MPa。求沿焊缝斜面上的正应力和切应力。

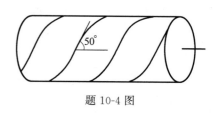

题 10-4 图

10-5 已知应力状态如图所示,(1)试求主应力大小,确定主平面位置;(2)在单元体上绘出主平面位置及主应力方向;(3)求最大切应力。

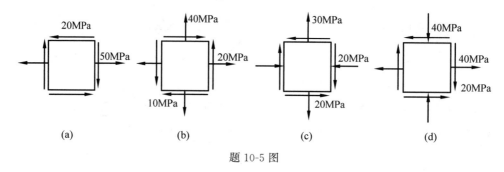

题 10-5 图

10-6 已知如图所示过一点的两个平面上的正应力和切应力,试求该点处的主应力并确定主平面。

10-7 已知一点为平面应力状态,过该点处两个互成 45°平面上的应力如图所示,其中 σ 未知,求该点处的主应力。

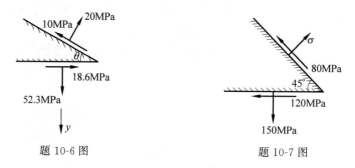

题 10-6 图　　题 10-7 图

10-8 在通过一点的两个平面上,应力如图所示,单位为 MPa。试求主应力的数值,确定主平面的位置,并用单元体的草图表示出来。

10-9 从一受力构件内截取出一棱柱形平面应力状态的单元体如图所示。试求 AC 和 BC 面上的切应力以及该单元体的主应力大小和方向。(提示:$\sigma_x+\sigma_y=\sigma_{\max}+\sigma_{\min}$)

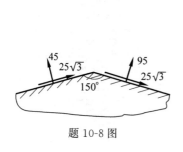　　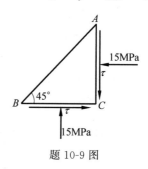

题 10-8 图　　题 10-9 图

10-10 试求图示各单元体的主应力和最大切应力之值（其上应力单位为MPa）。

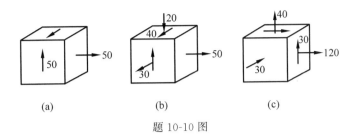

题 10-10 图

10-11 一圆轴受力如图所示。已知固定端横截面上的最大弯曲正应力为 $\sigma=80\text{MPa}$，最大弯曲切应力为 $\tau'=6\text{kPa}$，最大扭转切应力为 $\tau''=30\text{MPa}$。(1)用单元体表示出 A、B、C、D 各点处的应力状态；(2)求出 A 点的主应力和最大切应力。

10-12 图示某地地层为石灰岩，单位体积重量 $\rho=25\text{kN/m}^3$，泊松比 $\mu=0.2$，试计算离地面 400m 深处的压应力。（岩层可视为半无限体，在岩层面内各方向线应变为零）

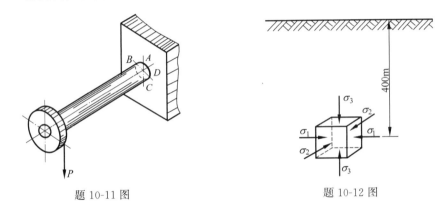

题 10-11 图　　　　　　　　题 10-12 图

10-13 单元体应力状态如图所示，求单元体的主应力、主方向和最大切应力。若材料的弹性模量 $E=200\text{GPa}$，泊松比 $\mu=0.3$，试计算沿 σ_1 方向的线应变 ε_1。

10-14 图示单元体，已知 σ、τ 以及材料的弹性模量 E 和泊松比 μ，试求 $45°$ 方向的线应变 $\varepsilon_{45°}$。

10-15 从钢构件内某一点的周围取出一单元体如图所示。根据理论计算已经求得 $\sigma=30\text{MPa}$，$\tau=15\text{MPa}$。材料的 $E=200\text{GPa}$，$\mu=0.3$。试求对角线 AC 的长度改变量 Δl。

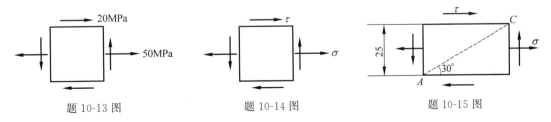

题 10-13 图　　　　　题 10-14 图　　　　　题 10-15 图

10-16 如图所示，在受集中力偶矩 M_e 作用的矩形截面简支梁中，测得中性层上 k 点处沿 $45°$ 方向的线应变为 ε，已知材料的 E、μ 和梁的横截面及长度尺寸 b、h、a、l。试求集中

力偶矩 M_e。$\left(\text{提示：中性层处切应力为 } \tau_{\max}=\dfrac{3F_S}{2A}, \text{其中 } F_S \text{ 为剪力}, A \text{ 为面积}\right)$

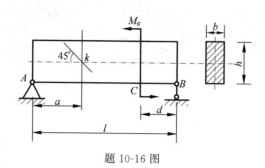

题 10-16 图

10-17 一薄壁容器如图所示，其内径为 $D=500\text{mm}$，壁厚为 $t=10\text{mm}$。在容器上某点处，为测其变形，分别在轴向和周向贴有电阻片 aa 及 bb。在内压力 p 的作用下，测得容器在轴向及周向的线应变分别为 $\varepsilon'=0.10\times10^{-3}$ 及 $\varepsilon''=0.35\times10^{-3}$。若材料的弹性模量 $E=200\text{GPa}$，泊松比 $\mu=0.25$，试求容器壁内的轴向应力和周向应力以及内压力 p。

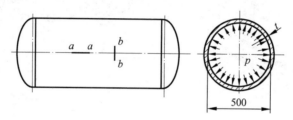

题 10-17 图

10-18 直径为 $D=200\text{mm}$ 的圆轴如图所示，在其表面上某点处与轴线成 $\pm45°$ 角的方向上贴有电阻片 aa 和 bb。在外力偶 m 的作用下，分别测得两个方向的线应变为 $\varepsilon_a=4.25\times10^{-4}$ 和 $\varepsilon_b=-4.25\times10^{-4}$。已知材料的弹性模量 $E=207\text{GPa}$，泊松比 $\mu=0.3$，试求该轴所受外力偶矩 m 的大小。

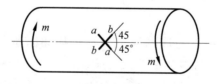

题 10-18 图

10-19 列车通过钢桥时，在大梁侧表面某点测得 x 和 y 向的线应变分别为 $\varepsilon_x=400\times10^{-6}$ 和 $\varepsilon_y=-120\times10^{-6}$，材料的弹性模量 $E=200\text{GPa}$，泊松比 $\mu=0.3$，试求该点 x、y 面的正应力 σ_x 和 σ_y（x 沿桥纵向）。

10-20 对于给定的平面应力状态：$\sigma_x=212\text{MPa}$，$\sigma_y=-212\text{MPa}$，$\tau_{xy}=212\text{MPa}$，试判断下述情况下材料是否失效。

(1) 若材料为脆性材料，用最大拉应力理论判断，已知材料的 $[\sigma]=300\text{MPa}$；

(2) 若材料为塑性材料，用最大切应力理论及畸变能密度理论判断，已知材料的 $[\sigma]=$

500MPa。

10-21 求图示单元体的主应力和最大切应力,绘出主平面和主应力的作用方位,并用第四强度理论求出该单元体的相当应力。

10-22 炮筒横截面如图所示。在危险点处,$\sigma_t=550\text{MPa}$,$\sigma_r=-350\text{MPa}$,第三个主应力垂直于图面,是拉应力,且其大小为 420MPa。试按第三和第四强度理论计算其相当应力。

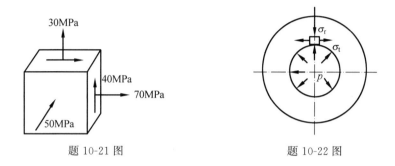

题 10-21 图　　　　　　　题 10-22 图

10-23 已知钢制构件的许用应力为$[\sigma]=120\text{MPa}$,危险点处的主应力分别如下,试校核该构件的强度。

(1) $\sigma_1=140\text{MPa}$,$\sigma_2=100\text{MPa}$,$\sigma_3=40\text{MPa}$;

(2) $\sigma_1=60\text{MPa}$,$\sigma_2=0$,$\sigma_3=-50\text{MPa}$。

10-24 已知铸铁构件的许用拉应力为$[\sigma_t]=30\text{MPa}$,泊松比$\mu=0.3$。危险点处的主应力分别如下,试校核该构件的强度。

(1) $\sigma_1=30\text{MPa}$,$\sigma_2=20\text{MPa}$,$\sigma_3=15\text{MPa}$;

(2) $\sigma_1=29\text{MPa}$,$\sigma_2=0$,$\sigma_3=-20\text{MPa}$。

10-25 铸铁薄管如图所示,管的外径为 200mm,壁厚为 15mm,两端轴向压力为 350kN。铸铁的许用应力$[\sigma_t]=30\text{MPa}$,泊松比$\mu=0.25$,当内压分别为 3MPa 和 5MPa 时,试用第二强度理论校核该管的强度。

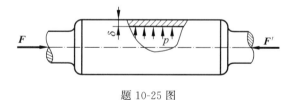

题 10-25 图

第11章 组合变形

本章在杆件基本变形和应力状态分析与强度理论等内容的基础上,主要介绍杆件拉伸(或压缩)与弯曲的组合变形及扭转与弯曲的组合变形,研究杆件在组合变形时的强度计算方法。

11.1 组合变形的概念及实例

在本书第4～9章中,我们已经详细地讨论了杆件的轴向拉伸(或压缩)、剪切(挤压)、圆轴扭转和平面弯曲等基本变形。但在工程实际中,许多构件往往同时发生两种或两种以上的基本变形,如果其中一种变形是主要的,其他变形的影响很小,可以忽略,则可按基本变形进行计算。如果几种基本变形所产生的影响(如应力、应变)属同一数量级,则这种情况就称为**组合变形**,组合变形是相对于基本变形而言的。例如,如图11-1所示,炼油厂的塔设备在塔身重量及其内流体重量的作用下(设两者总重为G),将发生轴向压缩变形,如果同时在水平方向还有风载荷作用,还将发生弯曲变形。又如图11-2所示,悬臂吊车的横梁AB,在横梁中部起吊重物时,它不仅将发生弯曲变形,而且由于拉杆BC的斜向作用,还将发生压缩变形。再如图11-3所示皮带轮轴,在皮带张力T、t作用下,将同时发生扭转和弯曲两种基本变形。因此,本章将研究杆件在组合变形时的强度计算问题。

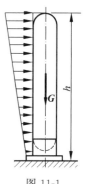

图 11-1

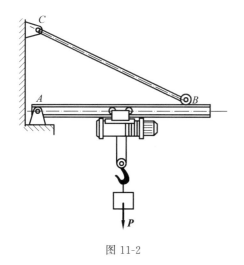

图 11-2

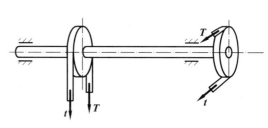

图 11-3

在线弹性范围内,即材料服从胡克定律,由于所研究的对象都是小变形构件,在这些前提下虽然构件同时存在着几种基本变形,但可以认为各载荷的作用彼此独立、互不影响,即任一载荷所引起的应力或变形不受其他载荷的影响,因此可采用**叠加原理**来解决组合变形构件的强度计算。采取先**分解后叠加**的方法,把组合变形转变成基本变形的叠加,即分别计算每一种基本变形各自引起的应力和变形,然后叠加求解,最后得到杆件在原载荷作用下危险点处的应力状态,选用合适的强度理论建立强度条件并进行计算。其**基本步骤**是:①将作用在杆件上的载荷进行简化处理(分解或平移等),得到与原载荷静力和变形等效的几组载荷,使构件在每组载荷作用下只产生一种基本变形;②分别计算构件在每种基本变形下的内力,确定危险截面,并根据应力分布规律确定危险点,获得危险点处的应力;③提取危险点处的应力状态,将各基本变形引起的应力进行叠加,得到杆件在原载荷作用下危险点处的应力状态,计算主应力;④根据构件的材料和危险点处的应力状态,确定可能的破坏形式,选择合适的强度理论,进而建立该组合变形的强度条件,最后进行强度计算。

如前面所述,**叠加原理的使用是有条件的**。在工程实际中,构件不满足小变形条件时,计算内力等不能使用构件原始尺寸,须用构件变形后的尺寸进行计算,这就导致外力与内力、变形间的非线性关系。现以压缩与弯曲的组合变形来说明这一问题。如图 11-4 所示的纵横弯曲问题,梁的弯曲刚度较小,弯矩应按杆件变形后的位置计算,则轴向压力 F 除引起轴力外,还将产生弯矩 Fw,而挠度 w 又受 F 及 q 的共同影响。显然,压力 F 及横向载荷 q 的作用并不是各自独立的。在这种情况下,尽管杆件仍然是线弹性的,但叠加原理不能成立。

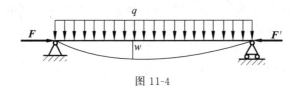

图 11-4

本章只介绍在工程实际中最常见的**拉伸(或压缩)与弯曲的组合变形**、**扭转与弯曲的组合变形**。

11.2 拉伸(或压缩)与弯曲的组合变形

如果作用在杆上的外力除了横向力外,还有轴向力,则杆将发生**拉伸(或压缩)与弯曲的组合变形**。图 11-1 所示的塔设备,同时承受塔轴向方向重力和横向风载荷的共同作用,将发生压缩与弯曲的组合变形;图 11-2 所示悬臂吊车的横梁同时受到横向载荷和轴向载荷的作用,也将发生压缩与弯曲的组合变形。

现以图 11-5(a)所示的矩形截面悬臂梁为例来讨论拉伸(或压缩)与弯曲组合变形,研究构件横截面上的应力和强度计算的方法。

如图 11-5 所示,一矩形截面杆,一端自由,一端固定,在梁的自由端截面上作用一集中载荷 F,该载荷通过自由端截面形心,其力作用线在杆件纵向对称面 xOy 内,且与杆的轴线夹角为 φ。下面分析该载荷在杆件上引起的变形、应力及强度问题。

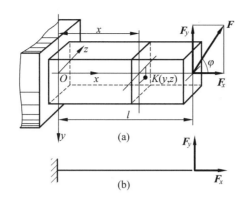

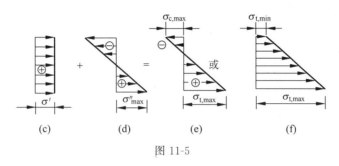

图 11-5

由于外力 F 既不沿着杆轴线方向也不垂直于杆的轴线,因此首先将外力 F 沿着杆轴线(x 轴)和垂直于杆轴线(y 轴)分解,得到轴向和横向两个分量 F_x 和 F_y(图 11-5(b)),其大小分别为

$$F_x = F\cos\varphi, \quad F_y = F\sin\varphi$$

显然,轴向拉力 F_x 单独作用下会使杆件产生轴向拉伸变形,而垂直于杆轴线的横向力 F_y 单独作用下会使杆件产生 xOy 平面内的弯曲变形。这样就将斜向载荷 F 对杆件的作用效果等效转化成轴向拉伸与弯曲的组合变形。

在 F_x 单独作用下杆件发生轴向拉伸变形,梁横截面上各点将产生数值相等的拉应力,其值为

$$\sigma' = \frac{F_N}{A} = \frac{F\cos\varphi}{A}$$

式中 A 为梁的横截面面积,应力 σ' 沿梁高度均匀分布,如图 11-5(c)所示。

接下来讨论 F_y 单独作用下的应力。任一横截面的弯矩为

$$M = F_y(l-x)$$

此时在任一截面上任一点 $K(x,y,z)$ 处的弯曲正应力应为

$$\sigma'' = \frac{My}{I_z} = \frac{F_y(l-x)y}{I_z} = \frac{F\sin\varphi(l-x)y}{I_z}$$

式中 I_z 为矩形横截面形心轴的惯性矩。任一横截面上弯矩产生的正应力沿梁高为线性分布,沿着横截面宽度均匀分布,如图 11-5(d)所示。

由于本例是拉伸与弯曲组合变形,设在外力作用下杆件的变形属于小变形,由于同一个横截面同一点处拉伸产生的正应力 σ' 和弯曲产生的正应力 σ'' 都平行于轴线(即垂直于横截

面),可应用叠加原理,将此二者进行代数叠加,得到任一横截面任一点 $K(x,y,z)$ 处的正应力为

$$\sigma = \sigma' + \sigma'' = \frac{F_N}{A} + \frac{My}{I_z} = \frac{F\cos\varphi}{A} + \frac{F\sin\varphi(l-x)y}{I_z} \tag{d}$$

上式为该悬臂梁任意横截面任意一点处的正应力公式,由该式可知:设横截面上、下边缘处的最大弯曲正应力大于(或小于)拉伸正应力,则拉伸应力和弯曲正应力叠加后沿梁高仍然是线性分布的,只是叠加后正应力为零处往上移,正应力沿着横截面宽度方向均匀分布,如图 11-5(e)(或图 11-5(f))所示。

由于在固定端处横截面上的弯矩最大,因此,该截面为危险截面。由图 11-5(e)(f)可知,构件的危险点位于危险截面的上边缘或下边缘处,最上边缘处为最大压应力(或最小拉应力),最下边缘处为最大拉应力,它们的代数值分别为

$$\begin{cases} \sigma_{c,\max} = \frac{F_N}{A} - \frac{M_{\max}}{W_z} \left(\text{或}\ \sigma_{t,\min} = \frac{F_N}{A} - \frac{M_{\max}}{W_z}\right) \\ \sigma_{t,\max} = \frac{F_N}{A} + \frac{M_{\max}}{W_z} \end{cases} \tag{11-1}$$

式中 $M_{\max}$ 为危险截面处的弯矩,W_z 为抗弯截面系数。

提取危险点处应力状态,可知危险点处的应力状态为单向应力状态,因此可根据材料的许用应力建立强度条件:

(1) 对于**拉伸与弯曲的组合变形**,若杆件由塑性材料制成,其抗拉与抗压性能相同,故其强度条件应为

$$\sigma_{t,\max} = \frac{F_N}{A} + \frac{M_{\max}}{W_z} \leqslant [\sigma] \tag{11-2}$$

若杆件由脆性材料制成,则其抗拉与抗压性能不同,由于 $\sigma_{t,\max} > \sigma_{c,\min}$,而 $[\sigma_t] < [\sigma_c]$,故其强度条件应为

$$\sigma_{t,\max} = \frac{F_N}{A} + \frac{M_{\max}}{W_z} \leqslant [\sigma_t] \tag{11-3}$$

式中 $[\sigma_t]$ 和 $[\sigma_c]$ 分别为材料的许用拉应力和许用压应力。

(2) 若外力 F 的轴向分力为压力,则属于**压缩与弯曲的组合变形**,式(11-1)中的第一项 $\frac{F_N}{A}$ 应取负号,此时危险截面最上边缘处为最大压应力,最下边缘处为最大拉应力(或最小压应力)。若杆件材料为塑性材料,因此时最大压应力比可能的最大拉应力大,应考虑危险截面最上边缘处的强度,故其强度条件应为

$$\sigma_{\max} = \frac{|F_N|}{A} + \frac{|M_{\max}|}{W_z} \leqslant [\sigma] \tag{11-4}$$

若杆件是脆性材料制成的,其强度条件应为

$$\begin{cases} \sigma_{t,\max} = -\frac{|F_N|}{A} + \frac{|M_{\max}|}{W_z} \leqslant [\sigma_t] \\ \sigma_{c,\max} = \frac{|F_N|}{A} + \frac{|M_{\max}|}{W_z} \leqslant [\sigma_c] \end{cases} \tag{11-5}$$

由上面的拉伸(或压缩)与弯曲组合变形的强度条件同样可以解决相应强度的三类问题,即校核强度、设计截面和确定许可载荷。

例 11-1 某炼油塔如图 11-6 所示,塔高为 $h=18\text{m}$。塔底用裙式支座支承,其内径 $d=1\text{m}$,壁厚为 $t=8\text{mm}$。已知塔身及其内物料共重 $G=97.46\text{kN}$,塔受梯形风载为 $q_1=655\text{N/m}$ 和 $q_2=745\text{N/m}$。裙座材料为 A3 钢,其许用应力为 $[\sigma]=140\text{MPa}$,试校核裙座的强度。

解 炼油塔受轴向载荷 **G** 作用发生压缩变形,受横向风载荷作用发生弯曲变形,因此该问题为压缩与弯曲的组合变形,其强度计算具体如下:

(1) 外力分析、内力分析

塔在风载作用下发生弯曲变形,且塔座底部弯矩最大。将梯形风载分解为集度为 q_1 的均布载荷和最大集度为 (q_2-q_1) 的三角形载荷。于是可求得塔座底部最大弯矩为

$$M_{\max} = q_1 h \cdot \frac{h}{2} + \frac{1}{2}(q_2-q_1)h \cdot \frac{2}{3}h$$

$$= \left[655 \times 18 \times 9 + \frac{1}{2} \times (745-655) \times 18 \times \frac{2}{3} \times 18\right] \text{N} \cdot \text{m}$$

$$= 115.83 \times 10^3 \text{N} \cdot \text{m}$$

$$= 115.83 \text{kN} \cdot \text{m}$$

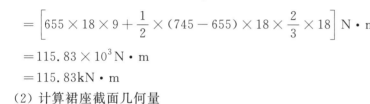

图 11-6

(2) 计算裙座截面几何量

裙座为圆环截面,且为薄壁,因此 $D \approx d$,$D-d=2t$,于是截面对其中性轴的惯性矩可简化为

$$I = \frac{\pi}{64}(D^4-d^4) = \frac{\pi}{64}(D-d)(D^3+D^2d+Dd^2+d^3) \approx \frac{\pi}{64} 2t \times 4d^3 = \frac{\pi}{8}d^3 t$$

其抗弯截面系数则为

$$W = \frac{I}{\dfrac{D}{2}} \approx \frac{\dfrac{\pi}{8}d^3 t}{\dfrac{d}{2}} = \frac{\pi}{4}d^2 t = \frac{\pi}{4} \times 1^2 \times 8 \times 10^{-3} \text{m}^3 = 6.28 \times 10^{-3} \text{m}^3$$

其横截面面积为

$$A \approx \pi d t = \pi \times 1 \times 8 \times 10^{-3} \text{m}^2 = 25.13 \times 10^{-3} \text{m}^2$$

(3) 计算裙座应力

由风载荷在塔底部引起的最大弯曲正应力为

$$\sigma'' = \pm \frac{M_{\max}}{W} = \pm \frac{115.83 \times 10^3}{6.28 \times 10^{-3}} \text{Pa} = \pm 18.44 \text{MPa}$$

因塔身及其内物料自重引起的压应力为

$$\sigma' = -\frac{G}{A} = -\frac{97.46 \times 10^3}{25.13 \times 10^{-3}} \text{Pa} = -3.88 \text{MPa}$$

(4) 裙座强度计算

显然,炼油塔危险点在塔底部的背风处,由于裙座材料 A3 钢为塑性材料,其最大压应力的绝对值为

$$\sigma_{c,\max} = (18.44 + 3.88)\text{MPa} = 22.32\text{MPa} < [\sigma]$$

这说明塔底裙座的强度足够。

例 11-2 图 11-2 所示的悬臂吊车可简化为如图 11-7(a)所示的力学简图。若已知横梁 AB 是用 25a 工字钢制成的,梁长为 $l=4\text{m}$,拉杆 BC 与横梁 AB 的夹角为 $\alpha=30°$,电葫芦自重和起重量共为 $F=24\text{kN}$,材料的许用应力为 $[\sigma]=100\text{MPa}$,试校核横梁的强度。

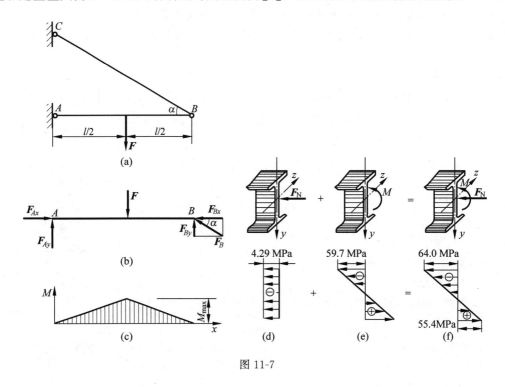

图 11-7

解 (1) 外力分析和计算

取横梁 AB 为研究对象,其受力图如图 11-7(b)所示。将拉杆 BC 对横梁的作用力 F_B 分解为水平轴向分力 F_{Bx} 和竖直横向分力 F_{By}。于是,横梁在 F_{Ax} 和 F_{Bx} 作用下产生压缩变形,而在 F、F_{Ay}、F_{By} 作用下产生弯曲变形,属于压缩与弯曲的组合变形。

实践证明,当载荷 F 作用在梁的中点时,梁上产生的弯矩最大,此时梁处于危险状态。由平衡条件知

$$\sum M_A(\boldsymbol{F}) = 0, \quad F_{By}l - F \cdot \frac{l}{2} = 0$$

可得

$$F_{By} = \frac{F}{2} = \frac{24}{2}\text{kN} = 12\text{kN}$$

由几何关系知

$$F_{Bx} = F_{By}\cot\alpha = 12 \times 1.732\text{kN} = 20.784\text{kN}$$

再由平衡条件

$$\sum F_x = 0, \quad F_{Ax} - F_{Bx} = 0$$

得

$$F_{Ax} = F_{Bx} = 20.784 \text{kN}$$

由 $\sum F_y = 0, F_{Ay} + F_{By} - F = 0$ 得

$$F_{Ay} = F - F_{By} = (24-12)\text{kN} = 12\text{kN}$$

（2）内力和应力计算

根据横梁的受力和上述结果,可作出横梁的弯矩图如图 11-7(c)所示。横梁中点横截面上的弯矩最大,其值为

$$M_{\max} = \frac{Fl}{4} = \frac{24000 \times 4}{4} \text{N} \cdot \text{m} = 24 \times 10^3 \text{N} \cdot \text{m} = 24\text{kN} \cdot \text{m}$$

由型钢表中查得 25a 工字钢的横截面面积为

$$A = 48.5 \text{cm}^2$$

抗弯截面系数为

$$W = 402 \text{cm}^3$$

于是得最大弯曲正应力为

$$\sigma'' = \pm \frac{M_{\max}}{W} = \pm \frac{24 \times 10^3}{402 \times 10^{-6}} \text{Pa} = \pm 59.7 \times 10^6 \text{Pa} = \pm 59.7 \text{MPa}$$

此横截面上正应力分布如图 11-7(e)所示。

在 F_{Ax} 和 F_{Bx} 作用下产生的压应力为

$$\sigma' = \frac{F_N}{A} = -\frac{F_{Bx}}{A}$$

故得

$$\sigma' = -\frac{20.784 \times 10^3}{48.5 \times 10^{-4}} \text{Pa} = -4.3 \times 10^6 \text{Pa} = -4.3 \text{MPa}$$

并均匀分布于横截面上,如图 11-7(d)所示。

将横梁中点横截面上的压缩正应力和弯曲正应力进行叠加,可知横梁中点横截面的上边缘处受最大压应力、下边缘处受最大拉应力,且横梁的最大拉应力和最大压应力分别为

$$\sigma_{t,\max} = \frac{F_N}{A} + \frac{M_{\max}}{W_z} = (-4.3 + 59.7)\text{MPa} = 55.4 \text{MPa}$$

$$\sigma_{c,\max} = \frac{F_N}{A} - \frac{M_{\max}}{W_z} = (-4.3 - 59.7)\text{MPa} = -64 \text{MPa}$$

（3）强度校核

因为工字钢是由塑性材料制成的,故只考虑正应力绝对值最大处的强度,由于

$$|\sigma_{c,\max}| = 64\text{MPa} < [\sigma]$$

可见,吊车横梁是安全的。

另外,在工程实际中,还常常遇到另一种情况,即载荷与杆件的轴线平行但不通过杆件横截面的形心,此时杆件也将发生拉伸(压缩)与弯曲的组合变形,这种情况通常称为**偏心拉伸(压缩)**。通常将载荷作用线至横截面形心(杆轴线)的垂直距离称为偏心距。例如图 11-8 中钻床,钻床上钻头和支撑台均受到被加工工件对它的作用力 F,但该载荷未沿着立柱轴线作用而偏离立柱轴线的距离为 e,对于立柱来说就发生了偏心拉伸,即为拉伸与弯曲的组合变形。

例 11-3 钻床如图 11-8(a)所示。若工作时受到的压力为 $F=15\text{kN}$,偏心距 $e=40\text{cm}$。立柱材料为铸铁,其许用拉应力为 $[\sigma_\text{t}]=35\text{MPa}$,许用压应力为 $[\sigma_\text{c}]=120\text{MPa}$,试设计立柱的直径。

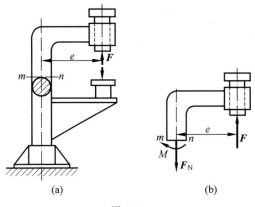

图 11-8

解 (1) 确定立柱内力

用截面 $m—n$ 将立柱假想地截开,取上半部分为研究对象,如图 11-8(b)所示,则由平衡条件

$$\sum F_y = 0, \quad -F_\text{N} + F = 0$$
$$\sum M_O(\boldsymbol{F}) = 0, \quad -M + Fe = 0$$

得

$$F_\text{N} = F = 15\text{kN}$$
$$M = Fe = 15 \times 0.4 \text{kN} \cdot \text{m} = 6\text{kN} \cdot \text{m}$$

可见,立柱在力 $\boldsymbol{F}$ 作用下产生偏心拉伸。

(2) 由强度条件确定立柱直径

因为铸铁的许用拉应力小于许用压应力,根据脆性材料发生拉伸与弯曲组合变形时的强度条件可知立柱的尺寸应由最大拉应力来决定。由式(11-3)知

$$\sigma_\text{t,max} = \frac{F_\text{N}}{A} + \frac{M}{W} \leqslant [\sigma_\text{t}]$$

即

$$\frac{15 \times 10^3}{\frac{\pi}{4}d^2} + \frac{6 \times 10^3}{\frac{\pi}{32}d^3} \leqslant 35 \times 10^6$$

解出上式中的 d 即为立柱的直径。但因上式涉及未知量 d 的三次方,解起来较繁,故在工程实际计算中常采用一种简便方法。由于偏心距较大,弯曲正应力的绝对值比拉伸(或压缩)应力的绝对值大得多,是杆件变形的主要影响因素,所以可先只按弯曲正应力的强度条件求出直径,而后将此值稍加增大后,代入拉伸(或压缩)与弯曲组合变形的强度条件中进行校核,若数值相差较大,再作调整,重新进行校核,如此逐步逼近,直到求得比较满意的杆件尺寸为止。

在此题中,由弯曲正应力的强度条件

$$\frac{M}{W} \leqslant [\sigma]$$

即

$$\frac{6 \times 10^3}{\frac{\pi}{32} d^3} \leqslant 35 \times 10^6$$

解得

$$d = 0.12\text{m}$$

将此 d 值稍微增大为 $d=0.125\text{m}$,代入拉伸(或压缩)与弯曲组合变形的强度条件式中,有

$$\sigma_{t,\max} = \left(\frac{15 \times 10^3}{\frac{\pi}{4} \times 0.125^2} + \frac{6 \times 10^3}{\frac{\pi}{32} \times 0.125^3}\right)\text{Pa} = 32.5 \times 10^6 \text{Pa}$$

$$= 32.5\text{MPa} < [\sigma_t] = 35\text{MPa}$$

可见,立柱直径选用 $d=0.125\text{m}=125\text{mm}$,既可满足强度要求,而且也不浪费材料。

例 11-4 小型压力机的铸铁框架如图 11-9(a)所示。已知材料的许用拉应力 $[\sigma_t]=30\text{MPa}$,许用压应力 $[\sigma_c]=160\text{MPa}$。立柱的截面尺寸如图 11-9(b)所示,截面对形心轴 z 轴的惯性矩为 $I_z=5312.5\text{cm}^4$。试按强度条件确定压力机的最大许可压力 $[P]$。

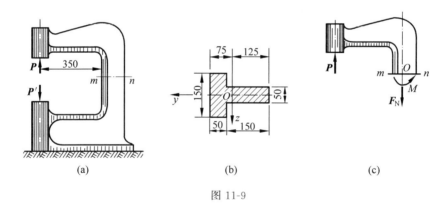

图 11-9

解 (1) 确定立柱横截面内力

用截面法计算横截面上内力,以横截面 $m-n$ 假想地将框架分成两部分,取其上半部分为研究对象,如图 11-9(c)所示,由平衡条件 $\sum F_y=0$ 和 $\sum M_O(\boldsymbol{F})=0$,可得 $m-n$ 截面上的内力

$$F_N = P$$
$$M = P \times (350+75) \times 10^{-3} = 425 \times 10^{-3} P$$

(2) 确定立柱横截面上应力

在 $m-n$ 横截面上,由轴力 F_N 产生的拉应力为

$$\sigma' = \frac{F_N}{A} = \frac{P}{(5 \times 15 \times 2) \times 10^{-4}} = \frac{P}{15 \times 10^{-3}} = 66.67 P$$

由弯矩 M 产生的正应力按线性分布,注意到 T 形横截面形心和对 z 轴的惯性矩已知,因此,横截面上最大拉应力和最大压应力分别位于图 11-9(b)最左边缘(即内侧边缘)和最右边缘(即外侧边缘),其值为

$$\sigma''_{t,max} = \frac{My_1}{I_z} = \frac{425 \times 10^{-3}P \times 75 \times 10^{-3}}{5312.5 \times 10^{-8}} = 600P$$

$$\sigma''_{c,max} = -\frac{My_2}{I_z} = -\frac{425 \times 10^{-3}P \times 125 \times 10^{-3}}{5312.5 \times 10^{-8}} = -1000P$$

将拉伸引起的正应力和弯曲正应力叠加后,在 $m-n$ 截面的内侧边缘上产生的最大拉应力为

$$\sigma_{t,max} = \sigma' + \sigma''_{tmax} = 66.67P + 600P = 666.67P$$

同时在外侧边缘上产生的最大压应力为

$$\sigma_{c,max} = \sigma' + \sigma''_{c,max} = 66.67P - 1000P = -933.33P$$

显然,因为铸铁的许用压应力 $[\sigma_c]$ 是其许用拉应力 $[\sigma_t]$ 的 5 倍多,而在 $m-n$ 截面上的最大压应力 $\sigma_{c,max}$ 只有最大拉应力 $\sigma_{t,max}$ 的一倍多,因而压力机的许可压力 $[P]$ 应由 $m-n$ 截面上的最大拉应力强度条件决定(当然,此处可同时按拉应力强度条件和压应力强度条件进行计算,然后选较小值,读者可自行验算)。于是由拉应力强度条件

$$\sigma_{t,max} \leqslant [\sigma_t]$$

即

$$666.67P \leqslant 30 \times 10^6$$

解得

$$P \leqslant 44999.775 \text{N}$$

最后可取压力机的最大许可压力为

$$[P] = 45 \text{kN}$$

11.3 扭转与弯曲的组合变形

传动轴是机械工程中应用最广泛的重要零件之一,它们在工作中往往发生**扭转与弯曲组合变形**。扭转与弯曲的组合变形是机械工程中最常见的情况。下面以图 11-10(a)所示的圆轴为例来说明杆件在扭转与弯曲组合变形下的强度计算与步骤。

图 11-10 所示为一左端固定、右端自由的等截面圆轴,坐标系如图所示。已知圆轴的长度为 l,直径为 d。在自由端的横截面前边缘处作用一竖直向下的集中力 P,现研究该轴的强度计算问题。为此,需对力 P 进行处理,将其向轴自由端端面圆心处平移,得到一通过圆轴横截面形心的等效竖向力 P 和一位于自由端端截面上的矩为 $m = \dfrac{Pd}{2}$ 的力偶。这样,圆轴的受力情况就可以简化为图 11-10(b)所示。容易看出,等效竖向力 P 使轴产生弯曲变形,而力偶 m 则使轴产生扭转变形。可见,这是扭转与弯曲的组合变形。

由于细长梁忽略了剪力引起的切应力,因此根据轴的计算简图,分别作出圆轴的扭矩图和弯矩图如图 11-10(c)、(d)所示,由图 11-10(d)可以确定轴的危险截面在固定端处,其扭

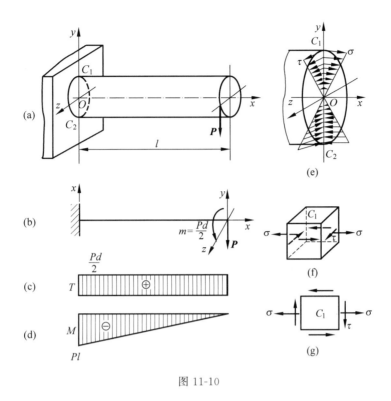

图 11-10

矩和弯矩分别为 $T=m=\dfrac{Pd}{2}$ 和 $M=Pl$。而且,由扭矩 T 产生的切应力是沿半径按线性规律变化的,在横截面边缘各点上扭转切应力最大,其值为

$$\tau=\frac{T}{W_{\text{t}}} \tag{11-6}$$

而由弯矩 M 产生的正应力是沿横截面高度呈线性规律变化的,在固定端面边缘的上、下两点 C_1 和 C_2 上弯曲正应力最大,其值为

$$\sigma=\pm\frac{M}{W} \tag{11-7}$$

危险截面上的切应力和正应力分布规律如图 11-10(e)所示。综合考虑扭矩和弯矩共同作用的结果,可知,固定端面上 C_1 和 C_2 两点上的切应力和正应力均为整个轴上最大的,即这两点是整个圆轴的危险点。由于在工程实际中,各种轴类零件都是用塑性材料制成的,而塑性材料的抗拉强度和抗压强度相等,故只取其中一点来研究就可以了,不妨取 C_1 点来研究。提取 C_1 点处应力状态,如图 11-10(f)所示。显然,这是一个平面应力状态,因此也可以用图 11-10(g)来表示。由于危险点处为复杂应力状态,因此只能应用强度理论来解决其强度问题。为此,先由第 10 章知识计算该单元体的主应力。在此令 $\sigma_x=\sigma,\sigma_y=0,\tau_{xy}=\tau$,代入式(11-4)得

$$\left.\begin{array}{c}\sigma_{\max}\\ \sigma_{\min}\end{array}\right\}=\frac{\sigma}{2}\pm\sqrt{\left(\frac{\sigma}{2}\right)^2+\tau^2} \tag{11-8}$$

显然,上式中,等号右边第一项的值永远小于第二项的值,于是可知

$$\begin{cases} \sigma_1 = \sigma_{\max} = \dfrac{\sigma}{2} + \sqrt{\left(\dfrac{\sigma}{2}\right)^2 + \tau^2} \\ \sigma_2 = 0 \\ \sigma_3 = \sigma_{\min} = \dfrac{\sigma}{2} - \sqrt{\left(\dfrac{\sigma}{2}\right)^2 + \tau^2} \end{cases} \quad (11\text{-}9)$$

对于塑性材料制成的轴,应采用第三强度理论或第四强度理论。若用第三强度理论的强度条件

$$\sigma_{r3} = \sigma_1 - \sigma_3 \leqslant [\sigma]$$

将式(11-9)代入上式,经简化后可得

$$\sigma_{r3} = \sqrt{\sigma^2 + 4\tau^2} \leqslant [\sigma] \quad (11\text{-}10)$$

若用第四强度理论的强度条件

$$\sigma_{r4} = \sqrt{\dfrac{1}{2}\left[(\sigma_1 - \sigma_2)^2 + (\sigma_2 - \sigma_3)^2 + (\sigma_3 - \sigma_1)^2\right]} \leqslant [\sigma]$$

再将式(11-9)代入上式,经简化后可得

$$\sigma_{r4} = \sqrt{\sigma^2 + 3\tau^2} \leqslant [\sigma] \quad (11\text{-}11)$$

对于圆轴有 $W_t = 2W$,并将(11-6)及(11-7)两式一起代入式(11-10)及式(11-11),经整理后可得圆轴扭转与弯曲组合变形时,第三强度理论的强度条件为

$$\sigma_{r3} = \dfrac{1}{W}\sqrt{M^2 + T^2} \leqslant [\sigma] \quad (11\text{-}12)$$

第四强度理论的强度条件为

$$\sigma_{r4} = \dfrac{1}{W}\sqrt{M^2 + 0.75T^2} \leqslant [\sigma] \quad (11\text{-}13)$$

值得注意的是,在式(11-10)和式(11-11)的推导过程中,并没有用到圆轴的几何特性,因此只要危险点的应力状态是图 11-10(f)或图 11-10(g)的二向应力状态,即 $\sigma_y = 0$ 的二向应力状态,就可应用式(11-10)或式(11-11)进行强度计算。式(11-12)和式(11-13)是利用了圆轴的特性,即 $W_t = 2W$ 才得到的。但因为空心圆轴也有 $W_t = 2W$ 这一特性,所以式(11-12)和式(11-13)适用于圆轴或者空心圆轴的弯扭组合变形的强度计算。

对于塑性材料制成的圆截面或圆环截面轴,若横截面上既有轴力又有扭矩,则其发生**拉伸(压缩)与扭转的组合变形**(简称拉扭)。其横截面上有拉伸(压缩)产生的正应力和扭转产生的切应力,且正应力在横截面上均匀分布,切应力是沿半径按线性规律变化的。而危险点应在危险截面的外圆周线上,危险点应力状态与弯扭组合变形的应力状态一样,为 $\sigma_y = 0$ 的二向应力状态,因此,可应用式(11-10)或式(11-11)进行强度计算,只是公式中正应力应换为 $\sigma = \dfrac{F_N}{A}$,此时不能用式(11-12)和式(11-13)进行强度计算。

对于塑性材料制成的圆截面或圆环截面轴,若发生**拉伸(压缩)与扭转弯曲的组合变形**(简称拉弯扭组合变形),其横截面上既有拉伸(压缩)产生的正应力、弯曲产生的正应力,又有扭转产生的切应力,危险点的应力状态仍为 $\sigma_y = 0$ 的二向应力状态,因此,仍可应用式(11-10)或式(11-11)进行强度计算,只是公式中正应力应换为 $\sigma = \dfrac{F_N}{A} + \dfrac{M}{W}$,此时不能用

式(11-12)和式(11-13)进行强度计算。

例 11-5　手摇绞车如图 11-11(a)所示。已知卷筒直径为 $D=360\text{mm}$，两轴承的距离为 $l=800\text{mm}$；轴的直径为 $d=30\text{mm}$，许用应力 $[\sigma]=80\text{MPa}$。试按第三强度理论确定绞车能起吊的许可载荷 $[Q]$。

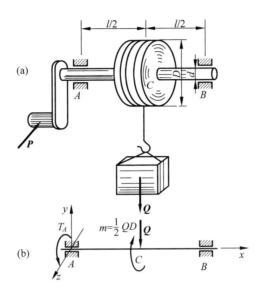

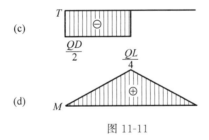

图 11-11

解　(1) 外力处理、内力分析

将载荷 Q 向轴线平面平移，则得到一作用在卷筒中心的铅垂力 Q 和一个力偶矩为 $m=\frac{1}{2}QD$ 的力偶，它们与原载荷等效，并与作用在手柄上的力 P 和轴承反力相互平衡。由此可画出轴的力学简图如图 11-11(b)所示。显然，轴在卷筒中心上的力 Q 作用下发生弯曲，在力偶矩 m 和手柄上的力 P 对轴的力矩作用下发生扭转。可作出轴的扭矩图和弯矩图分别如图 11-11(c)、(d)所示。由图可见，危险截面在轴的中点 C 处，此处扭矩为

$$T=\frac{1}{2}QD=\frac{1}{2}Q\times 0.36=0.18Q$$

弯矩为

$$M=\frac{1}{4}Ql=\frac{1}{4}Q\times 0.8=0.2Q$$

(2) 强度计算

由于本题为圆轴发生弯扭组合变形,因此采用第三强度理论,即式(11-12)计算:

$$\sigma_{r3} = \frac{1}{W}\sqrt{M^2+T^2} \leqslant [\sigma]$$

也可以写成

$$\sqrt{M^2+T^2} \leqslant [\sigma]W$$

从而有

$$\sqrt{(0.2Q)^2+(0.18Q)^2} \leqslant 80\times10^6 \times \frac{\pi}{32}\times 3^3 \times 10^{-6}$$

解得

$$Q \leqslant 788.1\text{N}$$

则吊车的许可载荷为$[Q]=788.1$N。

若采用第四强度理论,则有

$$\sqrt{(0.2Q)^2+0.75(0.18Q)^2} \leqslant 80\times10^6 \times \frac{\pi}{32}\times 3^3 \times 10^{-6}$$

解得

$$Q \leqslant 836.27\text{N}$$

即吊车的许可载荷为$[Q]=836.27$N。

比较上面两个结果:

$$(836.27-788.1)\text{N} = 48.17\text{N}$$

$$\frac{48.17}{788.1}\times 100\% = 6.1\%$$

可见,采用第四强度理论比采用第三强度理论许可吊重提高了6.1%。因此,采用第三强度理论计算比较保守。

例 11-6 卧式离心机如图11-12(a)所示。固定在轴左端的转鼓重为$G=2$kN,轴右端的电动机作用在轴上的外力偶矩为$m=1.2$kN·m。若轴的直径$d=63$mm,材料的许用应力$[\sigma]=70$MPa,试校核该轴的强度。

解 (1) 外力分析、内力分析

转鼓的重力G使轴发生弯曲变形,同时外力偶矩m使轴发生扭转变形。于是画出轴的受力简图如图11-12(b)所示。

显然,轴的各个横截面上的扭矩皆为

$$T = m = 1.2\text{kN·m}$$

据此可画出扭矩图如图11-12(c)所示,而弯矩图应为两段斜直线,且在轴承A处弯矩最大,其绝对值为

$$M = 2\times 0.5\text{kN·m} = 1\text{kN·m}$$

画出轴的弯矩图如图11-12(d)所示。可见,轴在轴承A处的横截面为危险截面。

(2) 强度计算

由于该圆轴发生扭转与弯曲的组合变形,因此采用第三强度理论,即由式(11-12)计算得

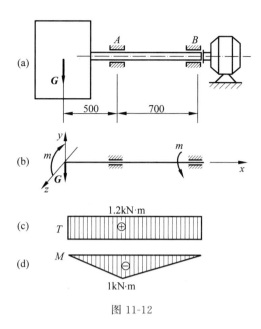

图 11-12

$$\sigma_{r3} = \frac{1}{W}\sqrt{M^2 + T^2} = \frac{\sqrt{1^2 + 1.2^2} \times 10^3}{\frac{\pi}{32} \times 6.3^3 \times 10^{-6}} \text{Pa} = 63.63 \times 10^6 \text{Pa}$$

$$= 63.63 \text{MPa} < [\sigma] = 70 \text{MPa}$$

所以该轴满足强度要求。

若采用第四强度理论,即由式(11-13)计算得

$$\sigma_{r4} = \frac{1}{W}\sqrt{M^2 + 0.75T^2} = \frac{\sqrt{1^2 + 0.75 \times 1.2^2} \times 10^3}{\frac{\pi}{32} \times 6.3^3 \times 10^{-6}} \text{Pa} = 58.75 \times 10^6 \text{Pa}$$

$$= 58.75 \text{MPa} < [\sigma] = 70 \text{MPa}$$

由此可见,该轴满足强度要求。

例 11-7 一皮带轮轴如图 11-13(a)所示。C 轮上的皮带处于水平位置,D 轮上的皮带处于铅垂位置。各皮带紧边张力皆为 $T = 3.9 \text{kN}$,松边张力皆为 $t = 1.5 \text{kN}$。若两轮的直径皆为 $D = 600 \text{mm}$,皮带轮轴材料的许用应力$[\sigma] = 80 \text{MPa}$,试按第三和第四强度理论设计轴径(轴和皮带轮及皮带的自重均忽略不计)。

解 (1) 外力处理、内力分析

建立坐标系如图 11-13(a)所示。将皮带轮上的皮带张力 T 和 t 同时平移到轴线平面上,将得到通过圆轴形心的等效力和力偶。对 C 轮,将得到一水平力 P_z,其值为

$$P_z = T + t = (3.9 + 1.5) \text{kN} = 5.4 \text{kN}$$

和一力偶 m_C,其矩为

$$m_C = (T - t)\frac{D}{2} = (3.9 - 1.5) \times \frac{0.6}{2} \text{kN} \cdot \text{m} = 0.72 \text{kN} \cdot \text{m}$$

对 D 轮,得到一与 P_z 大小相等的铅垂力 P_y 和一与 m_C 大小相等而转向相反的力偶 m_D。由此可画出轴的力学简图,即图 11-13(b)。同时可以看出,水平力 P_z 使轴在水平面内发生

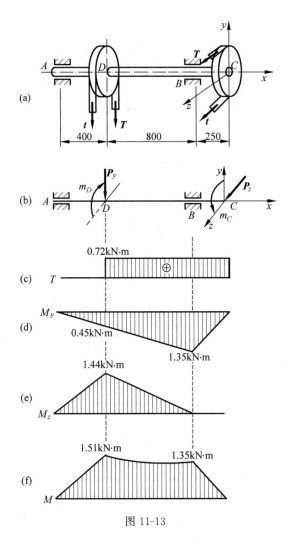

图 11-13

弯曲变形;铅垂力 P_y 使轴在铅垂面内发生弯曲变形;而一对大小相等、转向相反的平衡力偶 m_C 和 m_D 则使轴在 CD 段内发生扭转变形。可见,轴在 CD 段内同时发生扭转和两个平面弯曲的组合变形。

为了找出轴的危险截面,分别画出轴的扭矩图和水平及铅垂两个平面上的弯矩图,如图 11-13(c)、(d)、(e)所示。因为水平力产生的弯矩使轴各横截面绕 y 轴转动,即中性轴为 y,故用 M_y 表示;同理,由铅垂力产生的弯矩用 M_z 表示。当然也可以将弯矩视为矢量,上述表示也就很自然了,对于截面为圆形的轴,包含轴线的任意纵向面都是纵向对称面。所以,把轴各个横截面上的两个互相垂直方向的弯矩 M_y 和 M_z 按矢量合成为一个合弯矩 M,合弯矩 M 的作用平面仍然是纵向对称面,仍可按对称弯曲的公式计算,其大小应为

$$M = \sqrt{M_y^2 + M_z^2}$$

将合弯矩 M 的数值沿轴线变化的大致情况用图 11-13(f)定性地表示出来。因为圆轴的各个横截面上的合成弯矩 M 并不在同一纵向对称面内,所以不可能用同一平面图形确切地反映 M 的真实变化情况。但我们需要的仅仅是合成弯矩的绝对值,故图 11-13(f)只是 M 绝

对值变化的大致情况。可以证明(从略),式

$$M = \sqrt{M_y^2 + M_z^2}$$

是横截面位置 x 的单调(上升或下降)函数,因此 M 的最大值只能在 D 或 B 处,不会出现在 DB 段的其他各截面处。从图 11-13(f)中可以看出,在轴上的 D 截面处合成弯矩 M_D 最大,且其值为

$$M_D = \sqrt{0.45^2 + 1.44^2}\,\text{kN} \cdot \text{m} = 1.51\,\text{kN} \cdot \text{m}$$

即横截面 D 为轴的危险截面。

(2) 强度计算

由于为圆截面轴,采用第三强度理论,由式(11-12)可得

$$W = \frac{\pi d^3}{32} \geqslant \frac{\sqrt{M_D^2 + T^2}}{[\sigma]} = \frac{\sqrt{1.51^2 + 0.72^2} \times 10^3}{80 \times 10^6}\,\text{m}^3 = 0.209 \times 10^{-4}\,\text{m}^3$$

于是得

$$d \geqslant \sqrt[3]{\frac{0.209 \times 10^{-4} \times 32}{\pi}}\,\text{m} = 5.97 \times 10^{-2}\,\text{m} = 59.7\,\text{mm}$$

可选用 $d = 60\,\text{mm}$。

若采用第四强度理论,由式(11-13)可得

$$W = \frac{\pi d^3}{32} \geqslant \frac{\sqrt{M_D^2 + 0.75 T^2}}{[\sigma]} = \frac{\sqrt{1.51^2 + 0.75 \times 0.72^2} \times 10^3}{80 \times 10^6}\,\text{m}^3 = 0.204 \times 10^{-4}\,\text{m}^3$$

于是得

$$d \geqslant \sqrt[3]{\frac{0.204 \times 10^{-4} \times 32}{\pi}}\,\text{m} = 5.92 \times 10^{-2}\,\text{m} = 59.2\,\text{mm}$$

也可选用 $d = 60\,\text{mm}$。

由此例可见,在设计传动轴轴径时,采用第三强度理论与采用第四强度理论计算的结果相差不大,工程上多采用第三强度理论设计传动轴轴径。

习题

11-1 图示起重机的最大起吊重量(包括行走小车等)为 $P = 40\,\text{kN}$,横梁 AC 由两根 No.18 槽钢组成,材料为 A3 钢,许用应力 $[\sigma] = 120\,\text{GPa}$。试校核横梁的强度。

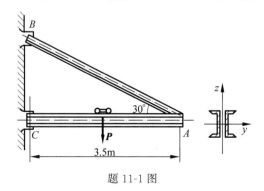

题 11-1 图

11-2 材料为灰铸铁 HT 15-33 的压力机框架如图所示。许用拉应力为 $[\sigma_t]=30\text{MPa}$，许用压应力为 $[\sigma_c]=80\text{MPa}$，$P=12\text{kN}$，试校核该框架立柱的强度。

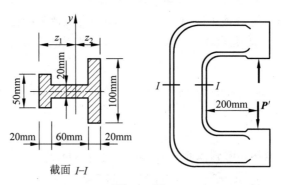

题 11-2 图

11-3 一直径为 d 的均质圆杆 AB 如图所示，考虑自重，单位长度的重量为 q。B 端为固定铰链，A 端靠在光滑的铅垂墙上。试确定杆内最大压应力的截面到 A 端的距离 s。

11-4 悬重构架如图所示，立柱 AB 用 No.25a 的工字钢制成。许用应力 $[\sigma]=160\text{GPa}$，在构架 C 点承受载荷 $P=20\text{kN}$。(1)绘制立柱 AB 的内力图；(2)找出危险截面，校核立柱强度；(3)列式表示顶点 B 的水平位移。

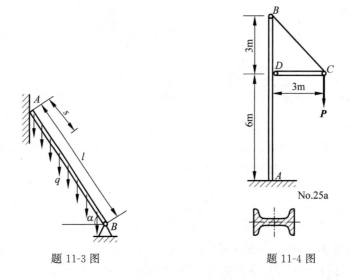

题 11-3 图 　　　　题 11-4 图

11-5 图示起重结构，A 及 B 处可看作铰链支承，C、D 与 E 处均用销钉联结。AB 柱的截面为 $20\text{cm}\times30\text{cm}$ 的矩形。试求其危险截面上的最大正应力。

11-6 图示某厂房柱子，受到吊车梁的铅垂轮压 $P=220\text{kN}$，屋架传给柱顶的水平力 $Q=8\text{kN}$，及风载荷 $q=1\text{kN/m}$ 的作用。P 力作用线离柱的轴线距离 $e=0.4\text{m}$，柱子底部截面为矩形，尺寸为 $1\text{m}\times0.3\text{m}$，试计算柱子底部危险点的应力。

11-7 简单夹钳如图所示。夹紧力 $P=6\text{kN}$，材料的许用应力 $[\sigma]=140\text{MPa}$，试校核其强度。

11-8 轮船上救生艇的吊杆尺寸及受力情况如图所示，载荷 W 包括救生艇自重及被救人员的重量，$W=18\text{kN}$。试求其固定端 A—A 截面上的最大应力。

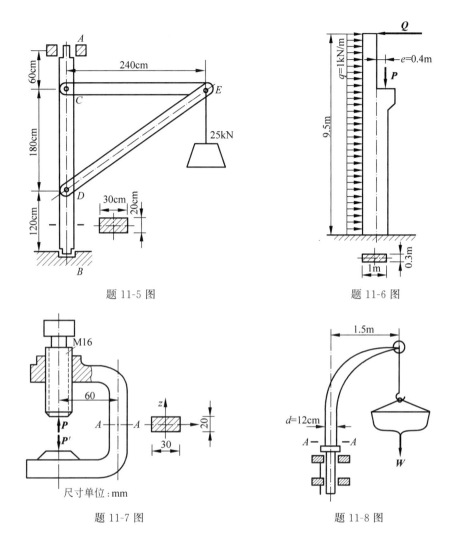

题 11-5 图   题 11-6 图

题 11-7 图   题 11-8 图

11-9 承受偏心拉伸的矩形截面杆如图所示,今用电测法测得该杆上、下两侧面的纵向应变 ε_1 和 ε_2。试写出偏心距 e 与应变 ε_1、ε_2 在弹性范围内满足的关系式。

11-10 图示为正方形截面折杆,外力 P 通过 A 和 B 截面的形心。若已知 $P=10\text{kN}$,正方形截面边长 $a=60\text{mm}$,试求杆内横截面上的最大正应力。

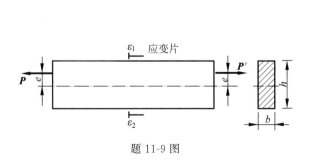

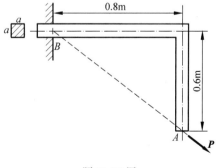

题 11-9 图   题 11-10 图

11-11 图示电动机功率为 9kW,转速为 715r/min,皮带轮直径 $D=250$mm,主轴外伸部分长度 $l=120$mm,主轴直径 $d=40$mm,若 $[\sigma]=60$MPa,试用第三强度理论校核轴的强度(F 及 $2F$ 为皮带张力)。

11-12 如图所示,已知圆轴直径 $d=20$mm,在其上边缘 A 点处测得纵向线应变 $\varepsilon_{0°}=400\times10^{-6}$,在水平直径平面的外侧 B 点处,测得 $\varepsilon_{-45°}=300\times10^{-6}$,已知材料的弹性模量 $E=200$GPa,泊松比 $\mu=0.25$,$a=2$m。若不计弯曲切应力的影响,试求作用在轴上的载荷 F 和 M_e 的大小。

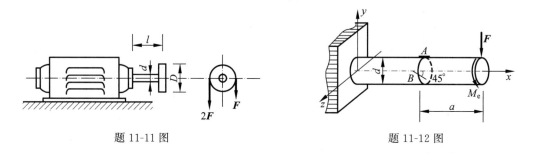

题 11-11 图　　　　题 11-12 图

11-13 圆截面刚架由 CD 和 AB 两杆组成,D 处为固定端约束,两杆轴线在同一水平面内,且 AB 杆垂直于 CD 杆,尺寸及受力如图。已知圆杆直径为 100mm,P_1 作用于 B 处且垂直于两杆轴线平面向下,$P_1=2$kN,P_2 作用于 A 处沿着杆 AB 轴线方向,且 $P_2=3.5$kN,杆材料许用应力 $[\sigma]=100$MPa,试按第三强度理论校核刚架的强度。

11-14 匀速旋转的传动轴尺寸和受力如图所示,$r=100$mm,$M_e=500$N·m。若已知材料的 $[\sigma]=120$MPa,试用第三强度理论设计该轴的直径。

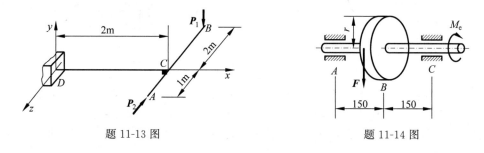

题 11-13 图　　　　题 11-14 图

11-15 装有两个圆轮的轴如图所示,小轮的直径为 1m,大轮的直径为 2m,两轮上分别作用 P、Q 两力,并使系统处于平衡状态。若已知 $P=3$kN,材料的许用应力 $[\sigma]=60$MPa,试按第三强度理论设计轴的直径。两轮自重不计。

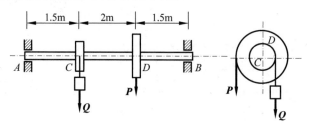

题 11-15 图

11-16 轴上安装有两个轮子,两轮上分别作用有 P_1 和 P_2 两个力,此时轴处于平衡状态。已知许用应力 $[\sigma]=60\text{MPa}$,圆轴直径 $d=110\text{mm}$。
(1)画出该轴的计算简图和内力图;
(2)指出危险截面和危险点的位置,并用单元体表示出危险点的应力状态;
(3)按第四强度理论确定许用载荷 P_1 和 P_2。

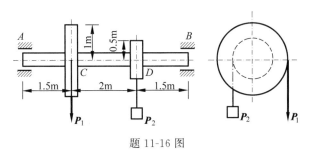

题 11-16 图

11-17 如图所示直径为 60mm、长为 2m 的实心圆轴,材料弹性模量为 200GPa,泊松比为 0.3,许用应力 $[\sigma]=160\text{MPa}$,受外力偶矩 $M_e=3\text{kN}\cdot\text{m}$ 和集中力 $F=100\text{kN}$ 作用。(1)求 B 截面的扭转角;(2)判断杆件的变形形式;(3)计算 K 点的三个主应力并用最大切应力强度理论(第三强度理论)校核强度。

11-18 图示圆柱直径 $d=20\text{mm}$,受弯矩 M_y 及扭矩 T 作用。由实验测得轴表面上点 A 沿轴线方向的线应变 $\varepsilon_0=6\times10^{-4}$,点 B 沿与轴线成 $45°$方向的线应变 $\varepsilon_{45°}=4\times10^{-4}$,已知材料的 $E=200\text{GPa}$,$\mu=0.25$,$[\sigma]=165\text{MPa}$。求 M_y 及 T,并按第四强度理论校核该轴的强度。

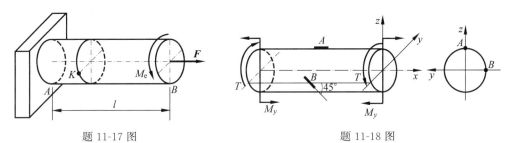

题 11-17 图　　　　　　　　题 11-18 图

11-19 图示直角折杆处于水平位置。其 AB 段为等截面圆杆,A 端固定,在折杆的自由端作用有铅垂向下的集中力 F。已知圆杆直径 $d=100\text{mm}$,$a=400\text{mm}$,$E=200\text{GPa}$,$\mu=0.25$。在截面 D 顶点 K 处,测得轴向正应变 $\varepsilon_0=2.75\times10^{-4}$。试求该折杆危险点的相当应力 σ_{r3}(忽略弯曲切应力)。

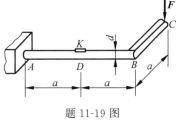

题 11-19 图

11-20 图示圆杆直径 $D=100\text{mm}$,自由端作用集中力偶 M 和集中力 F,测得沿轴线方向的应变 $\varepsilon_1=5\times10^{-4}$,沿与母线相交 $45°$方向的应变 $\varepsilon_2=4\times10^{-4}$。已知杆的弹性模量 $E=200\text{GPa}$,泊松比 $\mu=0.3$,许用应力 $[\sigma]=160\text{MPa}$。求集中力和集中力偶的大小,并按第四强度理论校核该杆的强度。

11-21 图示铁道路标圆信号板,装在外径 $D=60\text{mm}$,内径 $d=54\text{mm}$ 的空心圆柱上,所受的最大风载 $p=2\text{kN/m}^2$,若材料的 $[\sigma]=60\text{MPa}$,试按第三强度理论校核空心圆柱的强度。

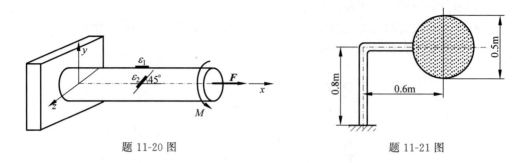

题 11-20 图　　　　　　　　　题 11-21 图

11-22 如图所示的起重装置,已知电动机功率 $P=4\text{kW}$,转子转速 $n=800\text{r/min}$,转子重量 $G_2=200\text{N}$。滚轮重量 $G_1=240\text{N}$。传动轴直径 $d=30\text{mm}$,材料为轴承钢,$[\sigma]=60\text{MPa}$。略去剪力的影响。(1)作内力图;(2)判断危险截面,指出危险点并画出危险点的应力状态;(3)按第三强度理论校核传动轴的强度。

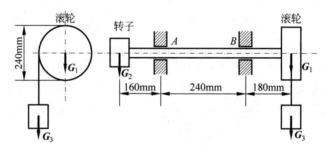

题 11-22 图

11-23 已知图示钢制圆轴直径为 100mm,受外力偶矩 $M_e=1.5\text{kN·m}$ 和集中力 $F=2\text{kN}$ 作用,$l=1\text{m}$,$[\sigma]=80\text{MPa}$。指出危险截面并按第三强度理论校核圆轴的强度。

11-24 设图示等截面轴的直径 $d=120\text{mm}$,材料的许用应力 $[\sigma]=80\text{MPa}$。(1)作扭矩、弯矩图;(2)判断危险截面,并画出危险点的应力状态;(3)按第四强度理论校核该轴的强度。

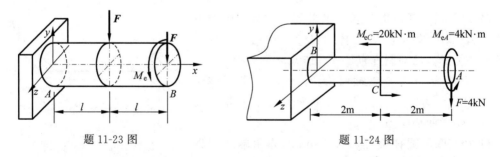

题 11-23 图　　　　　　　　　题 11-24 图

11-25 匀速旋转的钢质传动轴上安装两轮 A、B,轮 A 上作用向下的铅垂力 $F_1=5\text{kN}$,轮 B 上作用水平力 $F_2=10\text{kN}$,如图所示。已知轮 A 的直径 $D_1=300\text{mm}$,轮 B 的直径 $D_2=150\text{mm}$,传动轴的许用应力 $[\sigma]=100\text{MPa}$。试按第三强度理论确定轴的直径。

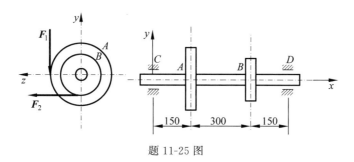

题 11-25 图

11-26 图示胶带轮 $W_A=1\text{kN}, W_B=0.8\text{kN}$。主动轮 A 以转速 $n=125\text{r/min}$、功率 $P=7.5\text{kW}$ 带动轴转动。设胶带张力 $T_A=2T'_A, T_B=2T'_B$。轴的许用应力 $[\sigma]=60\text{MPa}$。试按第三强度理论确定轴的直径。（图中尺寸单位：mm）

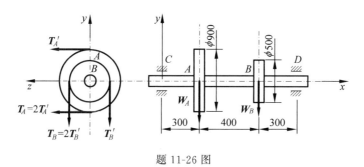

题 11-26 图

11-27 图示为传动轴，轮 C 直径 $D_C=0.1\text{m}$，轮 E 直径 $D_E=0.15\text{m}$，A、B 为径向轴承，长度单位 $a=0.4\text{m}$。空心轴的内外径比为 $\alpha=d/D=0.8$。轮 C 受切向水平力 $F_C=1\text{kN}$，轮 E 受切向铅垂力 F 和 $2F$。材料的许用应力 $[\sigma]=100\text{MPa}$。试按第三强度理论设计该轴的外径 D。

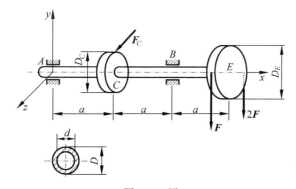

题 11-27 图

11-28 图示皮带轮传动轴，传递功率 $P=7\text{kW}$，转速 $n=200\text{r/min}$。皮带轮重量 $Q=1.8\text{kN}$。左端齿轮上啮合力 F_n 与齿轮节圆切线的夹角（压力角）为 $20°$。轴的材料为 A5 钢，其许用应力 $[\sigma]=80\text{MPa}$。试分别在忽略和考虑皮带轮重量两种情况下，按第三强度理论估算轴的直径。

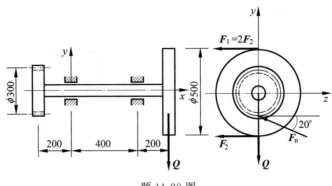

题 11-28 图

11-29 标语牌由钢管支撑,如图所示。标语牌自重 $W=150\text{N}$,受到水平风力 $F=120\text{N}$ 作用,钢管外径 $D=50\text{mm}$,内径 $d=45\text{mm}$,许用应力 $[\sigma]=75\text{MPa}$。试按第四强度理论校核钢管强度。

11-30 图示钢制圆杆,直径 $d=40\text{mm}$, $l_1=0.5\text{m}$, $l_2=0.7\text{m}$。$F_1=12\text{kN}$, $F_2=0.8\text{kN}$,许用应力 $[\sigma]=120\text{MPa}$。试按第三强度理论校核该杆的强度。

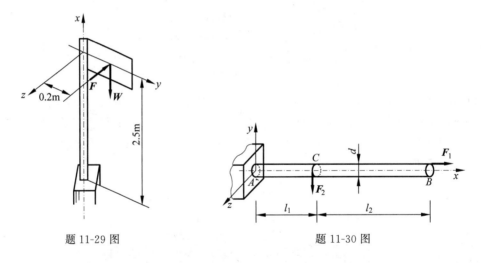

题 11-29 图   题 11-30 图

11-31 图示圆截面钢杆直径为 50mm,长度为 900mm,承受横向载荷 F_1、轴向载荷 F_2 与扭力偶矩 M_e 作用,已知 $F_1=500\text{N}$, $F_2=15\text{kN}$, $M_e=1.2\text{kN}\cdot\text{m}$,许用应力 $[\sigma]=160\text{MPa}$,试按第四强度理论校核杆的强度。

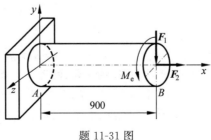

题 11-31 图

11-32 曲拐由 AB 杆和 AC 杆通过刚节点 A 连接,受力如图所示,Ⅰ—Ⅰ截面为 $\alpha = \dfrac{d}{D}$ 的空心圆截面,图中 B 处作用了两个集中力 F_x 和 F_y。已知材料的许用应力 $[\sigma]$,(1) 求 Ⅰ—Ⅰ截面内力并判断杆件的变形形式;(2) 求 Ⅰ—Ⅰ截面危险点的主应力;(3) 根据第三强度理论写出 Ⅰ—Ⅰ截面危险点的强度条件表达式。

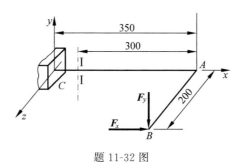

题 11-32 图

第 12 章

压杆稳定

12.1 压杆稳定问题概述

压杆是指承受轴向压力的直杆,受压杆件在工程中是很常见的。比如,港珠澳大桥等现代桥梁中的大型桥墩、液压杆的顶杆,以及小麦的倒伏现象等。在前面章节中,我们讨论过受压杆件的强度与刚度问题,并且认为只要压杆满足了强度条件,压杆就能够正常工作。然而,实践表明,这些构件虽然可以满足强度和刚度的要求,却不一定能够安全可靠地工作,因此还必须考虑构件的稳定性问题。本章主要讨论压杆的稳定性问题。

港珠澳大桥

所谓稳定性是指构件保持原有平衡状态的能力。现以一刚性小球的三种状态为例,形象地说明小球的稳定性概念。第一种状态,一小球在凹面的最低点处于平衡状态,如图 12-1(a)所示。假如有一外加干扰力使其稍微偏离平衡位置,当把外力撤去后,小球能回到原来平衡位置,因此小球原有的平衡位置是稳定平衡。第二种状态,小球处于凸面的顶点上,如图 12-1(b)所示。当有外加干扰力使其偏离原有平衡位置时,小球将继续下滚并远离原来的平衡位置,即这个圆球的平衡是不稳定的。第三种状态,图 12-1(c)中小球在平面上处于平衡,当小球受到外界干扰力时,小球在新的位置保持平衡,这种平衡被称为随遇平衡。

生活中的压杆稳定问题

不仅刚体存在稳定性问题,变形体同样存在稳定性问题。以压杆为例,当杆的形状是短粗形时,受力如图 12-2 所示,在压力 F 由小逐渐增大的过程中,杆件将始终保持原有的直线

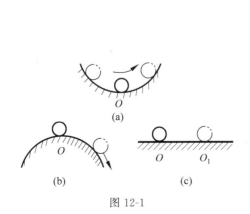

图 12-1

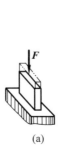

图 12-2

平衡状态,直到杆件发生强度破坏为止。而当压杆的为细长杆时,当压力 F 较小时,这一细长杆尚能保持直线平衡状态,而当压力 F 逐渐增大至某一数值时,细长杆将突然变弯,不再保持原有的直线平衡状态,因而丧失了承载能力。我们把受压直杆突然变弯的现象称为丧失稳定或失稳。压杆由稳定平衡状态过渡到不稳定平衡状态时压力的临界值称为临界力或临界载荷,用 F_{cr} 表示。此时,F_{cr} 可能远小于屈服强度载荷,可见,细长杆在尚未产生强度破坏时,就因失稳而破坏。压杆失稳是不同于强度破坏的又一种失效形式,研究该问题的关键是确定临界载荷 F_{cr} 的值。

失稳问题并不仅局限于压杆,其他构件也存在着稳定性问题。例如截面长而窄的矩形梁,在横向载荷作用下,会出现侧向弯曲和绕轴线的扭转,如图 12-3 所示;受均匀外压作用的圆柱形薄壳,当外压过大时,其形状可能突然变成虚线所示的椭圆,如图 12-4 所示。本章中,我们只研究受压杆件的稳定性。

图 12-3

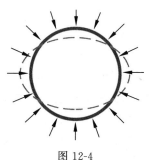

图 12-4

12.2 细长压杆的临界载荷

12.2.1 两端铰支细长压杆的临界载荷

本节将利用梁的弯曲变形公式,确定压杆微弯平衡状态时的临界力。如图 12-5(a)所示两端铰支的细长压杆 AB,长度为 l,抗弯刚度为 EI,受轴向压力 F 作用。根据前面的分析,当轴向压力达到临界力时,压杆的直线平衡状态将由稳定转变为不稳定。因此,可以认为能够保持压杆在微弯状态下平衡的最小轴向压力即为临界力。假设 $F = F_{cr}$,此时压杆 x 截面处的挠度为 ω,弯矩为 M,且有

$$M(x) = -F \cdot \omega(x) \tag{12-1}$$

在图 12-5(b)所示坐标系中,弯矩 M 与挠曲 ω 符号恒相反,故上式右端多一负号。小变形时,压杆的挠曲线近似微分方程为

$$\frac{d^2\omega}{dx^2} = \frac{M}{EI} = -\frac{F\omega}{EI} \tag{12-2}$$

令

$$k^2 = \frac{F}{EI} \tag{12-3}$$

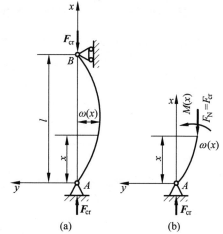

图 12-5

式(12-2)变为

$$\frac{d^2\omega}{dx^2} + k^2\omega = 0 \tag{12-4}$$

此微分方程的通解为

$$\omega(x) = C_1\sin(kx) + C_2\cos(kx) \tag{12-5}$$

式中，C_1、C_2 为待定的积分常数。压杆的边界条件为

$$x = 0，\quad \omega = 0 \tag{12-6}$$

$$x = l，\quad \omega = 0 \tag{12-7}$$

将边界条件代入到式(12-5)，可得

$$C_2 = 0，\quad C_1\sin(kl) = 0 \tag{12-8}$$

上式中，若 $C_1 = 0$，则挠度 $\omega \equiv 0$，这表明压杆处于直线平衡状态，与压杆处于微弯平衡状态的假设相互矛盾，所以只能有

$$\sin(kl) = 0 \rightarrow k = \frac{n\pi}{l}，\quad n = 0,1,2,\cdots \tag{12-9}$$

那么，可以得到外加轴向压力的表达式为

$$F = \frac{n^2\pi^2 EI}{l^2}，\quad n = 0,1,2,\cdots \tag{12-10}$$

由上节分析可知，临界载荷是使压杆保持微弯平衡状态的最小轴向压力。因此，上式中应取 $n = 1$，最终可得两端铰支细长压杆的临界载荷计算公式为

$$F_{cr} = \frac{\pi^2 EI}{l^2} \tag{12-11}$$

因为欧拉最早分析了细长压杆的稳定性问题，因此上式也被称为欧拉公式。由于两端是球铰支座，它对端截面在任何方向的转角都没有限制，因而，杆件的微小弯曲变形一定发生在抗弯能力最弱的纵向平面内，所以上式中的 I 应该是横截面的最小惯性矩。在临界载荷作用下，$k = \pi/l$，此时压杆的挠曲线表达式为

$$\omega(x) = C_1\sin\left(\frac{\pi}{l}x\right) \tag{12-12}$$

可见，两端铰支细长压杆在临界力作用下处于微弯状态时的挠曲线是一条半波正弦曲线，且压杆中点处挠度最大，其值为

$$\omega\left(\frac{l}{2}\right) = C_1\sin\left(\frac{\pi}{l} \cdot \frac{l}{2}\right) = C_1 \tag{12-13}$$

12.2.2 其他杆端约束条件下细长压杆的临界载荷

在工程实际中，受压杆件两端的约束条件是各种各样的，而压杆临界力公式是在两端铰支的情况下推导出来的。由上一节推导过程可知，压杆的临界力与其杆端的约束条件有关。约束条件不同，压杆的临界力也不相同。对于杆端其他约束条件的细长压杆，都可以仿照两端铰支临界力的推导方法求得其相应的临界力计算公式，这里不详细讨论，仅用类比的方法导出几种常见约束条件下压杆的临界力计算公式。

1. 一端固定另一端自由细长压杆的临界力

图 12-6 为一端固定另一端自由的细长压杆。当压杆处于临界状态时，同样在微弯状态

下保持平衡。将挠曲线 AB 对称于固定端 A 向下延长,如图中 AC 线所示。延长后的挠曲线是一条半波正弦曲线,与 12.2.1 节中两端铰支细长压杆的挠曲线一样。所以,对于一端固定另一端自由且长为 l 的压杆,其临界力等于两端铰支、长为 $2l$ 的压杆的临界力,即

$$F_{cr} = \frac{\pi^2 EI}{(2l)^2} \tag{12-14}$$

2. 两端固定细长压杆的临界载荷

在这种杆端约束条件下,挠曲线如图 12-7 所示。该曲线的两个拐点 C 和 D 分别在距上、下端为 $l/4$ 处。居于中间的 $l/2$ 长度内,挠曲线是半波正弦曲线。所以,对于两端固定且长为 $l/2$ 的压杆,其临界力等于两端铰支、长为 $l/2$ 的压杆的临界力,即

$$F_{cr} = \frac{\pi^2 EI}{\left(\dfrac{l}{2}\right)^2} \tag{12-15}$$

3. 一端固定一端铰支细长杆的临界载荷

在这种杆端约束条件下,挠曲线形状如图 12-8 所示。在距铰支端 B 为 $0.7l$ 处,该曲线有一个拐点 C。因此,在 $0.7l$ 长度内,挠曲线是一条半波正弦曲线。所以,对于一端固定另一端铰支且长为 l 的压杆,其临界力等于两端铰支、长为 $0.7l$ 的压杆的临界力,即

$$F_{cr} = \frac{\pi^2 EI}{(0.7l)^2} \tag{12-16}$$

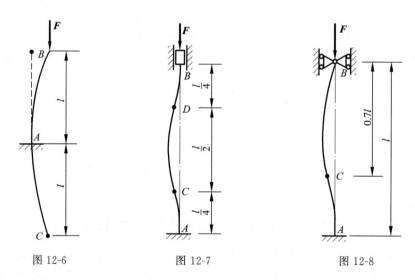

图 12-6　　　　图 12-7　　　　图 12-8

综上所述,对于杆长为 l,各不同约束条件细长压杆的临界载荷公式可以统一写为

$$F_{cr} = \frac{\pi^2 EI}{(\mu l)^2} \tag{12-17}$$

上式为欧拉公式的一般形式,式中 μ 为长度系数,它反映了约束条件对临界载荷的影响。μl 称为杆的相当长度,表示把杆长为 l 的压杆折算成两端铰支压杆后的长度。表 12-1 列出了几种常见杆端约束情况下的长度系数 μ。

表 12-1 压杆的长度系数

压杆约束条件	长度系数 μ	压杆约束条件	长度系数 μ
两端铰支	1	一端固定,一端铰支	0.7
一端固定,一端自由	2	两端固定	0.5

表中只列出了几种典型情况,工程实际中压杆的约束情况可能更复杂,这些复杂约束的长度系数可以从有关设计手册或规范中查得。

例 12-1 柴油机的挺杆是钢制空心圆管,外径和内径分别为 12mm 和 10mm,杆长 383mm,钢材的 $E=210\text{GPa}$,挺杆上的最大压力 $F=2290\text{N}$。该挺杆可以看作两端铰支的细长压杆,试求该挺杆的临界压力 F_{cr}。

解 挺杆横截面的惯性矩为

$$I=\frac{\pi}{64}(D^4-d^4)=0.0527\times 10^{-8}\,\text{m}^4$$

由式(12-11),即可以计算出挺杆的临界压力为

$$F_{cr}=\frac{\pi^2 EI}{l^2}=7446\text{N}$$

例 12-2 图 12-9 所示为两端铰支的细长压杆,长度为 l,横截面面积为 A,抗弯刚度为 EI。设杆处于变化的均匀温度场中,若材料的线膨胀系数为 α_l,初始温度为 T_0,试求压杆失稳时的临界温度值 T_{cr}。

解 此结构为一次超静定结构,其变形协调条件为

$$\Delta l=\Delta l_T-\Delta l_R=0$$

压杆的自由热膨胀量

$$\Delta l_T=\alpha_l(T-T_0)l$$

由于约束反力 F 产生的变形为

$$\Delta l_R=\frac{Fl}{EA}$$

则有

$$F=EA\alpha_l(T-T_0)$$

当轴向压力等于压杆临界载荷时,杆将丧失稳定性,此时对应的温度称为临界温度。由式(12-11)得

$$F_{cr}=\frac{\pi^2 EI}{l^2}=EA\alpha_l(T_{cr}-T_0)$$

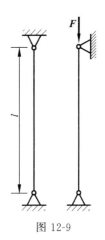

图 12-9

最后得到

$$T_{cr}=T_0+\frac{\pi^2 I}{l^2 A\alpha_l}$$

12.3 压杆的临界应力

12.3.1 欧拉公式的适用范围

欧拉公式的推导是从压杆的挠曲线近似微分方程出发的,这个微分方程只有在材料

满足胡克定律的情况下才成立。因此,当压杆内的应力不大于材料的比例极限 σ_p 时,欧拉公式才能适用。因此,为了确定欧拉公式的适用范围,首先应确定与临界力对应的临界应力。

将式(12-17)两端同时除以压杆的横截面面积 A,就可以得到临界应力 σ_{cr}:

$$\sigma_{cr} = \frac{F_{cr}}{A} = \frac{\pi^2 EI}{(\mu l)^2 A} \tag{12-18}$$

引入横截面的惯性半径 $i = \sqrt{I/A}$,上式可以改写为

$$\sigma_{cr} = \frac{\pi^2 E}{\left(\dfrac{\mu l}{i}\right)^2} \tag{12-19}$$

若令

$$\lambda = \frac{\mu l}{i} \tag{12-20}$$

则得压杆临界应力的一般公式为

$$\sigma_{cr} = \frac{\pi^2 E}{\lambda^2} \tag{12-21}$$

式中 λ 称为压杆的柔度或长细比,是一个无量纲的量,它反映了压杆的长度、杆端约束情况、横截面形状及尺寸等因素对临界应力的影响。由式(12-21)可以很容易看出,柔度越大,则压杆的临界应力就越小,压杆就越容易失稳;反之,柔度越小,则临界应力越大,压杆就越不容易丧失稳定。所以,柔度是压杆稳定计算中的一个重要参数。

前面已分析,只有压杆的应力不超过材料的比例极限 σ_p 时,欧拉公式才能成立。因此,欧拉公式的适用条件为

$$\sigma_{cr} = \frac{\pi^2 E}{\lambda^2} \leqslant \sigma_p \tag{12-22}$$

上式可得

$$\lambda \geqslant \sqrt{\frac{\pi^2 E}{\sigma_p}} \tag{12-23}$$

令 $\lambda_p = \sqrt{(\pi^2 E)/\sigma_p}$,则上式可以写为

$$\lambda \geqslant \lambda_p \tag{12-24}$$

式中,λ_p 是比例极限对应的柔度值,也被称为材料的第一特征柔度,只有当压杆的柔度大于该值时,欧拉公式才能适用。这一类压杆称为大柔度杆或细长杆。

12.3.2 直线经验公式及临界应力总图

由上节分析可知,当压杆的柔度小于 λ_p 时,临界应力 σ_{cr} 将会大于材料的比例极限 σ_p,此时欧拉公式不再适用。对于这类杆临界应力的计算,通常采用建立在试验基础上的经验公式,目前工程中常用的经验公式有两种:直线公式和抛物线公式。本节主要介绍直线经验公式。

直线公式把临界应力 σ_{cr} 表示成压杆柔度 λ 的线性函数,具体关系如下:

$$\sigma_{cr} = a - b\lambda \tag{12-25}$$

式中，a、b 是与材料有关的常数，单位为 MPa。表 12-2 列出了几种常用材料的 a、b 值。

表 12-2 不同材料直线公式的参数值

材料	a/MPa	b/MPa	λ_p	λ_s
Q235 钢	304	1.118	105	61.4
硅钢	578	3.744	100	60
45 钢	589	3.82	100	60
铸铁	338.7	1.483	80	—
松木	39.2	0.199	59	—

上述的经验公式也有一个适用范围。这是因为，当压杆的临界应力 σ_{cr} 大于材料的屈服极限 σ_s 时，压杆会发生强度破坏而不存在稳定性问题。这样，在应用直线经验公式时，有

$$\sigma_{cr} = a - b\lambda \leqslant \sigma_s \tag{12-26}$$

即

$$\lambda \geqslant \lambda_s = \frac{a - \sigma_s}{b} \tag{12-27}$$

式中 λ_s 为直线公式中柔度范围最小界限值，也可被称为材料的第二特征柔度。它是与屈服极限相对应的柔度值。通常把 $\lambda_s < \lambda < \lambda_p$ 的压杆称为中长杆或中柔度杆，$\lambda < \lambda_s$ 的压杆称为短粗杆或小柔度杆。试验表明，由塑性材料制成的短粗杆，当压力达到屈服点 σ_s 时将发生塑性屈服破坏，不会出现失稳现象，因此短粗杆的临界应力应为 $\sigma_{cr} = \sigma_s$。

不同柔度压杆的临界应力与柔度之间的关系曲线称为临界应力总图。图 12-10 所示为临界应力总体图。应力图可以分为三个阶段：

(1) 当 $\lambda \geqslant \lambda_p$ 时，压杆是细长杆，用欧拉公式计算临界应力，可画出图示曲线 AB，称为欧拉双曲线。曲线上实线部分 BC 是欧拉公式的适用部分；虚线部分 AC 超过了比例极限，是无效部分。

(2) 当 $\lambda_s < \lambda < \lambda_p$ 时，压杆是中长杆，用直线公式计算临界应力，在图中对应直线 DC 部分。

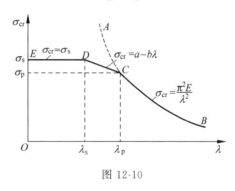

图 12-10

(3) 当 $\lambda < \lambda_s$ 时，压杆是短粗杆，用强度公式计算临界应力，在图中对应直线 DE 部分。

12.4 压杆稳定性的校核

12.4.1 安全因数法

对于工程实际中的压杆，要使其不丧失稳定性，必须使其所承受的轴向压力 F 小于压杆的临界压力 F_{cr}，或相对应的应力 σ 小于临界应力 σ_{cr}。为了安全起见，还须考虑一定的安全因数，使压杆具有足够的稳定性。因此，压杆的稳定性条件为

$$n = \frac{F_{cr}}{F} \geqslant n_{st} \tag{12-28}$$

或

$$n = \frac{\sigma_{cr}}{\sigma} \geqslant n_{st} \tag{12-29}$$

式中，n 为工作时的稳定安全因数；n_{st} 为规定的稳定安全因数。考虑到压杆存在的载荷偏心、初曲率、材料不均匀及支座缺陷等不利因素影响，规定的安全稳定因数一般都比强度安全因数大。在静载荷下，部分材料的稳定安全因数见表 12-3。

表 12-3 部分材料的稳定安全因数

材料	钢	木材	铸铁
n_{st}	1.8～3.0	2.5～3.5	4.5～5.5

还必须指出，工程实际中有时也会碰到压杆在局部截面被削弱的情况（如杆上开小孔或孔槽），然而由于压杆保持稳定性的能力是由压杆整体弯曲变形决定的，局部的截面削弱对临界力的影响很小，在稳定性计算中可以不予考虑。但在截面局部削弱处，须进行压缩强度校核，即

$$\sigma_{净} = \frac{F}{A_{净}} \leqslant [\sigma] \tag{12-30}$$

式中，$A_{净}$ 为削弱后的横截面实际面积，称为净面积。

12.4.2 折减系数法

引入稳定许用应力 $[\sigma_{st}] = \dfrac{\sigma_{cr}}{[n_{st}]}$，则压杆稳定性条件可以变为

$$\sigma \leqslant [\sigma_{st}] \tag{12-31}$$

由于临界应力 σ_{cr} 与压杆柔度有关，而不同柔度的压杆又有不同的稳定安全系数 n_{st}，所以，$[\sigma_{st}]$ 是柔度 λ 的函数。在工程计算中，常常把材料的强度许用应力 $[\sigma]$ 乘以一个小于 1 的系数 φ 作为稳定许用应力 $[\sigma_{st}]$，即

$$[\sigma_{st}] = \varphi[\sigma] \tag{12-32}$$

式中 φ 称为折减系数，它与压杆柔度 λ 和材料有关。几种常用材料的 φ-λ 曲线如图 12-11 所示。引入折减系数后，压杆的稳定性条件可写为

$$\sigma = \frac{F}{A} \leqslant \varphi[\sigma] \tag{12-33}$$

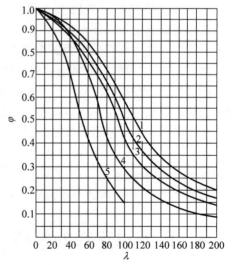

1—Q235；2—Q275 钢；3—高级钢（$\sigma_s >$ 320MPa）；4—木材；5—铸铁

图 12-11

例 12-3 在图 12-12 所示的结构中，梁 AB 为 No.14 普通热轧工字钢，CD 为圆截面直杆，其直径为 $d = 20\text{mm}$，二者材料均为 Q235 钢。结构受力如图中所示，A、C、D 三处均为球铰约束。若已知 $F = 25\text{kN}$，$l_1 = 1.25\text{m}$，$l_2 = 0.55\text{m}$，$\sigma_s = 235\text{MPa}$，强度安全系数 $n_s = 1.45$，稳定安全系数 $n_{st} = 3$，试校核此结构是否安全。

解 图示结构中有两个构件：梁 AB，承受拉伸与弯曲的组合作用，为强度问题；杆 CD

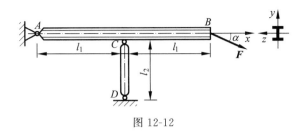

图 12-12

承受压缩载荷,属稳定问题。分别校核如下:

(1) 大梁 AB 的强度校核

危险截面 C:
$$M_{\max} = F\sin 30° l_1 = 15.63 \times 10^3 \text{N} \cdot \text{m}$$

轴力
$$F_N = F\cos 30° = 21.65 \times 10^3 \text{N}$$

查附录 B 得
$$W_z = 102 \times 10^{-6} \text{m}^3, \quad A = 21.5 \times 10^{-4} \text{m}^2$$

那么最大应力为
$$\sigma_{\max} = \frac{M_{\max}}{W_z} + \frac{F_N}{A} = 163.3 \times 10^6 \text{Pa}$$

Q235 钢的许用应力
$$[\sigma] = \frac{\sigma_s}{n_s} = 162 \text{MPa}$$

$\sigma_{\max} < (1+5\%)[\sigma] = 170.1 \text{MPa}$,杆 AB 符合强度要求。

(2) 压杆 CD 的稳定性校核

由平衡方程求得压杆 CD 的轴向压力
$$P = 2F\sin 30° = 25 \text{kN}$$

截面的惯性半径和长度因数分别为
$$i = \sqrt{\frac{I}{A}} = 5 \text{mm}, \quad \mu = 1$$

那么杆 CD 的柔度为
$$\lambda = \frac{\mu l_2}{i} = 110 > \lambda_p$$

对应的临界应力
$$\sigma_{cr} = \frac{\pi^2 E}{\lambda^2} = 171.3 \times 10^6 \text{Pa}$$

工作时的应力
$$\sigma = \frac{P}{A} = 79.6 \times 10^6 \text{Pa}$$

工作安全因数为
$$n = \frac{\sigma_{cr}}{\sigma} = 2.15 < n_{st}$$

因此，压杆不符合稳定性要求。

例 12-4 已知托架 D 处承受载荷 $F=10$kN，AB 杆外径 $D=50$mm，内径 $d=40$mm，材料为 Q235 钢，$E=200$GPa。$\lambda_p=100$，$n_{st}=3$。试校核杆 AB 的稳定性。

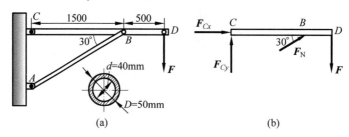

图 12-13

解 （1）计算工作压力

受力分析如图 12-13(a)所示，对 C 点取矩，有

$$\sum M_C = 0$$
$$-F \times 2000 + F_N \times \sin 30° \times 1500 = 0$$

得

$$F_N = 26.7 \text{kN}$$

（2）确定 AB 杆的工作柔度

$$\mu=1, \quad l=\frac{1.5}{\cos 30°}=1.732\text{m}, \quad i=\sqrt{\frac{I}{A}}=\frac{\sqrt{D^2+d^2}}{4}=16\text{mm}$$

得

$$\lambda=\frac{\mu l}{i}=108>\lambda_p$$

（3）选用公式，计算临界力

AB 为大柔度杆，所以利用欧拉公式计算临界力：

$$F_{cr}=\sigma_{cr}A=\frac{\pi^2 E}{\lambda^2}A=119\text{kN}$$

（4）计算安全系数，校核稳定性

$$n=\frac{F_{cr}}{F_N}=\frac{119}{26.7}=4.45>n_{st}=3$$

AB 杆满足稳定性要求。

12.5 提高压杆稳定性的措施

失稳破坏案例

当工程构件出现失稳问题时，将产生灾难性的后果，比如 20 世纪初加拿大魁北克大桥因失稳垮塌造成 85 位工人死亡的惨烈事故。因此，提高压杆的稳定性是十分必要的。如前面分析，提高压杆的稳定性，关键在于提高压杆的临界力或临界应力。由压杆的临界应力总图可知，压杆的临界应力与压杆的柔度、材料的力学性能有关，因此，可以从这两个方面采取适当措施来提高压杆的稳定性。

1. 合理地选择材料

对于大柔度的细长压杆,由欧拉公式可知,材料的弹性模量 E 越大,压杆的临界应力就越大。故选用弹性模量较大的材料可以提高压杆的稳定性。但是,由于各种钢材的弹性模量相差不大,故对大柔度杆选用高强度钢并不能起到提高压杆稳定性的作用。

塔科马海峡大桥
垮塌视频

对于中长压杆,临界应力与材料的强度有关。由图 12-10 所示的临界应力总图可知,临界应力随屈服极限 σ_s 和比例极限 σ_p 的增加而增大,所以,选用强度高的优质钢材在一定程度上能提高压杆的稳定性。

2. 减小柔度

由柔度公式 $\lambda = \mu l / i$ 可知,柔度受压杆长度、两端约束情况和横截面的惯性半径等因素影响。所以,可以从以下三个方面降低压杆的柔度。

1) 减小压杆的支承长度

压杆的柔度与压杆的支承长度成正比,因此,减小压杆的支承长度是降低压杆柔度的方法之一。在结构允许的情况下,应尽可能地减小压杆的实际长度,或增加中间支座,以提高压杆的稳定性。

2) 改善杆端约束情况

从表 12-1 中可以看出,压杆两端的约束条件不同,长度系数 μ 不同,其临界力或临界应力就不一样。杆端约束的刚性越强,压杆的长度系数 μ 就越小,相应的柔度 λ 就越低,临界力就越大。其中,固定端约束的刚性最好,铰支端次之,自由端最差。因此,尽可能加强压杆两端约束,能有效提高压杆的稳定性。

3) 选择合理的横截面形状

压杆的截面形状对临界力的数值有很大影响。由式 $\lambda = \mu l / i$,$i = \sqrt{I/A}$ 可知,I/A 越大,柔度 λ 越小。当横截面面积一定时,可以增加截面的惯性矩 I 来提高压杆的稳定性。因此,应尽量使截面材料远离截面的中性轴。例如,空心圆管的临界力要比横截面面积相同的实心圆管的临界力大。

如果压杆在过其主轴的两个纵向平面约束条件相同或相差不大,那么应采用圆形或正多边形截面;若约束不同,应采用对两个形心主轴惯性半径不等的截面形状,例如矩形截面或工字形截面,以使压杆在两个纵向平面内有相近的柔度值。这样,在两个相互垂直的主惯性纵向平面内有接近相同的稳定性。由两根槽钢组合成的截面,图 12-14(b) 采用的组合形式,其稳定性要比图 12-14(a) 采用的组合形式好。

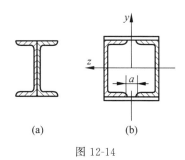

图 12-14

习题

12-1 图示为支撑情况不同的两根细长杆,两根杆的长度和材料相同,为使两根杆的临界力相等,b_2 与 b_1 之比应为多少?

12-2 图示压杆,型号为 No.20a 工字钢,在 xOz 平面内为两端固定,在 xOy 平面内为一端固定、一端自由,材料的弹性模量 $E=200\text{GPa}$,比例极限 $\sigma_p=200\text{MPa}$,试求此压杆的临界力。

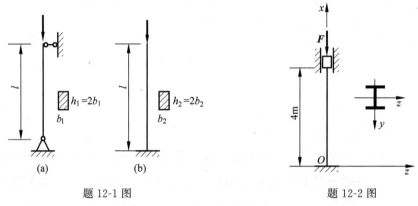

题 12-1 图   题 12-2 图

12-3 结构如图,二杆的直径均为 $d=20\text{mm}$,材料相同,材料的弹性模量 $E=210\text{GPa}$,比例极限 $\sigma_p=200\text{MPa}$,屈服极限 $\sigma_s=240\text{MPa}$,强度安全系数 $n=2$,规定的稳定安全系数 $n_{st}=2.5$,试校核结构是否安全。

12-4 材料相同的两根细长压杆皆为一端固定、一端自由,每根杆各轴向平面的约束相同,两杆的横截面如图所示。矩形截面杆长为 l,圆形截面杆长为 $0.8l$,试确定哪根杆临界应力小,哪根杆临界力小。

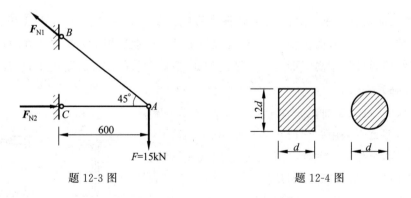

题 12-3 图   题 12-4 图

12-5 图中两压杆,一杆为正方形截面,一杆为圆形截面,$a=3\text{cm}$,直径 $d=4\text{cm}$。两压杆的材料相同,材料的弹性模量 $E=200\text{GPa}$,比例极限 $\sigma_p=200\text{MPa}$,屈服极限 $\sigma_s=240\text{MPa}$,直线经验公式为 $\sigma_{cr}=304-1.12\lambda\,(\text{MPa})$,试求结构失稳时的竖直外力 F 的大小。

12-6 图示钢柱由两根 10 号槽钢组成,材料的弹性模量 $E=200\text{GPa}$,比例极限 $\sigma_p=200\text{MPa}$,试求组合柱的临界力为最大时的槽钢间距 a 及最大临界力。

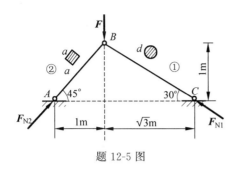
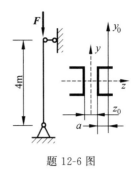

题 12-5 图   题 12-6 图

12-7 图示结构 ABCD 由三根直径均为 d 的圆截面钢杆组成,在 B 点铰支,而在 A 点和 C 点固定,D 为铰接点,$\dfrac{l}{d}=10\pi$。若结构由于杆件在平面 ABCD 内弹性失稳而丧失承载能力,试确定作用于铰接点 D 处的荷载 F 的临界值。

12-8 图示铰接杆系 ABC 由两根具有相同截面、相同材料的细长杆组成。若由于杆件在平面 ABC 内失稳而引起毁坏,试确定荷载 F 为最大时的 θ 角$\left(\text{假设 } 0<\theta<\dfrac{\pi}{2}\right)$。

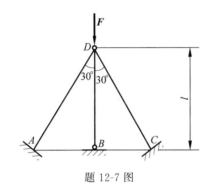
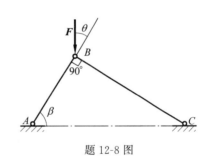

题 12-7 图   题 12-8 图

12-9 图示结构由钢曲杆 AB 和强度等级为 TC13 的木杆 BC 组成。已知结构所有的连接均为铰连接,在 B 点处承受竖直荷载 $F=1.3\text{kN}$,木材的许用应力 $[\sigma]=10\text{MPa}$。试校核 BC 杆的稳定性。

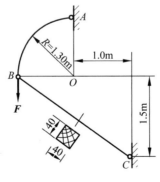

题 12-9 图

12-10 图示结构中，BC 为圆截面杆，其直径 $d=80\text{mm}$；AC 为边长 $a=70\text{mm}$ 的正方形截面杆。已知该结构的约束情况为 A 端固定，B、C 为球形铰。两杆的材料均为 Q235 钢，弹性模量 $E=210\text{GPa}$，可各自独立发生弯曲互不影响。若结构的稳定安全系数 $n_{\text{st}}=2.5$，试求其所能承受的许可压力。

12-11 图示的 No.20a 工字钢在温度 20℃时安装，这时杆不受力，试问：当温度升高多少摄氏度时，工字钢将丧失稳定？已知钢的热膨胀系数 $\alpha=12.5\times10^{-6}(1/℃)$。

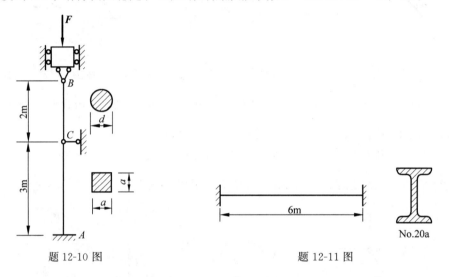

题 12-10 图　　　　　　　题 12-11 图

12-12 如图所示的一简单托架，其撑杆 AB 为圆截面木杆，强度等级为 TC15。若托架受集度为 $q=50\text{kN/m}$ 的均布荷载作用，AB 两端为柱形铰，材料的许用应力 $[\sigma]=11\text{MPa}$，试求撑杆 AB 的直径 d。

12-13 图示结构中，杆 AC 与 CD 均由 Q235 钢制成，C、D 两处均为球铰。已知 $d=20\text{mm}$，$b=100\text{mm}$，$h=180\text{mm}$；$E=200\text{GPa}$，$\sigma_s=235\text{MPa}$，$\sigma_b=400\text{MPa}$；强度安全因数 $n=2.0$，稳定安全因数 $n_{\text{st}}=3.0$。试确定该结构的许可荷载。

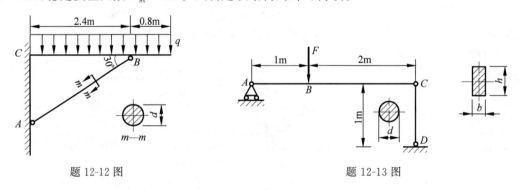

题 12-12 图　　　　　　　题 12-13 图

12-14 图示结构，杆 1 和杆 2 的横截面均为圆形，$d_1=30\text{mm}$，两杆材料的弹性模量 $E=200\text{GPa}$，$a=304\text{MPa}$，$b=1.12\text{MPa}$，$\lambda_p=100$，$\lambda_s=60$，稳定安全系数取 $n_{\text{st}}=3$，求压杆 AB 允许的许可载荷 P。

12-15 图示结构中，AB 及 AC 均为圆截面杆，直径 $d=80\text{mm}$，材料为 Q235 钢，求此结构的临界载荷 F_{cr}。

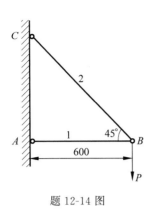
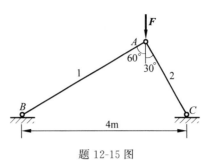

题 12-14 图　　　　　　　　　　题 12-15 图

12-16　图示结构中,分布载荷 $q=20\text{kN/m}$。梁的截面为矩形,$b=90\text{mm}$,$h=130\text{mm}$。柱的截面为圆形,直径 $d=80\text{mm}$。梁和柱均为 Q235 钢,$[\sigma]=160\text{MPa}$,稳定安全因数 $n_{\text{st}}=3$,试校核结构的安全性。

12-17　图示桁架,$F=100\text{kN}$,二杆均为用 Q235 钢制成的圆截面杆,许用应力 $[\sigma]=180\text{MPa}$,试确定它们的直径。

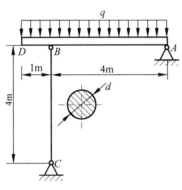
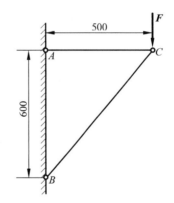

题 12-16 图　　　　　　　　　　题 12-17 图

附 录

附录A 平面图形的几何性质
附录B 型钢表

附录 A 平面图形的几何性质

杆件的变形、应力及失效破坏等问题与平面图形的几何性质密切相关。这些几何性质主要包括面积、静矩、形心、惯性矩、惯性积、极惯性矩、惯性半径、主轴等,它们统称为平面图形的几何性质。研究这些几何性质时,不需要考虑研究对象的受力和变形情况,仅需将其看作纯几何问题进行研究即可。

A.1 静矩和形心

1. 静矩

静矩是指平面图形对坐标轴的一次矩。如图 A-1 所示的任意平面图形,其面积为 A。y 轴和 z 轴构成直角坐标系,坐标原点为 O。在点 (y,z) 处,取微元面积 dA,定义

$$\begin{cases} S_z = \int_A y\,dA \\ S_y = \int_A z\,dA \end{cases} \quad (A\text{-}1)$$

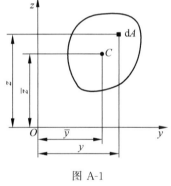

图 A-1

分别为平面图形 A 对 z 轴和 y 轴的**静矩**,也称为一次矩。其量纲为 m^3,静矩取值可正、可负,也可为零。

2. 形心

图形的几何中心称为形心。由合力矩定理知,均质、等厚度薄板的形心在 yOz 坐标系中的坐标为

$$\bar{y} = \frac{\int_A y\,dA}{A}, \quad \bar{z} = \frac{\int_A z\,dA}{A} \quad (A\text{-}2)$$

式(A-2)是平面图形的形心坐标公式。

结合式(A-1)和式(A-2)知

$$\bar{y} = \frac{S_z}{A}, \quad \bar{z} = \frac{S_y}{A} \quad (A\text{-}3)$$

式(A-1)和式(A-2)是平面图形的形心坐标的求解公式。由式(A-3)知

$$S_z = A\bar{y}, \quad S_y = A\bar{z} \quad (A\text{-}4)$$

由式(A-4)知:平面图形对坐标轴的静矩等于平面图形面积 A 乘以形心坐标。

由式(A-3)知:若 $S_z = 0$(或 $S_y = 0$),则 $\bar{y} = 0$(或 $\bar{z} = 0$)。即,若图形对某坐标轴的静矩为零,则该轴必定通过截面形心;反之,若坐标轴通过截面形心,则图形对该轴的静矩为零。

例 A-1 图 A-2 中抛物线的方程为 $z = h\left(1 - \dfrac{y^2}{b^2}\right)$,求由抛物线与 y 轴和 z 轴所围成的

平面图形对 y 轴和 z 轴的静矩并确定形心 C 的坐标。

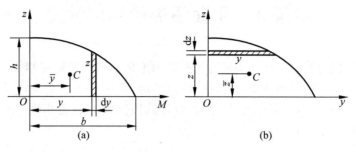

图 A-2

解 取平行于 z 轴的细长条作为微元面积 dA（图 A-2(a)），则

$$dA = z\,dy = h\left(1 - \frac{y^2}{b^2}\right)dy$$

这样图形的面积为

$$A = \int_A dA = \int_0^b h\left(1 - \frac{y^2}{b^2}\right)dy = \frac{2bh}{3}$$

由定义知图形对 z 轴的静矩为

$$S_z = \int_A y\,dA = \int_0^b yh\left(1 - \frac{y^2}{b^2}\right)dy = \frac{b^2 h}{4}$$

由式（A-3）得

$$\bar{y} = \frac{S_z}{A} = \frac{3}{8}b$$

同理，取如图 A-2(b)所示的平行于 y 轴的细长条为小微元，可得

$$S_y = \frac{4bh^2}{15}, \quad \bar{z} = \frac{2h}{5}$$

3. 组合图形的静矩和形心

若平面图形由若干个简单图形（如矩形、圆形、三角形等）组成，由静矩定义知：**图形对某一轴的静矩等于各简单图形对同一轴静矩的代数和**，即

$$S_z = \sum_{i=1}^n A_i \bar{y}_i, \quad S_y = \sum_{i=1}^n A_i \bar{z}_i \tag{A-5}$$

式中 A_i 和 $\bar{y}_i$、$\bar{z}_i$ 分别为某一简单图形的面积及形心坐标，n 为简单图形的个数。由于简单图形的面积及形心坐标容易确定，代入式（A-5）便可计算整个图形的静矩。

结合式（A-5）和式（A-3），可得整个图形形心坐标的计算公式为

$$\bar{y} = \frac{\sum_{i=1}^n A_i \bar{y}_i}{\sum_{i=1}^n A_i}, \quad \bar{z} = \frac{\sum_{i=1}^n A_i \bar{z}_i}{\sum_{i=1}^n A_i} \tag{A-6}$$

值得注意的是：在同一坐标系下，图形可看作不同的简单图形的组合，但形心坐标求解结果相同；在不同的坐标系下，不管图形是哪几种简单图形的组合，求解出的形心坐标结果不同，但

形心的位置是唯一的。

例 A-2 求图 A-3 中 L 字图形的形心 C 坐标。

解 建立如图所示坐标系,图形可看作由矩形Ⅰ和矩形Ⅱ组成。这样对矩形Ⅰ和矩形Ⅱ,其面积及形心坐标在图示坐标系下的数值分别为:

矩形Ⅰ $A_1 = 120 \times 10 \text{mm}^2 = 1200 \text{mm}^2$, $\bar{y}_1 = \dfrac{10}{2} \text{mm} = 5\text{mm}$, $\bar{z}_1 = \dfrac{120}{2} \text{mm} = 60\text{mm}$

矩形Ⅱ $A_2 = 70 \times 10 \text{mm}^2 = 700 \text{mm}^2$, $\bar{y}_2 = \left(10 + \dfrac{70}{2}\right) \text{mm} = 45\text{mm}$, $\bar{z}_2 = \dfrac{10}{2} \text{mm} = 5\text{mm}$

由式(A-6)得整个图形形心 C 的坐标为

$$\bar{y} = \frac{A_1 \bar{y}_1 + A_2 \bar{y}_2}{A_1 + A_2} = \frac{1200 \times 5 + 700 \times 45}{1200 + 700} \text{mm} = 19.7 \text{mm}$$

$$\bar{z} = \frac{A_1 \bar{z}_1 + A_2 \bar{z}_2}{A_1 + A_2} = \frac{1200 \times 60 + 700 \times 5}{1200 + 700} \text{mm} = 39.7 \text{mm}$$

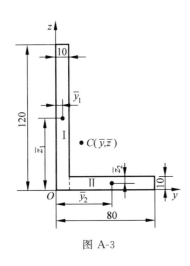

图 A-3

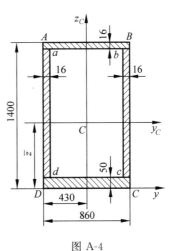

图 A-4

例 A-3 某单臂液压机机架的横截面尺寸如图 A-4 所示,求截面形心位置。

解 截面有一垂直对称轴,其形心必然在这一对称轴上,这样仅需确定形心在对称轴上的位置。截面可看成矩形 $ABCD$ 减去矩形 $abcd$ 得到的图形。假设 $ABCD$ 和 $abcd$ 的面积分别为 A_1 和 A_2。以 DC 边作为参考坐标 y 轴,则有

$$A_1 = 1.4 \times 0.86 \text{m}^2 = 1.204 \text{m}^2, \quad \bar{z}_1 = \frac{1.4}{2} \text{m} = 0.7 \text{m}$$

$$A_2 = (0.86 - 2 \times 0.016) \times (1.4 - 0.05 - 0.016) \text{m}^2 = 1.105 \text{m}^2$$

$$\bar{z}_2 = \left[\frac{1}{2} \times (1.4 - 0.05 - 0.016) + 0.05\right] \text{m} = 0.717 \text{m}$$

由式(A-6)可得截面形心 C 的 $\bar{z}$ 坐标为

$$\bar{z} = \frac{A_1 \bar{z}_1 + A_2 \bar{z}_2}{A_1 + A_2} = \frac{1.204 \times 0.7 - 1.105 \times 0.717}{1.204 - 1.105} \text{m} = 0.51 \text{m}$$

A.2 惯性矩和惯性半径

惯性矩是指平面图形对坐标轴的二次矩。假设图 A-5 所示的任意平面图形的面积为 A，yOz 为平面图形所在的坐标系。在点 (y,z) 处取微元面积 dA，定义积分

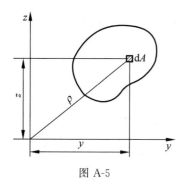

图 A-5

$$I_y = \int_A z^2 dA, \quad I_z = \int_A y^2 dA \quad (A-7)$$

分别为平面图形对 y 轴和 z 轴的**惯性矩**，其量纲是 m^4。在式(A-7)中，因为 z^2、y^2 和 dA 为正，故 I_y 和 I_z 恒为正。

令

$$I_y = A i_y^2, \quad I_z = A i_z^2 \quad (A-8)$$

即

$$i_y = \sqrt{\frac{I_y}{A}}, \quad i_z = \sqrt{\frac{I_z}{A}} \quad (A-9)$$

显然，i_y 和 i_z 的量纲是 m，它们分别称为平面图形对 y 轴和 z 轴的惯性半径。

用 ρ 表示微元面积 dA 到坐标原点 O 的距离，定义积分

$$I_p = \int_A \rho^2 dA \quad (A-10)$$

为图形对坐标原点 O 的**极惯性矩**。由图 A-5 易知 $\rho^2 = x^2 + y^2$，这样式(A-10)可写为

$$I_p = \int_A \rho^2 dA = \int_A (y^2 + z^2) dA$$

$$= \int_A y^2 dA + \int_A z^2 dA = I_z + I_y \quad (A-11)$$

式(A-11)表明**图形对相互垂直的两坐标轴交点的极惯性矩等于它对这两坐标轴的惯性矩之和**。

例 A-4 已知如图 A-6 所示矩形高为 h，宽为 b，求其对 y、z 轴的惯性矩。

解 注意到 y 轴和 z 轴为矩形的对称轴，下面先求对 y 轴的惯性矩。取平行于 y 轴的细长条为微元面积 dA。显然，$dA = b dz$。这样

$$I_y = \int_A z^2 dA = \int_{-\frac{h}{2}}^{\frac{h}{2}} b z^2 dz = \frac{bh^3}{12}$$

同理，可求得

$$I_z = \frac{hb^3}{12}$$

若图形为平行四边形（如图 A-7 所示），其高和宽仍为 h 和 b，因为平行四边形对形心轴 y 的惯性矩计算方法与矩形对形心轴 y 的惯性矩计算方法相同，所以 $I_y = \frac{bh^3}{12}$，但 $I_z \neq \frac{hb^3}{12}$。

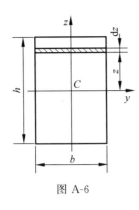
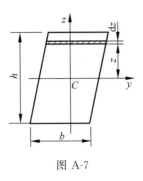

图 A-6　　　　　　　　　　图 A-7

例 A-5　计算图 A-8 中直径为 D 的圆形对形心轴 y、z 轴的惯性矩。

解　取 dA 为图 A-8 中的微元面积，则 $dA = 2ydz = 2\sqrt{R^2-z^2}\,dz$。这样

$$I_y = \int_A z^2 dA = 2\int_{-R}^{R} z^2 \sqrt{R^2-z^2}\,dz = \frac{\pi R^4}{4} = \frac{\pi D^4}{64}$$

由对称性知

$$I_y = I_z = \frac{\pi D^4}{64}$$

由式(A-11)知,圆形对圆心的极惯性矩为

$$I_p = I_y + I_z = \frac{\pi D^4}{32}$$

若图形可看作简单图形的组合图形,根据惯性矩的定义则该图形对某一坐标轴的惯性矩等于每一个简单图形对同一轴的惯性矩之和,即

$$I_y = \sum_{i=1}^{n} I_{yi}, \quad I_z = \sum_{i=1}^{n} I_{zi} \tag{A-12}$$

例如图 A-9 所示的内外径分别为 D 和 d 的空心圆可看作两圆之差,由式(A-12)和例 A-5 的结果知

$$I_y = I_z = \frac{\pi D^4}{64} - \frac{\pi d^4}{64} = \frac{\pi}{64}(D^4 - d^4)$$

$$I_p = \frac{\pi D^4}{32} - \frac{\pi d^4}{32} = \frac{\pi}{32}(D^4 - d^4)$$

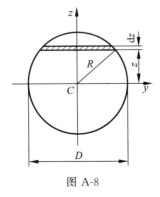
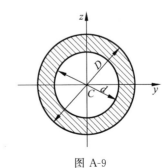

图 A-8　　　　　　　　　　图 A-9

A.3 惯性积

在平面图形的点(y,z)处,取微元面积dA(如图 A-5 所示),定义积分

$$I_{yz} = \int_A yz\,dA \tag{A-13}$$

为平面图形对y、z轴的**惯性积**,其量纲是m^4。显然,惯性积的取值可正、可负、可为零。

若图形的对称轴是坐标轴y或z中的一个(如图 A-10 中的z轴),则在z轴两侧的对称位置处各取一微元面积dA,显然,两者的z坐标相同,y坐标数值相等但符号相反。因而两个微元面积与坐标y、z的乘积,数值相等而符号相反,它们在积分中相互抵消。所有微元面积与坐标的乘积都两两相消,这样便有

$$I_{yz} = \int_A yz\,dA = 0$$

因此,坐标系的两个坐标轴中只要有一个为图形的对称轴,则图形对这一坐标系的惯性积就等于零。

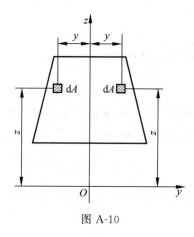

图 A-10

A.4 平行移轴公式

形心轴是指以形心为坐标原点的坐标轴,平面图形对形心轴的惯性矩和惯性积容易求解或通过查表获得,但工程实际中往往需要对平行于形心轴的坐标轴(新坐标轴)的惯性矩或惯性积进行求解。下面介绍平面图形对平行于形心轴的坐标轴的惯性矩和惯性积的求解方法。

如图 A-11 所示,平面图形的形心为C,则y_C和z_C为其形心轴。记平面图形对形心轴y_C、z_C的惯性矩和惯性积分别为

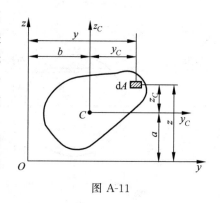

图 A-11

$$I_{y_C} = \int_A z_C^2 \mathrm{d}A, \quad I_{z_C} = \int_A y_C^2 \mathrm{d}A, \quad I_{y_C z_C} = \int_A y_C z_C \mathrm{d}A \tag{A-14}$$

平面图形对 y、z 轴的惯性矩和惯性积分别为

$$I_y = \int_A z^2 \mathrm{d}A, \quad I_z = \int_A y^2 \mathrm{d}A, \quad I_{yz} = \int_A yz \mathrm{d}A \tag{A-15}$$

由图 A-11 知

$$y = y_C + b, \quad z = z_C + a \tag{A-16}$$

将式(A-16)代入式(A-15),可得

$$I_y = \int_A z^2 \mathrm{d}A = \int_A (z_C + a)^2 \mathrm{d}A = \int_A z_C^2 \mathrm{d}A + 2a \int_A z_C \mathrm{d}A + a^2 \int_A \mathrm{d}A$$

$$I_z = \int_A y^2 \mathrm{d}A = \int_A (y_C + b)^2 \mathrm{d}A = \int_A y_C^2 \mathrm{d}A + 2b \int_A y_C \mathrm{d}A + b^2 \int_A \mathrm{d}A$$

$$I_{yz} = \int_A yz \mathrm{d}A = \int_A (y_C + b)(z_C + a) \mathrm{d}A$$

$$= \int_A y_C z_C \mathrm{d}A + a \int_A y_C \mathrm{d}A + b \int_A z_C \mathrm{d}A + ab \int_A \mathrm{d}A$$

由于 $\int_A z_C \mathrm{d}A$ 和 $\int_A y_C \mathrm{d}A$ 分别为平面图形对形心轴 y_C、z_C 的静矩,其值为零。此外,$\int_A \mathrm{d}A = A$,结合式(A-14),可得

$$\begin{cases} I_y = I_{y_C} + a^2 A \\ I_z = I_{z_C} + b^2 A \\ I_{yz} = I_{y_C z_C} + ab A \end{cases} \tag{A-17}$$

式(A-17)为**惯性矩和惯性积的平行移轴公式**。利用此式可求解平面图形对平行于形心轴的坐标轴的惯性矩和惯性积。在使用平行移轴公式时,a 和 b 可看作形心在 yOz 坐标系中的坐标,其值是有正负的,在求解惯性积时要特别注意 a、b 的正负号。由式(A-17)可知:在一组平行轴中,图形对形心轴的惯性矩最小。

例 A-6 求图 A-12 所示图形对其形心轴 y_C 的惯性矩 I_{y_C}。

解 该图形可看作是矩形Ⅰ和矩形Ⅱ组成的,图形的形心必然在对称轴上。为了确定 z_C,取通过矩形Ⅱ的形心且平行于底边的参考轴 y,有

$$\bar{z}_C = \frac{A_1 z_1 + A_2 z_2}{A_1 + A_2}$$

$$= \frac{0.14 \times 0.02 \times 0.08 + 0.1 \times 0.02 \times 0}{0.14 \times 0.02 + 0.1 \times 0.02} \mathrm{m}$$

$$= 0.0467 \mathrm{m}$$

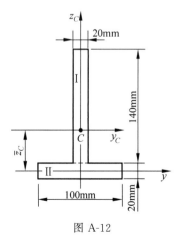

图 A-12

然后运用平行移轴公式分别计算矩形Ⅰ和矩形Ⅱ对 y_C 轴的惯性矩,即

$$I_{y_C}^{\mathrm{I}} = \left[\frac{1}{12} \times 0.02 \times 0.14^3 + (0.08 - 0.0467)^2 \times 0.02 \times 0.14\right] \mathrm{m}^4 = 7.68 \times 10^{-6} \mathrm{m}^4$$

$$I_{y_C}^{\mathrm{II}} = \left(\frac{1}{12} \times 0.1 \times 0.02^3 + 0.0467^2 \times 0.1 \times 0.02\right) \mathrm{m}^4 = 4.43 \times 10^{-6} \mathrm{m}^4$$

这样,整个图形对 y_C 轴的惯性矩为

$$I_y = I_{y_C}^{\mathrm{I}} + I_{y_C}^{\mathrm{II}} = (7.68 \times 10^{-6} + 4.43 \times 10^{-6}) \mathrm{m}^4 = 12.11 \times 10^{-6} \mathrm{m}^4$$

A.5 转轴公式 主惯性轴

1. 惯性矩和惯性积的转轴公式

任意平面图形(图 A-13)对 y、z 轴的惯性矩和惯性积分别记为

$$I_y = \int_A z^2 \mathrm{d}A, \quad I_z = \int_A y^2 \mathrm{d}A, \quad I_{yz} = \int_A yz \mathrm{d}A \tag{A-18}$$

若将坐标轴绕 O 点旋转 α 角,且以逆时针转向为正,旋转后得到新的坐标轴为 y_1、z_1 轴。下面求解平面图形对 y_1、z_1 轴的惯性矩 $I_{y_1} = \int_A z_1^2 \mathrm{d}A$,$I_{z_1} = \int_A y_1^2 \mathrm{d}A$ 及惯性积 $I_{y_1 z_1} = \int_A y_1 z_1 \mathrm{d}A$。

由图 A-13 可知,微元面积 $\mathrm{d}A$ 在新旧两个坐标系中的坐标分别为 (y_1, z_1) 和 (y, z),它们之间的关系为

$$\begin{cases} y_1 = y\cos\alpha + z\sin\alpha \\ z_1 = z\cos\alpha - y\sin\alpha \end{cases} \tag{A-19}$$

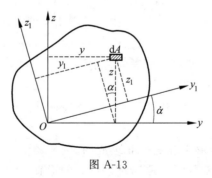

图 A-13

则

$$I_{y_1} = \int_A z_1^2 \mathrm{d}A = \int_A (z\cos\alpha - y\sin\alpha)^2 \mathrm{d}A$$
$$= \cos^2\alpha \int_A z^2 \mathrm{d}A + \sin^2\alpha \int_A y^2 \mathrm{d}A - 2\sin\alpha\cos\alpha \int_A yz \mathrm{d}A$$
$$= I_y \cos^2\alpha + I_z \sin^2\alpha - I_{yz} \sin 2\alpha$$

将三角关系式 $\cos^2\alpha = \frac{1}{2}(1+\cos 2\alpha)$ 和 $\sin^2\alpha = \frac{1}{2}(1-\cos 2\alpha)$ 代入上式,可得

$$I_{y_1} = \frac{I_y + I_z}{2} + \frac{I_y - I_z}{2}\cos 2\alpha - I_{yz}\sin 2\alpha \tag{A-20}$$

同理，可得

$$I_{z_1} = \frac{I_y + I_z}{2} - \frac{I_y - I_z}{2}\cos2\alpha + I_{yz}\sin2\alpha \tag{A-21}$$

$$I_{y_1 z_1} = \frac{I_y - I_z}{2}\sin2\alpha + I_{yz}\cos2\alpha \tag{A-22}$$

由式（A-20）～式（A-22）知，I_{y_1}、I_{z_1}、$I_{y_1 z_1}$ 随 α 的变化而变化，它们都是 α 的函数，这几个公式称为**惯性矩和惯性积的转轴公式**。

将式（A-20）和式（A-21）相加，可得

$$I_{y_1} + I_{z_1} = I_y + I_z \tag{A-23}$$

由式（A-23）知，平面图形对相互垂直的坐标轴的惯性矩之和不随转角发生改变，始终为一常数。

2. 主惯性矩

若令 α_0 为惯性矩取得极值时的角度，则必有

$$\frac{\mathrm{d}I_{y_1}}{\mathrm{d}\alpha} = -2\left(\frac{I_y - I_z}{2}\sin2\alpha + I_{yz}\cos2\alpha\right) = 0 \tag{A-24}$$

此时 $\alpha = \alpha_0$。即在 α_0 所确定的坐标轴上图形的惯性矩为最大值或最小值。将 α_0 代入式（A-24），可得

$$\frac{I_y - I_z}{2}\sin2\alpha_0 + I_{yz}\cos2\alpha_0 = 0 \tag{A-25}$$

即

$$\tan2\alpha_0 = -\frac{2I_{yz}}{I_y - I_z} \tag{A-26}$$

由式（A-26）可以求出相差 90°的两个角度 α_0，从而确定了一对坐标轴 y_0 和 z_0。图形对这一对轴中的一个轴的惯性矩为最大值 $I_{\max}$，而对另一个轴的惯性矩则为最小值 $I_{\min}$。比较式（A-25）和式（A-22），发现使导数 $\frac{\mathrm{d}I_{y_1}}{\mathrm{d}\alpha} = 0$ 的角度 α_0 恰好对其惯性积等于零。所以，当坐标轴绕 O 点旋转到某一位置 y_0 和 z_0 时，图形对这一对坐标轴的惯性积等于零，这一对坐标轴称为**主惯性轴**，简称主轴。对主惯性轴的惯性矩称为主惯性矩。如上所述，对通过 O 点的所有轴来说，对主轴的两个主惯性矩一个为最大值，一个为最小值。

通过图形形心 C 的主惯性轴称为**形心主惯性轴**，图形对该轴的惯性矩称为**形心主惯性矩**。如果平面图形是杆件的横截面，则截面的形心主惯性轴与杆件轴线所确定的平面称为**形心主惯性平面**。杆件横截面的形心主惯性轴、形心主惯性矩和杆件的形心主惯性平面，在杆件的弯曲理论中有重要意义。截面对于对称轴的惯性积等于零，截面形心又必然在对称轴上，所以截面的对称轴就是形心主惯性轴，它与杆件轴线确定的纵向对称面就是形心主惯性平面。

由式（A-26）求出 α_0 的数值，代入式（A-20）和式（A-21）便可求得图形的主惯性矩。下面将推导主惯性矩的计算。

由式（A-26）知

$$\cos 2\alpha_0 = \frac{1}{\sqrt{1+\tan^2 2\alpha_0}} = \frac{I_y - I_z}{\sqrt{(I_y-I_z)^2 + 4I_{yz}^2}}$$

$$\sin 2\alpha_0 = \tan 2\alpha_0 \cdot \cos 2\alpha_0 = \frac{-2I_{yz}}{\sqrt{(I_y-I_z)^2 + 4I_{yz}^2}}$$

将以上两式代入式(A-20)和式(A-21),可得主惯性矩的计算公式为

$$\begin{cases} I_{\max} = \frac{I_y + I_z}{2} + \frac{1}{2}\sqrt{(I_y-I_z)^2 + 4I_{yz}^2} \\ I_{\min} = \frac{I_y + I_z}{2} - \frac{1}{2}\sqrt{(I_y-I_z)^2 + 4I_{yz}^2} \end{cases} \quad (A-27)$$

例 A-7 计算图 A-14 中图形的形心主惯性轴的位置,并求形心主惯性矩。

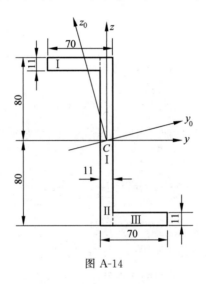

图 A-14

解 先求图形的形心 C,这样形心轴是图形中的 y 轴和 z 轴。图形可看作由 Ⅰ、Ⅱ 和 Ⅲ 三个矩形组成。显然,矩形 Ⅰ 的形心坐标为 $(-35, 74.5)$ mm,矩形 Ⅲ 的形心坐标为 $(35, -74.5)$ mm,矩形 Ⅱ 的形心与 C 点重合,下面利用平行移轴公式分别求各矩形对 y 轴和 z 轴的惯性矩和惯性积。

矩形 Ⅰ:

$$I_y^{\mathrm{I}} = \frac{1}{12} \times 0.059 \times 0.011^3 + 0.0745^2 \times 0.011 \times 0.059 \,\mathrm{m}^4 = 3.607 \times 10^{-6} \,\mathrm{m}^4$$

$$I_z^{\mathrm{I}} = \left[\frac{1}{12} \times 0.011 \times 0.059^3 + (-0.035)^2 \times 0.011 \times 0.059\right] \mathrm{m}^4 = 0.982 \times 10^{-6} \,\mathrm{m}^4$$

$$I_{yz}^{\mathrm{I}} = [0 + (-0.035) \times 0.0745 \times 0.011 \times 0.059] \mathrm{m}^4 = -1.69 \times 10^{-6} \,\mathrm{m}^4$$

矩形 Ⅱ:

$$I_y^{\mathrm{II}} = \frac{1}{12} \times 0.011 \times 0.16^3 \,\mathrm{m}^4 = 3.76 \times 10^{-6} \,\mathrm{m}^4$$

$$I_z^{\mathrm{II}} = \frac{1}{12} \times 0.16 \times 0.011^3 \,\mathrm{m}^4 = 0.0178 \times 10^{-6} \,\mathrm{m}^4$$

$$I_{yz}^{\mathrm{II}} = 0$$

矩形Ⅲ：

$$I_y^{Ⅲ} = \left[\frac{1}{12} \times 0.059 \times 0.011^3 + (-0.0745)^2 \times 0.011 \times 0.059\right] \text{m}^4 = 3.607 \times 10^{-6} \text{m}^4$$

$$I_z^{Ⅲ} = \left(\frac{1}{12} \times 0.011 \times 0.059^3 + 0.035^2 \times 0.011 \times 0.059\right) \text{m}^4 = 0.982 \times 10^{-6} \text{m}^4$$

$$I_{yz}^{Ⅲ} = [0 + 0.035 \times (-0.0745) \times 0.011 \times 0.059] \text{m}^4 = -1.69 \times 10^{-6} \text{m}^4$$

整个图形对 y 轴和 z 轴的惯性矩和惯性积为

$$I_y = I_y^{Ⅰ} + I_y^{Ⅱ} + I_y^{Ⅲ} = (3.607 + 3.76 + 3.607) \times 10^{-6} \text{m}^4 = 10.97 \times 10^{-6} \text{m}^4$$

$$I_z = I_z^{Ⅰ} + I_z^{Ⅱ} + I_z^{Ⅲ} = (0.982 + 0.0178 + 0.982) \times 10^{-6} \text{m}^4 = 1.98 \times 10^{-6} \text{m}^4$$

$$I_{yz} = I_{yz}^{Ⅰ} + I_{yz}^{Ⅱ} + I_{yz}^{Ⅲ} = (-1.69 + 0 - 1.69) \times 10^{-6} \text{m}^4 = -3.38 \times 10^{-6} \text{m}^4$$

把求得的 I_y、I_z、I_{yz} 代入式(A-26)，可得

$$\tan 2\alpha_0 = \frac{-2I_{yz}}{I_y - I_z} = 0.752$$

所以得 $\alpha_0 \approx 18°30'$ 或 $108°30'$。

α_0 的两个值确定了形心主惯性轴 y_0 和 z_0 的位置，其形心主惯性矩分别为

$$I_{y_0} = \frac{I_y + I_z}{2} + \frac{1}{2}\sqrt{(I_y - I_z)^2 + 4I_{yz}^2} = 12.1 \times 10^{-6} \text{m}^4$$

$$I_{z_0} = \frac{I_y + I_z}{2} - \frac{1}{2}\sqrt{(I_y - I_z)^2 + 4I_{yz}^2} = 0.85 \times 10^{-6} \text{m}^4$$

习题

A-1　已知截面尺寸如图所示，求该截面的形心位置。

A-2　求图示图形的形心。

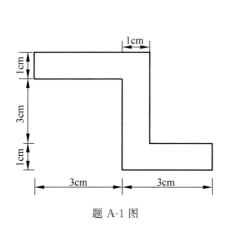

题 A-1 图

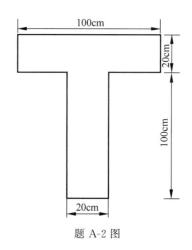

题 A-2 图

A-3　求图示图形的形心坐标。

A-4　求图示图形对形心轴的惯性矩。

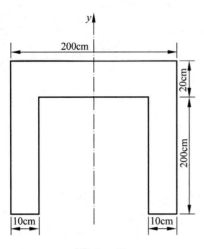

题 A-3 图

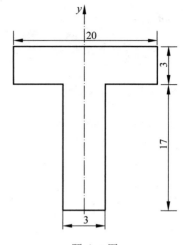

题 A-4 图

A-5 确定图示图形的形心主轴位置，并计算形心主惯性矩。

A-6 求图示图形对 y、z 轴的惯性积。

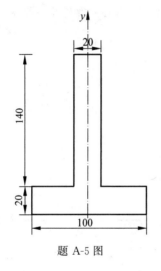

题 A-5 图

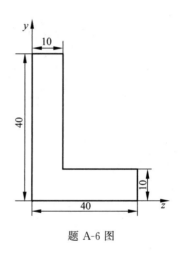

题 A-6 图

A-7 求图示图形对 y、z 轴的惯性矩。

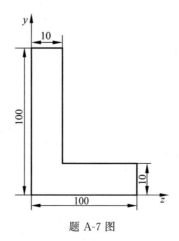

题 A-7 图

附录 B 型 钢 表

表 B-1 热轧工字钢（GB/T 706—2016）

符号意义：h—高度；r_1—腿端圆弧半径；b—腿宽度；I—惯性矩；d—腰厚度；W—截面系数；t—平均腿厚度；i—惯性半径；r—内圆弧半径；S—半截面的静力矩

型号	截面尺寸/mm						截面面积 /cm²	理论重量 /(kg/m)	惯性矩/cm⁴		惯性半径/cm		截面系数/cm³	
	h	b	d	t	r	r_1			I_x	I_y	i_x	i_y	W_x	W_y
10	100	68	4.5	7.6	6.5	3.3	14.345	11.261	245	33.0	4.14	1.52	49.0	9.72
12	120	74	5.0	8.4	7.0	3.5	17.818	13.987	436	46.9	4.95	1.62	72.7	12.7
12.6	126	74	5.0	8.4	7.0	3.5	18.118	14.223	488	46.9	5.20	1.61	77.5	12.7
14	140	80	5.5	9.1	7.5	3.8	21.516	16.890	712	64.4	5.76	1.73	102	16.1
16	160	88	6.0	9.9	8.0	4.0	26.131	20.513	1130	93.1	6.58	1.89	141	21.2
18	180	94	6.5	10.7	8.5	4.3	30.756	24.143	1660	122	7.36	2.00	185	26.0

续表

型号	截面尺寸/mm						截面面积/cm²	理论重量/(kg/m)	惯性矩/cm⁴		惯性半径/cm		截面系数/cm³	
	h	b	d	t	r	r_1			I_x	I_y	i_x	i_y	W_x	W_y
20a	200	100	7.0	11.4	9.0	4.5	35.578	27.929	2370	158	8.15	2.12	237	31.5
20b	200	102	9.0	11.4	9.0	4.5	39.578	31.069	2500	169	7.96	2.06	250	33.1
22a	220	110	7.5	12.3	9.5	4.8	42.128	33.070	3400	225	8.99	2.31	309	40.9
22b	220	112	9.5	12.3	9.5	4.8	46.528	36.524	3570	239	8.78	2.27	325	42.7
24a	240	116	8.0	13.0	10.0	5.0	47.741	37.477	4570	280	9.77	2.42	381	48.4
24b	240	118	10.0	13.0	10.0	5.0	52.541	41.245	4800	297	9.57	2.38	400	50.4
25a	250	116	8.0	13.0	10.0	5.0	48.541	38.105	5020	280	10.2	2.40	402	48.3
25b	250	118	10.0	13.0	10.0	5.0	53.541	42.030	5280	309	9.94	2.40	423	52.4
27a	270	122	8.5	13.7	10.5	5.3	54.554	42.825	6550	345	10.9	2.51	485	56.6
27b	270	124	10.5	13.7	10.5	5.3	59.954	47.064	6870	366	10.7	2.47	509	58.9
28a	280	122	8.5	14.4	11.0	5.5	55.404	43.492	7110	345	11.3	2.50	508	56.6
28b	280	124	10.5	14.4	11.0	5.5	61.004	47.888	7480	379	11.1	2.49	534	61.2
30a	300	126	9.0	15.0	11.5	5.8	61.254	48.084	8950	400	12.1	2.55	597	63.5
30b	300	128	11.0	15.0	11.5	5.8	67.254	52.794	9400	422	11.8	2.50	627	65.9
30c	300	130	13.0	15.0	11.5	5.8	73.254	57.504	9850	445	11.6	2.46	657	68.5
32a	320	130	9.5	15.8	12.0	6.0	67.156	52.717	11100	460	12.8	2.62	692	70.8
32b	320	132	11.5	15.8	12.0	6.0	73.556	57.741	11600	502	12.6	2.61	726	76.0
32c	320	134	13.5	15.8	12.0	6.0	79.956	62.765	12200	544	12.3	2.61	760	81.2
36a	360	136	10.0	15.8	12.0	6.0	76.480	60.037	15800	552	14.4	2.69	875	81.2
36b	360	138	12.0	15.8	12.0	6.0	83.680	65.689	16500	582	14.1	2.64	919	84.3
36c	360	140	14.0	15.8	12.0	6.0	90.880	71.341	17300	612	13.8	2.60	962	87.4

续表

型号	截面尺寸/mm						截面面积/cm²	理论重量/(kg/m)	惯性矩/cm⁴		惯性半径/cm		截面系数/cm³	
	h	b	d	t	r	r_1			I_x	I_y	i_x	i_y	W_x	W_y
40a	400	142	10.5	16.5	12.5	6.3	86.112	67.598	21700	660	15.9	2.77	1090	93.2
40b	400	144	12.5	16.5	12.5	6.3	94.112	73.878	22800	692	15.6	2.71	1140	96.2
40c	400	146	14.5	16.5	12.5	6.3	102.112	80.158	23900	727	15.2	2.65	1190	99.6
45a	450	150	11.5	18.0	13.5	6.8	102.446	80.420	32200	855	17.7	2.89	1430	114
45b	450	152	13.5	18.0	13.5	6.8	111.446	87.485	33800	894	17.4	2.84	1500	118
45c	450	154	15.5	18.0	13.5	6.8	120.446	94.550	35300	938	17.1	2.79	1570	122
50a	500	158	12.0	20.0	14.0	7.0	119.304	93.654	46500	1120	19.7	3.07	1860	142
50b	500	160	14.0	20.0	14.0	7.0	129.304	101.504	48600	1170	19.4	3.01	1940	146
50c	500	162	16.0	20.0	14.0	7.0	139.304	109.354	50600	1220	19.0	2.96	2080	151
55a	550	166	12.5	21.0	14.5	7.3	134.185	105.335	62900	1370	21.6	3.19	2290	164
55b	550	168	14.5	21.0	14.5	7.3	145.185	113.970	65600	1420	21.2	3.14	2390	170
55c	550	170	16.5	21.0	14.5	7.3	156.185	122.606	68400	1480	20.9	3.08	2490	175
56a	560	166	12.5	21.0	14.5	7.3	135.435	106.316	65600	1370	22.0	3.18	2340	165
56b	560	168	14.5	21.0	14.5	7.3	146.635	115.108	68500	1490	21.6	3.16	2450	174
56c	560	170	16.5	21.0	14.5	7.3	157.835	123.900	71400	1560	21.3	3.16	2550	183
63a	630	176	13.0	22.0	15.0	7.5	154.658	121.407	93900	1700	24.5	3.31	2980	193
63b	630	178	15.0	22.0	15.0	7.5	167.258	131.298	98100	1810	24.2	3.29	3160	204
63c	630	180	17.0	22.0	15.0	7.5	179.858	141.189	102000	1920	23.8	3.27	3300	214

注：截面图和表中标注的圆弧半径 r、r_1 的数据用于孔型设计，不做交货条件。

表 B-2 槽钢（1）（GB/T 706—2016）

符号意义：h—高度；r_1—腿端圆弧半径；b—腿宽度；I—惯性矩；d—腰厚度；W—截面系数；t—平均腿厚度；i—惯性半径；r—内圆弧半径；z_0—y-y 轴与 y_1-y_1 轴间距

型号	截面尺寸/mm						截面面积/cm²	理论重量/(kg/m)	惯性矩/cm⁴			惯性半径/cm		截面系数/cm³		重心距离/cm
	h	b	d	t	r	r_1			I_x	I_y	I_{y_1}	i_x	i_y	W_x	W_y	z_0
5	50	37	4.5	7.0	7.0	3.5	6.928	5.438	26.0	8.30	20.9	1.94	1.10	10.4	3.55	1.35
6.3	63	40	4.8	7.5	7.5	3.8	8.451	6.634	50.8	11.9	28.4	2.45	1.19	16.1	4.50	1.36
6.5	65	40	4.3	7.5	7.5	3.8	8.547	6.709	55.2	12.0	28.3	2.54	1.19	17.0	4.59	1.38
8	80	43	5.0	8.0	8.0	4.0	10.248	8.045	101	16.6	37.4	3.15	1.27	25.3	5.79	1.43
10	100	48	5.3	8.5	8.5	4.2	12.748	10.007	198	25.6	54.9	3.95	1.41	39.7	7.80	1.52
12	120	53	5.5	9.0	9.0	4.5	15.362	12.059	346	37.4	77.7	4.75	1.56	57.7	10.2	1.62
12.6	126	53	5.5	9.0	9.0	4.5	15.692	12.318	391	38.0	77.1	4.95	1.57	62.1	10.2	1.59
14a	140	58	6.0	9.5	9.5	4.8	18.516	14.535	564	53.2	107	5.52	1.70	80.5	13.0	1.71
14b	140	60	8.0	9.5	9.5	4.8	21.316	16.733	609	61.1	121	5.35	1.69	87.1	14.1	1.67
16a	160	63	6.5	10.0	10.0	5.0	21.962	17.24	866	73.3	144	6.28	1.83	108	16.3	1.80
16b	160	65	8.5	10.0	10.0	5.0	25.162	19.752	935	83.4	161	6.10	1.82	117	17.6	1.75

续表

型号	截面尺寸/mm					截面面积/cm²	理论重量/(kg/m)	惯性矩/cm⁴			惯性半径/cm		截面系数/cm³		重心距离/cm
	h	b	d	t	r	r_1			I_x	I_y	I_{y_1}	i_x	i_y	W_x	W_y	z_0
18a	180	68	7.0	10.5	10.5	5.2	25.699	20.174	1270	98.6	190	7.04	1.96	141	20.0	1.88
18b	180	70	9.0	10.5	10.5	5.2	29.299	23.000	1370	111	210	6.84	1.95	152	21.5	1.84
20a	200	73	7.0	11.0	11.0	5.5	28.837	22.637	1780	128	244	7.86	2.11	178	24.2	2.01
20b	200	75	9.0	11.0	11.0	5.5	32.837	25.777	1910	144	268	7.64	2.09	191	25.9	1.95
22a	220	77	7.0	11.5	11.5	5.8	31.846	24.999	2390	158	298	8.67	2.23	218	28.2	2.10
22b	220	79	9.0	11.5	11.5	5.8	36.246	28.453	2570	176	326	8.42	2.21	234	30.1	2.03
24a	240	78	7.0	12.0	12.0	6.0	34.217	26.860	3050	174	325	9.45	2.25	254	30.5	2.10
24b	240	80	9.0	12.0	12.0	6.0	39.017	30.628	3280	194	355	9.17	2.23	274	32.5	2.03
24c	240	82	11.0	12.0	12.0	6.0	43.817	34.396	3510	213	388	8.96	2.21	293	34.4	2.00
25a	250	78	7.0	12.0	12.0	6.0	34.917	27.410	3370	176	322	9.82	2.24	270	30.6	2.07
25b	250	80	9.0	12.0	12.0	6.0	39.917	31.335	3530	196	353	9.41	2.22	282	32.7	1.98
25c	250	82	11.0	12.0	12.0	6.0	44.917	35.260	3690	218	384	9.07	2.21	295	35.9	1.92
27a	270	82	7.5	12.5	12.5	6.2	39.284	30.838	4360	216	393	10.5	2.34	323	35.5	2.13
27b	270	84	9.5	12.5	12.5	6.2	44.684	35.077	4690	239	428	10.3	2.31	347	37.7	2.06
27c	270	86	11.5	12.5	12.5	6.2	50.084	39.316	5020	261	467	10.1	2.28	372	39.8	2.03
28a	280	82	7.5	12.5	12.5	6.2	40.034	31.427	4760	218	388	10.9	2.33	340	35.7	2.10
28b	280	84	9.5	12.5	12.5	6.2	45.634	35.823	5130	242	428	10.6	2.30	366	37.9	2.02
28c	280	86	11.5	12.5	12.5	6.2	51.234	40.219	5500	268	463	10.4	2.29	393	40.3	1.95
30a	300	85	7.5	13.5	13.5	6.8	43.902	34.463	6050	260	467	11.7	2.43	403	41.1	2.17
30b	300	87	9.5	13.5	13.5	6.8	49.902	39.173	6500	289	515	11.4	2.41	433	44.0	2.13
30c	300	89	11.5	13.5	13.5	6.8	55.902	43.883	6950	316	560	11.2	2.38	463	46.4	2.09
32a	320	88	8.0	14.0	14.0	7.0	48.513	38.083	7600	305	552	12.5	2.50	475	46.5	2.24
32b	320	90	10.0	14.0	14.0	7.0	54.913	43.107	8140	336	593	12.2	2.47	509	49.2	2.16
32c	320	92	12.0	14.0	14.0	7.0	61.313	48.131	8690	374	643	11.9	2.47	543	52.6	2.09
36a	360	96	9.0	16.0	16.0	8.0	60.910	47.814	11900	455	818	14.0	2.73	660	63.5	2.44
36b	360	98	11.0	16.0	16.0	8.0	68.110	53.466	12700	497	880	13.6	2.70	703	66.9	2.37
36c	360	100	13.0	16.0	16.0	8.0	75.310	59.118	13400	536	948	13.4	2.67	746	70.0	2.34
40a	400	100	10.5	18.0	18.0	9.0	75.068	58.928	17600	592	1070	15.3	2.81	879	78.8	2.49
40b	400	102	12.5	18.0	18.0	9.0	83.068	65.208	18600	640	1140	15.0	2.78	932	82.5	2.44
40c	400	104	14.5	18.0	18.0	9.0	91.068	71.488	19700	688	1220	14.7	2.75	986	86.2	2.42

注：截面图和表中标注的圆弧半径 r、r_1 的数据用于孔型设计，不做交货条件。

表 B-3　不等边角钢（GB/T 706—2016）

符号意义：B—长边宽度；b—短边宽度；i—惯性半径；I—惯性矩；d—边厚度；W—截面系数；r_1—边端内圆弧半径；r—内圆弧半径；x_0—重心距离；y_0—重心距离

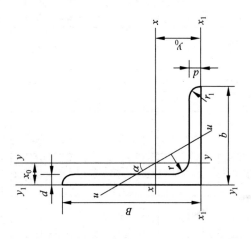

型号	截面尺寸/mm				截面面积/cm²	理论重量/(kg/m)	外表面积/(m²/m)	惯性矩/cm⁴					惯性半径/cm			截面系数/cm³			$\tan\alpha$	重心距离/cm	
	B	b	d	r				I_x	I_{x_1}	I_y	I_{y_1}	I_u	i_x	i_y	i_u	W_x	W_y	W_u		x_0	y_0
2.5/1.6	25	16	3	3.5	1.162	0.912	0.080	0.70	1.56	0.22	0.43	0.14	0.78	0.44	0.34	0.43	0.19	0.16	0.392	0.42	0.86
			4		1.499	1.176	0.079	0.88	2.09	0.27	0.59	0.17	0.77	0.43	0.34	0.55	0.24	0.20	0.381	0.46	1.86
3.2/2	32	20	3		1.492	1.171	0.102	1.53	3.27	0.46	0.82	0.28	1.01	0.55	0.43	0.72	0.30	0.25	0.382	0.49	0.90
			4		1.939	1.522	0.101	1.93	4.37	0.57	1.12	0.35	1.00	0.54	0.42	0.93	0.39	0.32	0.374	0.53	1.08
4/2.5	40	25	3	4	1.890	1.484	0.127	3.08	5.39	0.93	1.59	0.56	1.28	0.70	0.54	1.15	0.49	0.40	0.385	0.59	1.12
			4		2.467	1.936	0.127	3.93	8.53	1.18	2.14	0.71	1.26	0.69	0.54	1.49	0.63	0.52	0.381	0.63	1.32
4.5/2.8	45	28	3	5	2.149	1.687	0.143	4.45	9.10	1.34	2.23	0.80	1.44	0.79	0.61	1.47	0.62	0.51	0.383	0.64	1.37
			4		2.806	2.203	0.143	5.69	12.13	1.70	3.00	1.02	1.42	0.78	0.60	1.91	0.80	0.66	0.380	0.68	1.47
5/3.2	50	32	3	5.5	2.431	1.908	0.161	6.24	12.49	2.02	3.31	1.20	1.60	0.91	0.70	1.84	0.82	0.68	0.404	0.73	1.51
			4		3.177	2.494	0.160	8.02	16.65	2.58	4.45	1.53	1.59	0.90	0.69	2.39	1.06	0.87	0.402	0.77	1.60

续表

型号	截面尺寸/mm				截面面积/cm²	理论重量/(kg/m)	外表面积/(m²/m)	惯性矩/cm⁴					惯性半径/cm			截面系数/cm³			tanα	重心距离/cm	
	B	b	d	r				I_x	I_{x_1}	I_y	I_{y_1}	I_u	i_x	i_y	i_u	W_x	W_y	W_u		x_0	y_0
5.6/3.6	56	36	3	6	2.743	2.153	0.181	8.88	17.54	2.92	4.70	1.73	1.80	1.03	0.79	2.32	1.05	0.87	0.408	0.80	1.65
			4		3.590	2.818	0.180	11.45	23.39	3.76	6.33	2.23	1.79	1.02	0.79	3.03	1.37	1.13	0.408	0.85	1.78
			5		4.415	3.466	0.180	13.86	29.25	4.49	7.94	2.67	1.77	1.01	0.78	3.71	1.65	1.36	0.404	0.88	1.82
6.3/4	63	40	4	7	4.058	3.185	0.202	16.49	33.30	5.23	8.63	3.12	2.02	1.14	0.88	3.87	1.70	1.40	0.398	0.92	1.87
			5		4.993	3.920	0.202	20.02	41.63	6.31	10.86	3.76	2.00	1.12	0.87	4.74	2.71	1.71	0.396	0.95	2.04
			6		5.908	4.638	0.201	23.36	49.98	7.29	13.12	4.34	1.96	1.11	0.86	5.59	2.43	1.99	0.393	0.99	2.08
			7		6.802	5.339	0.201	26.53	58.07	8.24	15.47	4.97	1.98	1.10	0.86	6.40	2.78	2.29	0.389	1.03	2.12
7/4.5	70	45	4	7.5	4.547	3.570	0.226	23.17	45.92	7.55	12.26	4.40	2.26	1.29	0.98	4.86	2.17	1.77	0.410	1.02	2.15
			5		5.609	4.403	0.225	27.95	57.10	9.13	15.39	5.40	2.23	1.28	0.98	5.92	2.65	2.19	0.407	1.06	2.24
			6		6.647	5.218	0.225	32.54	68.35	10.62	18.58	6.35	2.21	1.26	0.98	6.95	3.12	2.59	0.404	1.09	2.28
			7		7.657	6.011	0.225	37.22	79.99	12.01	21.84	7.16	2.20	1.25	0.97	8.03	3.57	2.94	0.402	1.13	2.32
7.5/5	75	50	5	8	6.125	4.808	0.245	34.86	70.00	12.61	21.04	7.41	2.39	1.44	1.10	6.83	3.30	2.74	0.435	1.17	2.36
			6		7.260	5.699	0.245	41.12	84.30	14.70	25.37	8.54	2.38	1.42	1.08	8.12	3.88	3.19	0.435	1.21	2.40
			8		9.467	7.431	0.244	52.39	112.50	18.53	34.23	10.87	2.35	1.40	1.07	10.52	4.99	4.10	0.429	1.29	2.44
			10		11.590	9.098	0.244	62.71	140.80	21.96	43.43	13.10	2.33	1.38	1.06	12.79	6.04	4.99	0.423	1.36	2.52
8/5	80	50	5	8	6.375	5.005	0.255	41.96	85.21	12.82	21.06	7.66	2.56	1.42	1.10	7.78	3.32	2.74	0.388	1.14	2.60
			6		7.560	5.935	0.255	49.49	102.53	14.95	25.41	8.85	2.56	1.41	1.08	9.25	3.91	3.20	0.387	1.18	2.65
			7		8.724	6.848	0.255	56.16	119.33	16.96	29.82	10.18	2.54	1.39	1.08	10.58	4.48	3.70	0.384	1.21	2.69
			8		9.867	7.745	0.254	62.83	136.41	18.85	34.32	11.38	2.52	1.38	1.07	11.92	5.03	4.16	0.381	1.25	2.73

续表

型号	截面尺寸/mm				截面面积/cm²	理论重量/(kg/m)	外表面积/(m²/m)	惯性矩/cm⁴					惯性半径/cm			截面系数/cm³			tanα	重心距离/cm	
	B	b	d	r				I_x	I_{x_1}	I_y	I_{y_1}	I_u	i_x	i_y	i_u	W_x	W_y	W_u		x_0	y_0
9/5.6	90	56	5	9	7.212	5.661	0.287	60.45	121.32	18.32	29.53	10.98	2.90	1.59	1.23	9.92	4.21	3.49	0.385	1.25	2.91
			6		8.557	6.717	0.286	71.03	145.59	21.42	35.58	12.90	2.88	1.58	1.23	11.74	4.96	4.13	0.384	1.29	2.95
			7		9.880	7.756	0.286	81.01	169.60	24.36	41.71	14.67	2.86	1.57	1.22	13.49	5.70	4.72	0.382	1.33	3.00
			8		11.183	8.779	0.286	91.03	194.17	27.15	47.93	16.34	2.85	1.56	1.21	15.27	6.41	5.29	0.380	1.36	3.04
10/6.3	100	63	6	10	9.617	7.550	0.320	99.06	199.71	30.94	50.50	18.42	3.21	1.79	1.38	14.64	6.35	5.25	0.394	1.43	3.24
			7		11.111	8.722	0.320	113.45	233.00	35.26	59.14	21.00	3.20	1.78	1.38	16.88	7.29	6.20	0.394	1.47	3.28
			8		12.584	9.878	0.319	127.37	266.32	39.39	67.88	23.50	3.18	1.77	1.37	19.08	8.21	6.78	0.391	1.50	3.32
			10		15.467	12.142	0.319	153.81	333.06	47.12	85.73	28.33	3.15	1.74	1.35	23.32	9.98	8.24	0.387	1.58	3.40
10/8	100	80	6	10	10.637	8.350	0.354	107.04	199.83	61.24	102.68	31.65	3.17	2.40	1.72	15.19	10.16	8.37	0.627	1.97	2.95
			7		12.301	9.656	0.354	122.73	233.20	70.08	119.98	36.17	3.16	2.39	1.72	17.52	11.71	9.60	0.626	2.01	3.0
			8		13.944	10.946	0.353	137.92	266.61	78.58	137.37	40.58	3.14	2.37	1.71	19.81	13.21	10.80	0.625	2.05	3.04
			10		17.167	13.476	0.353	166.87	333.63	94.65	172.48	49.10	3.12	2.35	1.69	24.24	16.12	13.12	0.622	2.13	3.12
11/7	110	70	6	10	10.637	8.350	0.354	133.37	265.78	42.92	69.08	25.36	3.54	2.01	1.54	17.85	7.90	6.53	0.403	1.57	3.53
			7		12.301	9.656	0.354	153.00	310.07	49.01	80.82	28.95	3.53	2.00	1.53	20.60	9.09	7.50	0.402	1.61	3.57
			8		13.944	10.946	0.353	172.04	354.39	54.87	92.70	32.45	3.51	1.98	1.53	23.30	10.25	8.45	0.401	1.65	3.62
			10		17.167	13.476	0.353	208.39	443.13	65.88	116.83	39.20	3.48	1.96	1.51	28.54	12.48	10.29	0.397	1.72	3.70
12.5/8	125	80	7	11	14.096	11.066	0.403	227.98	454.99	74.42	120.32	43.81	4.02	2.30	1.76	26.86	12.01	9.92	0.408	1.80	4.01
			8		15.989	12.551	0.403	256.77	519.99	83.49	137.85	49.15	4.01	2.28	1.75	30.41	13.56	11.18	0.407	1.84	4.06
			10		19.712	15.474	0.402	312.04	650.09	100.67	173.40	59.45	3.98	2.26	1.74	37.33	16.56	13.64	0.404	1.92	4.14
			12		23.351	18.330	0.402	364.41	780.39	116.67	209.67	69.35	3.95	2.24	1.72	44.01	19.43	16.01	0.400	2.00	4.22

续表

型号	截面尺寸/mm				截面面积/cm²	理论重量/(kg/m)	外表面积/(m²/m)	惯性矩/cm⁴				惯性半径/cm			截面系数/cm³			$\tan\alpha$	重心距离/cm	
	B	b	d	r				I_x	I_{x_1}	I_y	I_{y_1}	I_u	i_x	i_y	i_u	W_x	W_y	W_u		x_0	y_0
14/9	140	90	8	12	18.038	14.160	0.453	365.64	730.53	120.69	195.79	70.83	4.50	2.59	1.98	38.48	17.34	14.31	0.411	2.04	4.50
			10		22.261	17.475	0.452	445.50	913.20	140.03	245.92	85.82	4.47	2.56	1.96	47.31	21.22	17.48	0.409	2.12	4.58
			12		26.400	20.724	0.451	521.59	1096.09	169.79	296.89	100.21	4.44	2.54	1.95	55.87	24.95	20.54	0.406	2.19	4.66
			14		30.456	23.908	0.451	594.10	1279.26	192.10	348.82	114.13	4.42	2.51	1.94	64.18	28.54	23.52	0.403	2.27	4.74
15/9	150	90	8	12	18.839	14.788	0.473	442.05	898.35	122.80	195.96	74.14	4.84	2.55	1.98	43.86	17.47	14.48	0.364	1.97	4.92
			10		23.261	18.260	0.472	539.24	1122.85	148.62	246.26	89.86	4.81	2.53	1.97	53.97	21.38	17.69	0.362	2.05	5.01
			12		27.600	21.666	0.471	632.08	1347.50	172.85	297.46	104.95	4.79	2.50	1.95	63.79	25.14	20.80	0.359	2.12	5.09
			14		31.856	25.007	0.471	720.77	1572.38	195.62	349.74	119.53	4.76	2.48	1.94	73.33	28.77	23.84	0.356	2.20	5.17
			15		33.952	26.652	0.471	763.62	1684.93	206.50	376.33	126.67	4.74	2.47	1.93	77.99	30.53	25.33	0.354	2.24	5.21
			16		36.027	28.281	0.470	805.51	1797.55	217.07	403.24	133.72	4.73	2.45	1.93	82.60	32.27	26.82	0.352	2.27	5.25
16/10	160	100	10	13	25.315	19.872	0.512	668.69	1362.89	205.03	336.59	121.74	5.14	2.85	2.19	62.13	26.56	21.92	0.390	2.28	5.24
			12		30.054	23.592	0.511	784.91	1635.56	239.06	405.94	142.33	5.11	2.82	2.17	73.49	31.28	25.79	0.388	2.36	5.32
			14		34.709	27.247	0.510	896.30	1908.50	271.20	476.42	162.23	5.08	2.80	2.16	84.56	35.83	29.56	0.385	2.43	5.40
			16		29.281	30.835	0.510	1003.04	2181.79	301.60	548.22	182.57	5.05	2.77	2.16	95.33	40.24	33.44	0.382	2.51	5.48
18/11	180	110	10	14	28.373	22.273	0.571	956.25	1940.40	278.11	447.22	166.50	5.80	3.13	2.42	78.96	32.49	26.88	0.376	2.44	5.89
			12		33.712	26.464	0.571	1124.72	2328.38	325.03	538.94	194.87	5.78	3.10	2.40	93.53	38.32	31.66	0.374	2.52	5.98
			14		38.967	30.589	0.570	1286.91	2716.60	369.55	631.95	222.30	5.75	3.08	2.39	107.76	43.97	36.32	0.372	2.59	6.06
			16		44.139	34.649	0.569	1443.06	3105.15	411.85	726.46	248.94	5.72	3.06	2.38	121.64	49.44	40.87	0.369	2.67	6.14
20/12.5	200	125	12	14	37.912	29.761	0.641	1570.90	3193.85	483.16	787.74	285.79	6.44	3.57	2.74	116.73	49.99	41.23	0.392	2.83	6.54
			14		43.867	34.436	0.640	1800.97	3726.17	550.83	922.47	326.58	6.41	3.54	2.73	134.65	57.44	47.34	0.390	2.91	6.62
			16		49.739	39.045	0.639	2023.35	4258.86	615.44	1058.86	366.21	6.38	3.52	2.71	152.18	64.69	53.32	0.388	2.99	6.70
			18		55.526	43.588	0.639	2238.30	4792.00	677.19	1197.13	404.83	6.35	3.49	2.70	169.33	71.74	59.18	0.385	3.06	6.78

注：截面图中的 $r_1 = 1/3d$ 及表中 r 的数据用于孔型设计，不做交货条件。

表 B-4 等边角钢（GB/T 706—2016）

符号意义：b—边宽度；i—惯性半径；I—惯性矩；d—边厚度；W—截面系数；r_1—边端内圆弧半径；r—内圆弧半径；z_0—重心距离

型号	截面尺寸/mm			截面面积/cm²	理论重量/(kg/m)	外表面积/(m²/m)	惯性矩/cm⁴				惯性半径/cm			截面系数/cm³			重心距离/cm
	b	d	r				I_x	I_{x_1}	I_{x_0}	I_{y_0}	i_x	i_{x_0}	i_{y_0}	W_x	W_{x_0}	W_{y_0}	z_0
2	20	3	3.5	1.132	0.889	0.078	0.40	0.81	0.63	0.17	0.59	0.75	0.39	0.29	0.45	0.20	0.60
	20	4	3.5	1.459	1.145	0.077	0.50	1.09	0.78	0.22	0.58	0.73	0.38	0.36	0.55	0.24	0.64
2.5	25	3	3.5	1.432	1.124	0.098	0.82	1.57	1.29	0.34	0.76	0.95	0.49	0.46	0.73	0.33	0.73
	25	4	3.5	1.859	1.459	0.097	1.03	2.11	1.62	0.43	0.74	0.93	0.48	0.59	0.92	0.40	0.76
3.0	30	3	4.5	1.749	1.373	0.117	1.46	2.71	2.31	0.61	0.91	1.15	0.59	0.68	1.09	0.51	0.85
	30	4	4.5	2.276	1.786	0.117	1.84	3.63	2.92	0.77	0.90	1.13	0.58	0.87	1.37	0.62	0.89
3.6	36	3	4.5	2.109	1.656	0.141	2.58	4.68	4.09	1.07	1.11	1.39	0.71	0.99	1.61	0.76	1.00
	36	4	4.5	2.756	2.163	0.141	3.29	6.25	5.22	1.37	1.09	1.38	0.70	1.28	2.05	0.93	1.04
	36	5	4.5	3.382	2.654	0.141	3.95	7.84	6.24	1.65	1.08	1.36	0.70	1.56	2.45	1.09	1.07

续表

型号	截面尺寸/mm				截面面积/cm²	理论重量/(kg/m)	外表面积/(m²/m)	惯性矩/cm⁴				惯性半径/cm			截面系数/cm³			重心距离 z_0/cm
	b	d		r				I_x	I_{x_1}	I_{x_0}	I_{y_0}	i_x	i_{x_0}	i_{y_0}	W_x	W_{x_0}	W_{y_0}	
4	40	3		5	2.359	1.852	0.157	3.59	6.41	5.69	1.49	1.23	1.55	0.79	1.23	2.01	0.96	1.09
		4			3.086	2.422	0.157	4.60	8.56	7.29	1.91	1.22	1.54	0.79	1.60	2.58	1.19	1.13
		5			3.791	2.976	0.156	5.53	10.74	8.76	2.30	1.21	1.52	0.78	1.96	3.10	1.39	1.17
4.5	45	3		5	2.659	2.088	0.177	5.17	9.12	8.20	2.14	1.40	1.76	0.89	1.58	2.58	1.24	1.22
		4			3.486	2.736	0.177	6.65	12.18	10.56	2.75	1.38	1.74	0.89	2.05	3.32	1.54	1.26
		5			4.292	3.369	0.176	8.04	15.25	12.74	3.33	1.37	1.72	0.88	2.51	4.00	1.81	1.30
		6			5.076	3.985	0.176	9.33	18.36	14.76	3.89	1.36	1.70	0.8	2.95	4.64	2.06	1.33
5	50	3		5.5	2.971	2.332	0.197	7.18	12.5	11.37	2.98	1.55	1.96	1.00	1.96	3.22	1.57	1.34
		4			3.897	3.059	0.197	9.26	16.69	14.70	3.82	1.54	1.94	0.99	2.56	4.16	1.96	1.38
		5			4.803	3.770	0.196	11.21	20.90	17.79	4.64	1.53	1.92	0.98	3.13	5.03	2.31	1.42
		6			5.688	4.465	0.196	13.05	25.14	20.68	5.42	1.52	1.91	0.98	3.68	5.85	2.63	1.46
5.6	56	3		6	3.343	2.624	0.221	10.19	17.56	16.14	4.24	1.75	2.20	1.13	2.48	4.08	2.02	1.48
		4			4.390	3.446	0.220	13.18	23.43	20.92	5.46	1.73	2.18	1.11	3.24	5.28	2.52	1.53
		5			5.415	4.251	0.220	16.02	29.33	25.42	6.61	1.72	2.17	1.10	3.97	6.42	2.98	1.57
		6			6.420	5.040	0.220	18.69	35.26	29.66	7.73	1.71	2.15	1.10	4.68	7.49	3.40	1.61
		7			7.404	5.812	0.219	21.23	41.23	33.63	8.82	1.69	2.13	1.09	5.36	8.49	3.80	1.64
		8			8.367	6.568	0.219	23.63	47.24	37.37	9.89	1.68	2.11	1.09	6.03	9.44	4.16	1.68
6	60	5		6.5	5.829	4.576	0.236	19.89	36.05	31.57	8.21	1.85	2.33	1.19	4.59	7.44	3.48	1.67
		6			6.914	5.427	0.235	23.25	43.33	36.89	9.60	1.83	2.31	1.18	5.41	8.70	3.98	1.70
		7			7.977	6.262	0.235	26.44	50.65	41.92	10.96	1.82	2.29	1.17	6.21	9.88	4.45	1.74
		8			9.020	7.081	0.235	29.47	58.02	46.66	12.28	1.81	2.27	1.17	6.98	11.00	4.88	1.78

续表

型号	截面尺寸/mm			截面面积/cm²	理论重量/(kg/m)	外表面积/(m²/m)	惯性矩/cm⁴				惯性半径/cm			截面系数/cm³			重心距离/cm
	b	d	r				I_x	I_{x_1}	I_{x_0}	I_{y_0}	i_x	i_{x_0}	i_{y_0}	W_x	W_{x_0}	W_{y_0}	z_0
6.3	63	4	7	4.978	3.907	0.248	19.03	33.35	30.17	7.89	1.96	2.46	1.26	4.13	6.78	3.29	1.70
		5		6.143	4.822	0.248	23.17	41.73	36.77	9.57	1.94	2.45	1.25	5.08	8.25	3.90	1.74
		6		7.288	5.721	0.247	27.12	50.14	43.03	11.20	1.93	2.43	1.24	6.00	9.66	4.46	1.78
		8		8.412	6.603	0.247	30.87	58.60	48.96	12.79	1.92	2.41	1.23	6.88	10.99	4.98	1.82
		10		9.515	7.469	0.247	34.46	67.11	54.56	14.33	1.90	2.40	1.23	7.75	12.25	5.47	1.85
				11.657	9.151	0.246	41.09	84.31	64.85	17.33	1.88	2.36	1.22	9.39	14.56	6.36	1.93
7	70	4	8	5.570	4.372	0.275	26.39	45.74	41.80	10.99	2.18	2.74	1.40	5.14	8.44	4.17	1.86
		5		6.875	5.397	0.275	32.21	57.21	51.08	13.34	2.16	2.73	1.39	6.32	10.32	4.95	1.91
		6		8.160	6.406	0.275	37.77	68.73	59.93	15.61	2.15	2.71	1.38	7.48	12.11	5.67	1.95
		7		9.424	7.398	0.275	43.09	80.29	68.35	17.82	2.14	2.69	1.38	8.59	13.81	6.34	1.99
		8		10.667	8.373	0.274	48.17	91.92	76.37	19.98	2.12	2.68	1.37	9.68	15.43	6.98	20.3
7.5	75	5	9	7.412	5.818	0.295	39.97	70.56	63.30	16.63	2.33	2.92	1.50	7.32	11.94	5.77	20.4
		6		8.797	6.905	0.294	46.95	84.55	74.38	19.51	2.31	2.90	1.49	8.64	14.02	6.67	20.7
		7		10.160	7.976	0.294	53.57	98.71	84.96	22.18	2.30	2.89	1.48	9.93	16.02	7.44	2.11
		8		11.503	9.303	0.294	59.96	112.97	95.07	24.86	2.28	2.88	1.47	11.20	17.93	8.19	2.15
		9		12.825	10.068	0.294	66.10	127.30	104.71	27.48	2.27	2.86	1.46	12.43	19.75	8.89	2.18
		10		14.126	11.089	0.293	71.98	141.71	113.92	30.05	2.26	2.84	1.46	13.64	21.48	9.56	2.22
8	80	5		7.912	6.211	0.315	48.79	85.36	77.33	20.25	2.48	3.13	1.60	8.34	13.67	6.66	2.15
		6		9.397	7.376	0.314	57.35	102.50	90.98	23.72	2.47	3.11	1.59	9.87	16.08	7.65	2.19
		7		10.860	8.525	0.314	65.58	119.70	104.07	27.09	2.46	3.10	1.58	11.37	18.40	8.58	2.23
		8		12.303	9.658	0.314	73.49	136.97	116.60	30.39	2.44	3.08	1.57	12.83	20.61	9.46	2.27
		9		13.725	10.774	0.314	81.11	154.31	128.60	33.61	2.43	3.06	1.56	14.25	22.73	10.29	2.31
		10		15.126	11.874	0.313	88.43	171.74	140.09	36.77	2.42	3.04	1.56	15.64	24.76	11.08	2.35

续表

型号	截面尺寸/mm				截面面积/cm²	理论重量/(kg/m)	外表面积/(m²/m)	惯性矩/cm⁴				惯性半径/cm			截面系数/cm³			重心距离/cm
	b	d		r				I_x	I_{x_1}	I_{x_0}	I_{y_0}	i_x	i_{x_0}	i_{y_0}	W_x	W_{x_0}	W_{y_0}	z_0
9	90	6		10	10.637	8.350	0.354	82.77	145.87	131.26	34.28	2.79	3.51	1.80	12.61	20.63	9.95	2.44
		7			12.301	9.656	0.354	94.83	170.30	150.47	39.18	2.78	3.50	1.78	14.54	23.64	11.19	2.48
		8			13.944	10.946	0.353	106.47	194.80	168.97	43.97	2.76	3.48	1.78	16.42	26.55	12.35	2.52
		9			15.566	12.219	0.353	117.72	219.39	186.77	48.66	2.75	3.46	1.77	18.27	29.35	13.46	2.56
		10			17.167	13.476	0.353	128.58	244.07	203.90	53.26	2.74	3.45	1.76	20.07	32.04	14.52	2.59
		12			20.306	15.940	0.352	149.22	293.76	236.21	62.22	2.71	3.41	1.75	23.57	37.12	16.49	2.67
10	100	6		12	11.932	9.366	0.393	114.95	200.07	181.98	47.92	3.10	3.90	2.00	15.68	25.74	12.69	2.67
		7			13.796	10.830	0.393	131.86	233.54	208.97	54.74	3.09	3.89	1.99	18.10	29.55	14.26	2.71
		8			15.638	12.276	0.393	148.24	267.09	235.07	61.41	3.08	3.88	1.98	20.47	33.24	15.75	2.76
		9			17.462	13.708	0.392	164.12	300.73	260.30	67.95	3.07	3.86	1.97	22.79	36.81	17.18	2.80
		10			19.261	15.120	0.392	179.51	334.48	284.68	74.35	3.05	3.84	1.96	25.06	40.26	18.54	2.84
		12			22.800	17.898	0.391	208.90	402.34	330.95	86.84	3.03	3.81	1.95	29.48	46.80	21.08	2.91
		14			26.256	20.611	0.391	236.53	470.75	374.06	99.00	3.00	3.77	1.94	33.73	52.90	23.44	2.99
		16			29.627	23.257	0.390	262.53	539.80	414.16	110.89	2.98	3.74	1.94	37.82	58.57	25.63	3.06
11	110	7			15.196	11.928	0.433	177.16	310.64	280.94	73.38	3.41	4.30	2.20	22.05	36.12	17.51	2.96
		8			17.238	13.532	0.433	199.46	355.20	316.49	82.42	3.40	4.28	2.19	24.95	40.69	19.39	3.01
		10			21.261	16.690	0.432	242.19	444.65	384.39	99.98	3.38	4.25	2.17	30.60	49.42	22.91	3.09
		12			25.200	19.782	0.431	282.55	534.60	448.17	116.93	3.35	4.22	2.15	36.05	57.62	26.15	3.16
		14			29.056	22.809	0.431	320.71	625.16	508.01	133.40	3.32	4.18	2.14	41.31	65.31	29.14	3.24

续表

型号	截面尺寸/mm				截面面积/cm²	理论重量/(kg/m)	外表面积/(m²/m)	惯性矩/cm⁴				惯性半径/cm			截面系数/cm³			重心距离/cm
	b	d		r				I_x	I_{x_1}	I_{x_0}	I_{y_0}	i_x	i_{x_0}	i_{y_0}	W_x	W_{x_0}	W_{y_0}	z_0
12.5	125	8			19.750	15.504	0.492	297.03	521.01	470.89	123.16	3.88	4.88	2.50	32.52	53.28	25.86	3.37
		10			24.373	19.133	0.491	361.67	651.93	573.89	149.46	3.85	4.85	2.48	39.97	64.93	30.62	3.45
		12			28.912	22.696	0.491	423.16	783.42	671.44	174.88	3.83	4.82	2.46	41.17	75.96	35.03	3.53
		14			33.367	26.193	0.490	481.65	915.61	763.73	199.57	3.80	4.78	2.45	54.16	86.41	39.13	3.61
		16			37.739	29.625	0.489	537.31	1048.62	850.98	223.65	3.77	4.75	2.43	60.93	96.28	42.96	3.68
14	140	10		14	27.373	21.488	0.551	514.65	915.11	817.27	212.04	4.34	5.46	2.78	50.58	82.56	39.20	3.82
		12			32.512	25.522	0.551	603.68	1099.28	958.79	248.57	4.31	5.43	2.76	59.80	96.85	45.02	3.90
		14			37.567	29.490	0.550	688.81	1284.22	1093.56	284.06	4.28	5.40	2.75	68.75	110.47	50.45	3.98
		16			42.539	33.393	0.549	770.24	1470.07	1221.81	318.67	4.26	5.36	2.74	77.46	123.42	55.55	4.06
15	150	8			23.750	18.644	0.592	521.37	899.55	827.49	215.25	4.69	5.90	3.01	47.36	78.02	38.14	3.99
		10			29.373	23.058	0.591	637.50	1125.09	1012.79	262.21	4.66	5.87	2.99	58.35	95.49	45.51	4.08
		12			34.912	27.406	0.591	748.85	1351.26	1189.97	307.73	4.63	5.84	2.97	69.04	112.19	52.38	4.15
		14			40.367	31.688	0.590	855.64	1578.25	1359.30	351.98	4.60	5.80	2.95	79.45	128.16	58.83	4.23
		15			43.063	33.804	0.590	907.39	1692.10	1441.09	373.69	4.59	5.78	2.95	84.56	135.87	61.90	4.27
		16			45.739	35.905	0.589	958.08	1806.21	1521.02	395.14	4.58	5.77	2.94	89.59	143.40	64.89	4.31
16	160	10			31.502	24.729	0.630	779.53	1365.33	1237.30	321.76	4.98	6.27	3.20	66.70	109.36	52.76	4.31
		12			37.441	29.391	0.630	916.58	1639.57	1455.68	377.49	4.95	6.24	3.18	78.98	128.67	60.74	4.39
		14		16	43.296	33.987	0.629	1048.36	1914.68	1665.02	431.70	4.92	6.20	3.16	90.95	147.17	68.24	4.47
		16			49.067	38.518	0.629	1175.08	2190.82	1865.57	484.59	4.89	6.17	3.14	102.63	164.89	75.31	4.55
18	180	12			42.241	33.159	0.710	1321.35	2332.80	2100.10	542.61	5.59	7.05	3.58	100.82	165.00	78.41	4.89
		14			48.896	38.383	0.709	1514.48	2723.48	2407.42	621.53	5.56	7.02	3.56	116.25	189.14	88.38	4.97
		16			55.467	43.542	0.709	1700.99	3115.29	2703.37	698.60	5.54	6.98	3.55	131.13	212.40	97.83	5.05
		18			61.955	48.634	0.708	1875.12	3502.43	2988.24	762.01	5.50	6.94	3.51	145.64	234.78	105.14	5.13

续表

型号	截面尺寸/mm			截面面积/cm²	理论重量/(kg/m)	外表面积/(m²/m)	惯性矩/cm⁴				惯性半径/cm			截面系数/cm³			重心距离/cm
	b	d	r				I_x	I_{x_1}	I_{x_0}	I_{y_0}	i_x	i_{x_0}	i_{y_0}	W_x	W_{x_0}	W_{y_0}	z_0
20	200	14	18	54.642	42.894	0.788	2103.55	3734.10	3343.26	863.83	6.20	7.82	3.98	144.70	236.40	111.82	5.46
		16		62.013	48.680	0.788	2366.15	4270.39	3760.89	971.41	6.18	7.79	3.96	163.65	265.93	123.96	5.54
		18		69.301	54.401	0.787	2620.64	4808.13	4146.54	1076.74	6.15	7.75	3.94	182.22	294.48	135.52	5.62
		20		76.505	60.056	0.787	2867.30	5347.51	4554.55	1180.04	6.12	7.72	3.93	200.42	322.06	146.55	5.69
		24		90.661	71.168	0.785	3338.25	6457.16	5294.97	1381.53	6.07	7.64	3.90	236.17	374.41	166.65	5.87
22	220	16	21	68.664	53.901	0.866	3187.36	5681.62	5063.73	1310.99	6.81	8.59	4.37	199.55	325.51	153.81	6.03
		18		76.752	60.250	0.866	3534.30	6395.93	5615.32	1453.27	6.79	8.55	4.35	222.37	360.97	168.29	6.11
		20		84.756	66.533	0.865	3871.49	7112.04	6150.08	1592.90	6.76	8.52	4.34	244.77	395.34	182.16	6.18
		22		92.676	72.751	0.865	4199.23	7830.19	6668.37	1730.10	6.73	8.48	4.32	266.78	428.66	195.45	6.26
		24		100.512	78.902	0.864	4517.83	8550.57	7170.55	1865.11	6.70	8.45	4.31	288.39	460.94	208.21	6.33
		26		108.264	84.987	0.864	4827.58	9273.39	7656.98	1998.17	6.68	8.41	4.30	309.62	492.21	220.49	6.41
25	250	18	24	87.842	68.956	0.985	5268.22	9379.11	8369.04	2167.41	7.74	9.76	4.97	290.12	473.42	224.03	6.84
		20		97.045	76.180	0.984	5779.34	10426.97	9181.94	2376.74	7.72	9.73	4.95	319.66	519.41	242.85	6.92
		22		106.125													
		24		115.201	90.433	0.983	6763.93	12529.74	10742.67	2785.19	7.66	9.66	4.92	377.34	607.70	278.38	7.07
		26		124.154	97.461	0.982	7238.08	13585.18	11491.33	2984.84	7.63	9.62	4.90	405.50	650.05	295.19	7.15
		28		133.022	104.422	0.982	7700.60	14643.62	12219.39	3181.81	7.61	9.58	4.89	433.22	691.23	311.42	7.22
		30		141.807	111.318	0.981	8151.80	15705.30	12927.26	3376.34	7.58	9.55	4.88	460.51	731.28	327.12	7.36
		32		150.508	118.149	0.981	8592.01	16770.41	13615.32	3568.71	7.56	9.51	4.87	487.39	770.20	342.33	7.37
		35		163.402	128.271	0.980	9232.44	18374.95	14611.16	3853.72	7.52	9.46	4.86	526.97	826.53	364.30	7.48

注：截面图中的 $r_1=1/3d$ 及表中 r 的数据用于孔型设计，不做交货条件。

习 题 答 案

第 1 章 （略）

第 2 章

2-1 $\boldsymbol{F}_R = 549.3\boldsymbol{i} - 382.8\boldsymbol{j}$ (N)。

2-2 $\boldsymbol{F}_R = 4.08\boldsymbol{i} - 22.57\boldsymbol{j}$。

2-3 $F_{AB} = 0.5G$(拉)，$F_{BC} = -\sqrt{3}G/2$(压)。

2-4 $F = \sqrt{5}$ kN；$F_{min} = 10\sqrt{5}/3$ kN。

2-5 (a) $Fl\sin(\theta-\alpha)$；(b) $F\cos\theta\sqrt{b^2+l^2}$。

2-6 (a) $F_A = -F_B = F$；(b) $F_A = -F_B = F/\sin\alpha$。

2-7 $F_A = F_C = \dfrac{\sqrt{2}M}{4a}$。

2-8 $F_A = F_B = F_C = 2694$ N。

2-9 $F_A = -F_B = \sqrt{2}M/l$。

2-10 $F_R = -150\boldsymbol{i}$(N)，作用线方程 $y = -6$ mm，$-150\boldsymbol{i}$(N)。

2-11 $F_A = -15$ kN；$F_B = 40$ kN；$F_C = 5$ kN；$F_D = 15$ kN。

2-12 $F_{Ax} = 0$，$F_{Ay} = -\dfrac{M}{2a}$；$F_{Dx} = 0$，$F_{Dy} = \dfrac{M}{a}$；$F_{Bx} = 0$，$F_{By} = -\dfrac{M}{2a}$。

2-13 $F_{Ax} = 230$ kN，$F_{Ay} = 100$ kN，$F_{Bx} = 230$ kN，$F_{By} = 200$ kN。

2-14 $F_D = \dfrac{\sqrt{5}}{2}qa$。

2-15 $F_2 = -P_1$(压)。

2-16 $F_1 = -5.33F$(压)，$F_2 = 2F$(拉)，$F_3 = -1.67F$(压)。

2-17 $F_4 = 21.8$ kN(拉)，$F_5 = 16.7$ kN(拉)，$F_7 = -20$ kN(压)，$F_{10} = -43.6$ kN(压)。

2-18 $F_{CD} = -0.866F$(压)。

2-19 400 N。

2-20 $F_{Ax} = 0$，$F_{Ay} = 6$ kN，$M_A = 12$ kN·m。

2-21 $M = 60$ N·m。

2-22 $F_A = \dfrac{\sqrt{2}M}{l}$。

2-23 $F_{Ax} = 10.39$ kN(←)，$F_{Ay} = 8.75$ kN(↓)，$M_A = 1.437$ kN(↺)，
$F_{Cx} = 10.39$ kN(←)，$F_{Cy} = 12.75$ kN(↓)。

2-24 $s = 0.456l$。

2-25 500 N。

2-26　$40.23\text{kN} \leqslant G_E \leqslant 104.2\text{kN}$。

2-27　$\varphi_A = 16°6', \varphi_B = \varphi_C = 30°$。

第 3 章

3-1　$F_{Rx} = -345.4\text{N}, F_{Ry} = 249.6\text{N}, F_{Rz} = 10.56\text{N}$

　　$M_{Ox} = -51.78\text{N}\cdot\text{m}, M_{Oy} = -36.65\text{N}\cdot\text{m}, M_{Oz} = 103.6\text{N}\cdot\text{m}$。

3-2　$M_x(\boldsymbol{F}) = \dfrac{F}{4}(h-3r), M_y(\boldsymbol{F}) = \dfrac{\sqrt{3}F}{4}(h+r), M_z(\boldsymbol{F}) = -\dfrac{Fr}{2}$。

3-3　$F_{1x} = -60\text{N}, F_{1y} = 80\text{N}, F_{1z} = 0, F_{2x} = 10\text{N}, F_{2y} = 0, F_{2z} = -20\text{N}$

　　$M_x(\boldsymbol{F}_1) = -16\text{N}\cdot\text{m}, M_y(\boldsymbol{F}_1) = -12\text{N}\cdot\text{m}, M_z(\boldsymbol{F}_1) = 24\text{N}\cdot\text{m}$

　　$M_x(\boldsymbol{F}_2) = -8\text{N}\cdot\text{m}, M_y(\boldsymbol{F}_2) = 6\text{N}\cdot\text{m}, M_z(\boldsymbol{F}_2) = -4\text{N}\cdot\text{m}$。

3-4　$F_{AD} = 1414\text{N}(压), F_{BD} = F_{CD} = 707\text{N}(拉)$。

3-5　$F_{GB} = F_{HB} = 28.28\text{kN}, F_{Ax} = 0, F_{Ay} = 20\text{kN}, F_{Az} = 68.99\text{kN}$。

3-6　$G_1 = 360\text{kN}, F_{Ax} = -40\sqrt{3}\text{kN}, F_{Az} = 160\text{kN}, F_{Bx} = 10\sqrt{3}\text{kN}, F_{Bz} = 230\text{kN}$。

3-7　$F_1 = F_5 = -F, F_3 = F, F_2 = F_4 = F_6 = 0$。

3-8　$F_1 = F_2 = -5\text{kN}, F_3 = -7.07\text{kN}, F_4 = F_5 = 5\text{kN}, F_6 = -10\text{kN}$。

3-9　$F_T = 200\text{N}, F_{Ax} = 86.6\text{N}, F_{Ay} = 150\text{N}, F_{Az} = 100\text{N}, F_{Bz} = F_{Bx} = 0$。

3-10　$F_{AD} = F_{BD} = 31.5\text{kN}, F_{CD} = 1.55\text{kN}$。

3-11　$F_{Dx} = 0, F_{Dy} = \dfrac{M_3}{a}, F_{Dz} = \dfrac{M_2}{a}, F_{Ay} = \dfrac{M_3}{a}, F_{Az} = \dfrac{M_2}{a}, M_1 - \dfrac{bM_2}{a} + \dfrac{cM_3}{a}$。

3-12　$F_{Ax} = 2667\text{N}, F_{Ay} = -325.4\text{N}, F_{Cx} = -666.7\text{kN}, F_{Cy} = -14.7\text{kN}$,

　　$F_{Cz} = 12604\text{N}$。

3-13　$x_C = 90\text{mm}, y_C = 0$。

3-14　$a = 350\text{mm}$。

3-15　$|BE| = \dfrac{\sqrt{3}-1}{2}a$。

3-16　$x_C = 0.72\text{m}, y_C = 0.659\text{m}$。

3-17　$\theta \approx 26.8°, r_1 \approx 1.33r$。

第 4 章

4-1　$F_{N1} = F_{N2} = \dfrac{W}{2\cos\alpha}$；轴向拉伸变形。

4-2　略。

4-3　$\varepsilon_m = 125 \times 10^{-6}$；$\gamma = 100 \times 10^{-6}\text{rad}$。

第 5 章

5-1　(a) $F_{N1} = -F, F_{N2} = -2F, F_{N3} = F$；

　　(b) $F_{N1} = -15\text{kN}, F_{N2} = 0, F_{N3} = 15\text{kN}$；

(c) $F_{N1}=-30\text{kN}, F_{N2}=-60\text{kN}, F_{N3}=20\text{kN}$;

(d) $F_{N1}=F_{N2}=-5\text{kN}, F_{N3}=15\text{kN}$。

轴力图略。

5-2 $\sigma_{AB}=-63.69\text{MPa}, \sigma_{BC}=63.69\text{MPa}$。

5-3 $\varepsilon_{AB}=-1.25\times10^{-4}, \Delta L_{AC}=3.56\times10^{-4}\text{m}$。

5-4 $\sigma_{AB}=129.43\text{MPa}<[\sigma], \sigma_{BC}=146.4\text{MPa}<[\sigma]$，满足强度要求。

5-5 $\sigma_{\max}=124.4\text{MPa}<[\sigma]$，满足强度要求。

5-6 $\Delta L=2.75\times10^{-4}\text{m}$。

5-7 $d\geqslant 26.59\text{mm}$。

5-8 $[P]=55.5\text{kN}$。

5-9 $\sigma_{\max}=138.89\text{MPa}<[\sigma]$，满足强度要求。

5-10 略。

5-11 $\Delta x=0.87\text{mm}, \Delta y=3.7\text{mm}$。

5-12 $\Delta l=0.0821\text{mm}$。

5-13 (1) 略；(2) 危险杆段：BC 段，$b\geqslant 20\text{mm}$；(3) $\Delta l_{AB}=7.5\times 10^{-5}\text{m}$。

5-14 $b\geqslant 124.16\text{mm}, h\geqslant 149\text{mm}$。

5-15 (1) $\Delta l_{AC}=0.2\text{mm}$；(2) $\varepsilon_{AB}=-7.5\times 10^{-4}, \varepsilon'_{AB}=1.875\times 10^{-4}$。

5-16 $E=199\text{GPa}, \mu=0.28$。

5-17 (1) $F=10.7\text{kN}$；(2) $\sigma_{\max}=405.2\text{MPa}<[\sigma]$，满足强度要求。

5-18 $\sigma_{\max}=55.56\text{MPa}<[\sigma], \tau_{\max}=56.62\text{MPa}<[\tau], \sigma_{bs}=111.11\text{MPa}<[\sigma_{bs}]$，满足强度要求。

5-19 $\tau=65\text{MPa}>[\tau], \sigma_{bs}=47.62\text{MPa}<[\sigma_{bs}]$，不满足强度要求；$d\geqslant 29.14\text{mm}$。

5-20 $\tau=8.33\text{MPa}, \sigma_{bs}=12.5\text{MPa}$。

5-21 $\tau=44.44\text{MPa}<[\tau], \sigma_{bs}=145.45\text{MPa}<[\sigma_{bs}]$，满足强度要求。

5-22 $[F]=76.8\text{kN}$。

第 6 章

6-1 (a) $T_{\max}=8\text{kN}\cdot\text{m}$；(b) $T_{\max}=25\text{kN}\cdot\text{m}$；(c) $T_{\max}=2M$；(d) $T_{\max}=17\text{kN}\cdot\text{m}$。

6-2 略。

6-3 $M_e=358.09\text{N}\cdot\text{m}$。

6-4 (1) $T_{\max}=1718.82\text{N}\cdot\text{m}$；(2) $T_{\max}=2291.76\text{N}\cdot\text{m}$，对调后对该轴的使用不利。

6-5 (1) $\tau=39.8\text{MPa}$；(2) $\gamma=4.98\times10^{-4}\text{rad}$；(3) $\phi_{AB}=2.49\times10^{-2}\text{rad}$。

6-6 $M=81.42\text{N}\cdot\text{m}$。

6-7 (1) $\tau_P=59.95\text{MPa}$；(2) $\tau_{\min}=44.96\text{MPa}, \tau_{\max}=74.93\text{MPa}$。

6-8 $\tau_{\max}=74.22\text{MPa}>[\tau]$，不满足强度要求。

6-9 $\tau_{\max}^{AB}=29.19\text{MPa}<[\tau], \tau_{\max}^{BC}=38.76\text{MPa}<[\tau]$，满足强度要求；$\phi'_{AB}=0.837(°)/\text{m}<[\phi'], \phi'_{BC}=1.11(°)/\text{m}>[\phi']$，不满足刚度要求。

6-10 $d \geq 64.62$ mm。

6-11 (1) $\tau_{max} = 39.42$ MPa $<[\tau]$,满足强度要求;(2) $\phi'_{max} = 0.377(°)/$m $<[\phi']$,满足刚度要求。

6-12 $\tau_{max} = 45.05$ MPa $<[\tau]$,满足强度要求。

6-13 $\phi_{AC} = 0.255°$;$\phi' = 0.637(°)/$m $<[\phi']$,满足刚度要求。

6-14 $M_A = 0.72$ kN·m,$M_B = 0.48$ kN·m。

6-15 $\tau_{max}^{AB} = 60.19$ MPa $<[\tau_1]$,$\tau_{max}^{CD} = 33.24$ MPa $<[\tau_2] = 38$ MPa,满足强度要求。

6-16 (1) $M_e \leq 251.45$ N·m;(2) $\phi = 2.39 \times 10^{-2}$ rad。

6-17 $d_1 = 22$ mm;$D = 26$ mm,$d = 20.8$ mm,质量比为 0.503。

第 7 章 (略)

第 8 章

8-1 $\tau(y) = \tau'(y) = \dfrac{q(1/4 + y/h - 3y^2/h^2)}{b}$。

8-2 (1) 略;

(2) 截面 B 下边缘:$\sigma_{c,max} = -67$ MPa;截面 C 下边缘:$\sigma_{t,max} = 45.6$ MPa。τ_{max} 发生在截面 B 右中性轴处:$\tau_{max} = 4.4$ MPa。

8-3 $\sigma_{max} = \dfrac{128Fl}{27\pi(d_a)^3}$,发生在梁中间截面的上、下边缘,上拉下压。

8-4 $\sigma_{max} = \dfrac{3Fl}{2bh_0(h_1 - h_0)} \leq [\sigma]$。

8-5 $d \leq 198.3$ mm。

8-6 $a = 1.385$ m。

8-7 $a = \dfrac{l}{4}$。

8-8 略。

8-9 (1) $[F] = \dfrac{bh^2[\sigma]}{12l}$

(2) $\delta = |\delta_1| + |\delta_2| = \dfrac{12Fl^2}{Ebh^2} = \dfrac{[\sigma]l}{E}$。

8-10 $b(x) \geq \dfrac{3F}{4h[\tau]}$,$b_{min} = \dfrac{3F}{4h[\tau]}$。

8-11 AB 段:$d(x_1) = \sqrt[3]{\dfrac{32aFx_1}{\pi l[\sigma]}}$ $d_A \geq 4\sqrt{\dfrac{Fa}{3\pi l[\tau]}}$

BC 段:$d(x_2) = \sqrt[3]{\dfrac{32Fx_2}{\pi[\sigma]}}$ $d_C \geq 4\sqrt{\dfrac{F(l+a)}{3\pi l[\tau]}}$。

8-12 $M_{max} = 103.8$ kN·m。

8-13 $\sigma_{max}(实)=113.7\text{MPa}<[\sigma]$，$\sigma_{max}(空)=100.3\text{MPa}<[\sigma]$，安全。

8-14 (1) 略；(2) $\sigma_{c,max}=57.6\text{MPa}<[\sigma_c]$，$\sigma_{t,max}=40.3\text{MPa}<[\sigma_t]$，安全。

第 9 章

9-1 (a) $w_A=-\dfrac{7Pa^3}{2EI}$，$\theta_A=-\dfrac{5Pa^2}{2EI}$；(b) $w_B=-\dfrac{71ql^4}{384EI}$，$\theta_B=-\dfrac{13ql^3}{48EI}$。

9-2 (a) $\theta_A=-\dfrac{ml}{6EI}$，$\theta_B=\dfrac{ml}{3EI}$，$w_{l/2}=-\dfrac{ml^2}{16EI}$，$w_{max}=-\dfrac{ml^2}{9\sqrt{3}EI}$；

(b) $\theta_A=-\dfrac{3ql^3}{128EI}$，$\theta_B=-\dfrac{7ql^3}{384EI}$，$w_{l/2}=-\dfrac{5ql^4}{768EI}$，$w_{max}=-\dfrac{5.04ql^4}{768EI}$。

9-3 $w=-\dfrac{q_0}{24EI}\left[\dfrac{(l-x)^5+l^5}{5l}-l^3x\right]$，$w_{max}=-\dfrac{q_0l^4}{30EI}$。

9-4 $w_C=\dfrac{11ql^4}{384EI}$，$\theta_B=-\dfrac{11ql^3}{48EI}$。

9-5 $\theta_C=-\dfrac{7ql^4}{48EI}$，$w_C=-\dfrac{41ql^4}{384EI}$。

9-6 $w_C=\dfrac{3Fa^3}{2EI}$。

9-7 $w_C=-\left(\dfrac{5ql^4}{384EI}+\dfrac{M_el^2}{16EI}\right)$，$\theta_A=-\left(\dfrac{ql^3}{24EI}+\dfrac{M_el}{3EI}\right)$，$\theta_B=\dfrac{ql^3}{24EI}+\dfrac{M_el}{6EI}$。

9-8 $w_C=-\dfrac{5ql^4}{768EI}$，$\theta_A=-\dfrac{3ql^3}{128EI}$，$\theta_B=\dfrac{7ql^3}{384EI}$。

9-9 $w_{max}=5.19\times10^{-6}<[w]$，$\theta_{max}=0.423\times10^{-4}<[\theta]$。

9-10 $M_2=2.03\text{kN}\cdot\text{m}$。

9-11 $w_C=-\dfrac{5Fa^3}{6EI}$。

9-12 $F_A=F_B=\dfrac{5F}{16}$，$F_C=\dfrac{11F}{8}$。

第 10 章

10-1 $P=94.24\text{kN}$。

10-2 $\sigma_{max}=100\text{MPa}$，$\tau_{max}=50\text{MPa}$。

10-3 (a) $\sigma_\alpha=-17.5\text{MPa}$，$\tau_\alpha=-21.65\text{MPa}$；

(b) $\sigma_\alpha=62.5\text{MPa}$，$\tau_\alpha=21.65\text{MPa}$；

(c) $\sigma_\alpha=-27.32\text{MPa}$，$\tau_\alpha=-27.32\text{MPa}$。

10-4 $\sigma_\alpha=53\text{MPa}$，$\tau_\alpha=18.5\text{MPa}$。

10-5 (a) $\sigma_1=57.02\text{MPa}$，$\sigma_2=0$，$\sigma_3=-7.02\text{MPa}$，$\tau_{max}=32.02\text{MPa}$，$\alpha_0=-19.32°$；

(b) $\sigma_1=44.14\text{MPa}$，$\sigma_2=15.86\text{MPa}$，$\sigma_3=0$，$\tau_{max}=22.07\text{MPa}$，$\alpha_0=-22.5$；

(c) $\sigma_1=37.02\text{MPa}$，$\sigma_2=0$，$\sigma_3=-27.02\text{MPa}$，$\tau_{max}=32.02\text{MPa}$，$\alpha_0=19.32°$；

(d) $\sigma_1=44.72\text{MPa}$，$\sigma_2=0$，$\sigma_3=-44.72\text{MPa}$，$\tau_{max}=44.72\text{MPa}$，$\alpha_0=-13.3°$。

10-6 $\sigma_x=30.27\text{MPa}, \theta=55.56°, \sigma_1=62.89\text{GPa}, \sigma_2=19.69\text{MPa}, \sigma_3=0\text{MPa}, \alpha_0=28.2°$。

10-7 $\sigma_1=214.22\text{MPa}, \sigma_2=0, \sigma_3=-74.22\text{MPa}$。

10-8 $\sigma_1=120\text{MPa}, \sigma_2=20\text{MPa}, \sigma_3=0, \alpha_0=30°$。

10-9 $\tau=15\text{MPa}, \sigma_1=\sigma_2=0\text{MPa}, \sigma_3=-30\text{MPa}$, AB 面即为主平面，第三主平面与 AB 面垂直。

10-10 (a) $\sigma_1=50\text{MPa}, \sigma_2=50\text{MPa}, \sigma_3=-50\text{MPa}, \tau_{\max}=50\text{MPa}$；
(b) $\sigma_1=52.17\text{MPa}, \sigma_2=50\text{MPa}, \sigma_3=-42.17\text{MPa}, \tau_{\max}=47.17\text{MPa}$；
(c) $\sigma_1=130\text{MPa}, \sigma_2=30\text{MPa}, \sigma_3=-30\text{MPa}, \tau_{\max}=80\text{MPa}$。

10-11 (1) 略；(2) $\sigma_1=90\text{MPa}, \sigma_2=0\text{MPa}, \sigma_3=-10\text{MPa}, \tau_{\max}=50\text{MPa}$。

10-12 $\sigma_1=-2.5\text{MPa}, \sigma_2=-2.5\text{MPa}, \sigma_3=-10\text{MPa}$。

10-13 $\varepsilon_1=300\times10^{-6}$。

10-14 $\varepsilon_{45°}=\dfrac{1-\mu}{2E}\sigma+\dfrac{1+\mu}{E}\tau$。

10-15 $\Delta l=9.28\times10^{-3}\text{mm}$。

10-16 $M_e=\dfrac{2E\varepsilon bhl}{3(1+\mu)}$。

10-17 $\sigma_1=80\text{MPa}, \sigma_2=40\text{MPa}, p=3.2\text{MPa}$。

10-18 $m=106.3\text{kN}\cdot\text{m}$。

10-19 $\sigma_x=80\text{MPa}, \sigma_y=0$。

10-20 $\sigma_1=299.81\text{MPa}, \sigma_2=0\text{MPa}, \sigma_3=-299.81\text{MPa}$：
(1) $\sigma_{r1}=299.81\text{MPa}<[\sigma]=300\text{MPa}$, 失效
(2) $\sigma_{r3}=599.6\text{MPa}>[\sigma]=500\text{MPa}$, 失效, $\sigma_{r4}=519\text{MPa}>[\sigma_s]=500\text{MPa}$, 但 $\dfrac{\sigma_{r4}-[\sigma]}{[\sigma]}\times100\%=3.8\%<5\%$, 安全。

10-21 $\sigma_1=94.72\text{MPa}, \sigma_2=5.28\text{MPa}, \sigma_3=-50\text{MPa}, \tau_{\max}=72.36\text{MPa}, \sigma_{r4}=178.88\text{MPa}, \alpha_0=-31.7°$, 绘图略, $\sigma_{r4}=178.88\text{MPa}$。

10-22 $\sigma_{r3}=900\text{MPa}, \sigma_{r4}=842.6\text{MPa}$。

10-23 (1) $\sigma_{r3}=100\text{MPa}<[\sigma], \sigma_{r4}=87.18\text{MPa}<[\sigma]$；
(2) $\sigma_{r3}=110\text{MPa}<[\sigma], \sigma_{r4}=95.39\text{MPa}<[\sigma]$。

10-24 (1) $\sigma_{r1}=30\text{MPa}<[\sigma_t], \sigma_{r2}=19.5\text{MPa}<[\sigma_t]$；
(2) $\sigma_{r1}=29\text{MPa}<[\sigma_t], \sigma_{r2}=35\text{MPa}<[\sigma_t]$。

10-25 当 $p=3\text{MPa}, \sigma_{r2}=26.2\text{MPa}<[\sigma_t]$；
当 $p=5\text{MPa}, \sigma_{r1}=30.8\text{MPa}>[\sigma_t]$, 但偏差 $<5\%$, 所以安全。

第 11 章

11-1 $\sigma_{\max}=121\text{MPa}$, 超过许用应力 0.75%, 故仍可使用。

11-2 $\sigma_{t,\max}=26.85\text{MPa}<[\sigma_t], \sigma_{c,\max}=32.38\text{MPa}<[\sigma_c]$, 安全。

11-3 $s=\dfrac{l}{2}+\dfrac{d}{8}\tan\alpha$。

11-4　(1) 略；(2) $\sigma_{max} 153.42 \text{MPa} < [\sigma]$；(3) $f_B = \dfrac{117P}{EI}(\rightarrow)$。

11-5　$\sigma_{max} = 20.42 \text{MPa}$(压应力)。

11-6　$\sigma_{max} = 1.756 \text{MPa}$(压应力)。

11-7　$\sigma = \dfrac{P}{A} + \dfrac{Peb}{bh^2} = 130 \text{MPa} < [\sigma]$。

11-8　$\sigma = 160.75 \text{MPa}$。

11-9　$e = \dfrac{\varepsilon_1 - \varepsilon_2}{\varepsilon_1 + \varepsilon_2} \times \dfrac{h}{6}$。

11-10　$\sigma_{max} = 135.6 \text{MPa}$。

11-11　$\sigma_{r3} = 58.3 \text{MPa} < [\sigma]$。

11-12　$F = 31.4 \text{N}, M_e = 75.36 \text{N} \cdot \text{m}$。

11-13　$\sigma_{r3} = 91.3 \text{MPa} < [\sigma]$。

11-14　$d \geqslant 37.6 \text{mm}$。

11-15　$d \geqslant 0.112 \text{m} = 112 \text{mm}$。

11-16　(1) 略；(2) D 截面，上下边缘略；(3) $[P_1] \leqslant 2911.3 \text{N}, [P_2] \leqslant 5822.6 \text{N}$。

11-17　(1) $\phi_{BA} = 0.0613 \text{rad} = 3.51°$；(2) 拉扭组合；
　　　(3) 第一主应力 90.6 MPa，第二主应力 0 MPa，第三主应力 −55.2 MPa。$\sigma_{r3} = 145.8 \text{MPa} < [\sigma]$。

11-18　$M_y = 94.2 \text{N} \cdot \text{m}, T = 100.5 \text{N} \cdot \text{m}, \sigma_{r4} = 163.3 \text{MPa} < [\sigma]$。

11-19　$\sigma_{r3} = 123 \text{MPa}$。

11-20　$F = 785 \text{kN}, M = 6.79 \text{kN} \cdot \text{m}, \sigma_{r4} = 105.82 \text{MPa} < [\sigma]$。

11-21　$\sigma_{r3} = 53.8 \text{MPa} < [\sigma]$。

11-22　(1) 略；(2) B 截面；(3) $\sigma_{r3} = 46.93 \text{MPa} < [\sigma]$。

11-23　A 截面，$\sigma_{r3} = 63 \text{MPa} < [\sigma]$。

11-24　(1) 略；(2) C 截面左侧；(3) $\sigma_{r4} = 73.66 \text{MPa} < [\sigma]$。

11-25　$d \geqslant 51.8 \text{mm}$。

11-26　$d \geqslant 67.7 \text{mm}$。

11-27　$D \geqslant 0.05171 \text{m}$。

11-28　忽略带轮重量，$d \geqslant 48 \text{mm}$；考虑带轮重量，$d \geqslant 49.3 \text{mm}$。

11-29　$\sigma_{r4} = 72.1 \text{MPa} < [\sigma] = 75 \text{MPa}$。

11-30　$\sigma_{r3} = 102 \text{MPa} < [\sigma] = 120 \text{MPa}$。

11-31　$\sigma_{r4} = 107.3 \text{MPa} < [\sigma] = 160 \text{MPa}$。

11-32　(1) 内力：$F_N = F_x, T = 0.2 F_y, M_z = 0.3 F_y, M_y = 0.2 F_x$；

(2) $\genfrac{}{}{0pt}{}{\sigma_1}{\sigma_3} = \dfrac{\sigma}{2} \pm \sqrt{\left(\dfrac{\sigma}{2}\right)^2 + \tau^2}$，$\sigma_2 = 0$，其中 $\sigma = \dfrac{32\sqrt{M_y^2 + M_z^2}}{\pi D^3(1-\alpha^4)} + \dfrac{4F_N}{\pi D^2(1-\alpha^2)}$，

$\tau = \dfrac{T}{W_t} = \dfrac{16T}{\pi D^3(1-\alpha^4)}$；

（3） $\sigma_{r3}=\sigma_1-\sigma_3=\sqrt{\sigma^2+4\tau^2}\leqslant[\sigma]$。

第 12 章

12-1 $b_2:b_1=\sqrt{2}:1$。

12-2 $F_{cr}=402.2\text{kN}$。

12-3 $P_{cr}=45.2\text{kN}$，压杆安全；拉杆的 $\sigma=67.52\text{MPa}$，安全。

12-4 矩形截面杆临界应力小，圆形截面杆临界力小。

12-5 $F=213\text{kN}$。

12-6 $a\geqslant 43.2\text{mm}, F_{cr}=489\text{kN}$。

12-7 $F_{cr}=36.024\dfrac{EI}{l^2}$。

12-8 $\theta=\arctan(\cot^2\beta)$。

12-9 $\sigma=0.581\text{GPa}$，压杆稳定。

12-10 $[F]=376\text{kN}$。

12-11 $\Delta T=39.2℃$。

12-12 $d=0.19\text{m}$。

12-13 $[F]=15.5\text{kN}$。

12-14 $[P]=50.5\text{kN}$。

12-15 $F_{cr}=661.4\text{kN}$。

12-16 $\sigma_{max}=138.9\text{MPa}, F_B=82.7\text{kN}$，强度足够，稳定性足够。

12-17 $d_{AC}=24.2\text{mm}, d_{BC}=37.2\text{mm}$。

附 录 A

A-1 略。

A-2 略。

A-3 略。

A-4 $I_{y_C}=2038\text{mm}^4, I_{z_C}=4030\text{mm}^4$。

A-5 略。

A-6 $I_{yz}=7.75\times 10^4\text{mm}^4$。

A-7 $I_y=I_z=336.4\times 10^4\text{mm}^4$。

参 考 文 献

[1] 滕英元,刘金堂,张宇飞.工程力学[M].北京:高等教育出版社,2014.
[2] 张功学.工程力学[M].北京:高等教育出版社,2013.
[3] 杨晓翔,史云沛.工程力学[M].哈尔滨:哈尔滨工业大学出版社,1998.
[4] 秦雪梅,李冬冬.工程力学[M].武汉:华中科技大学出版社,2014.
[5] 刘鸿文.材料力学Ⅰ[M].6版.北京:高等教育出版社,2017.
[6] 哈尔滨工业大学理论力学教研室.理论力学Ⅰ[M].8版.北京:高等教育出版社,2017.
[7] 戴宏亮.材料力学[M].长沙:湖南大学出版社,2014.
[8] 江苏省力学学会教育科普委员会.理论力学、材料力学考研与竞赛试题精解[M].2版.徐州:中国矿业大学出版社,2006.
[9] 北京科技大学,东北大学.工程力学[M].北京:高等教育出版社,2008.
[10] 郭兴明.工程力学[M].徐州:中国矿业大学出版社,2018.
[11] 戴念祖.中国力学史[M].石家庄:河北教育出版社,1988.
[12] 老亮.中国古代材料力学史[M].长沙:国防科技大学出版社,1991.